DK

GENERAL KNOWLEDGE GENIUS!

DK | Penguin Random House

Original Title: General Knowledge Genius!

图书在版编目（CIP）数据

人类问题研究中心 / 英国 DK 公司著；霸王龙工作室译 . — 沈阳：辽宁少年儿童出版社，2024.2

（儿童天才百科）

ISBN 978-7-5315-9729-2

Ⅰ . ①人… Ⅱ . ①英… ②霸… Ⅲ . ①人类学—儿童读物 Ⅳ . ① Q98-49

中国国家版本馆 CIP 数据核字（2023）第 236930 号

辽宁省版权登记号：06-2023-245

人类问题研究中心

Renlei Wenti Yanjiu Zhongxin

英国 DK 公司 著　　霸王龙工作室 译

出版发行：北方联合出版传媒（集团）股份有限公司
辽宁少年儿童出版社
出 版 人：胡运江
地　　址：沈阳市和平区十一纬路 25 号
邮　　编：110003
发行部电话：024-23284265 23284261
编辑室电话：024-81060398
E-mail:qilinln@163.com
http://www.lnse.com
承 印 厂：佛山市南海兴发印务实业有限公司

责任编辑：赵　博
责任校对：李　爽
装帧设计：苔米视觉
责任印制：孙大鹏

幅面尺寸：216mm × 276mm
印　　张：12　　　字数：240 千字
出版时间：2024 年 2 月第 1 版
印刷时间：2024 年 2 月第 1 次印刷
标准书号：ISBN 978-7-5315-9729-2
定　　价：108.00 元

儿童天才百科

人类问题研究中心

英国DK公司 著　　霸王龙工作室 译

北方联合出版传媒（集团）股份有限公司
辽宁少年儿童出版社
沈　阳

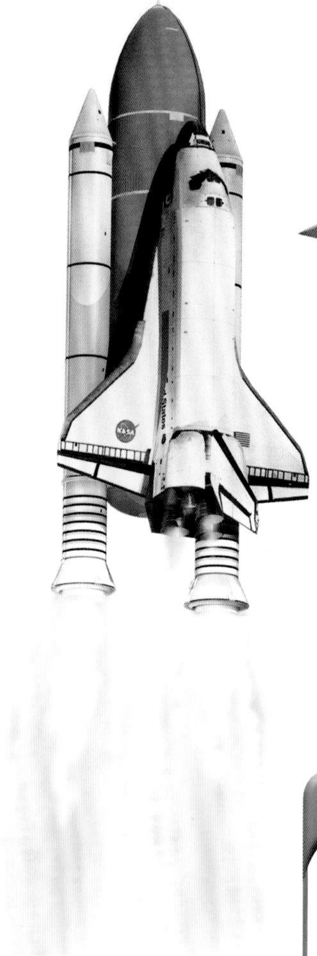

目录

1 科学

探索神秘宇宙…………10
太阳系成员…………12
太空漫游…………14
什么是元素？…………16
生活中的元素…………18
人体大揭秘…………20
奇妙的骨骼…………22
令人震惊的微观世界…………25
我们身边的数字…………26
几何图形…………28
交通工具…………30
炫酷汽车…………32
火车…………34
飞行器…………36
船舶…………38

2 自然

恐龙博物馆…………42
肉食性恐龙…………44
植食性恐龙…………46
灭绝的奇兽…………48
哺乳动物…………50
猫科动物…………52
灵长目动物…………54
鲸…………56
无脊椎动物…………58
昆虫…………60
海底世界…………62
蛛形纲动物…………64
忙碌的鸟类…………66
鸟类…………68
猛禽…………70
爬行动物…………72
匍匐前进…………74
蛇类…………76

栖动物……78
有所长……80
类……82
水鱼……84
水鱼……87
物的智慧……88
物的脚印……90
和卵……92
物的眼睛……94
物……96
朵……98
实……100
菜……102

3 地理

地球……106
海洋……108
河流……110
山峰……113
自然景观……114
看图猜国名……117
城市……118
建筑……120
城市天际线……122
各国首都……124
俯瞰下的星球……126
旗帜……128
国旗……130
天气……132
云……134
地表之下……136
岩石和矿物……138
宝石……140

4 历史

文明的起源……144
失落的城市……146
古罗马诸神……148
神话里的生物……150
古老的城堡……152
堡垒……154
冷兵器……156
头盔……158
谁是国家的主人？……160
历史上的著名领袖……162

5 人文

艺术……166
世界名画……168
西洋乐器……171
民乐器……172
语言和文字……174
问候……176
体育……178
球类运动……180
球类运动装备……182
体育器材……184
益智游戏……186
索引……188
致谢……192

使用指南

让我们开始脑力挑战之旅，让你的大脑全新升级吧！本书收集了大量资料，给出了许多有趣的测试题。通过图片和文字提示，你能快速说出它们是什么吗？你认识身边的哪些昆虫？你知道哪些人体骨骼的名称？你能辨认出战士所使用的武器吗？

1. 本书分为五章，共有八十多个主题，含有大量的测试题。你可以先从自己熟知的主题入手，然后再扩展到其他主题。

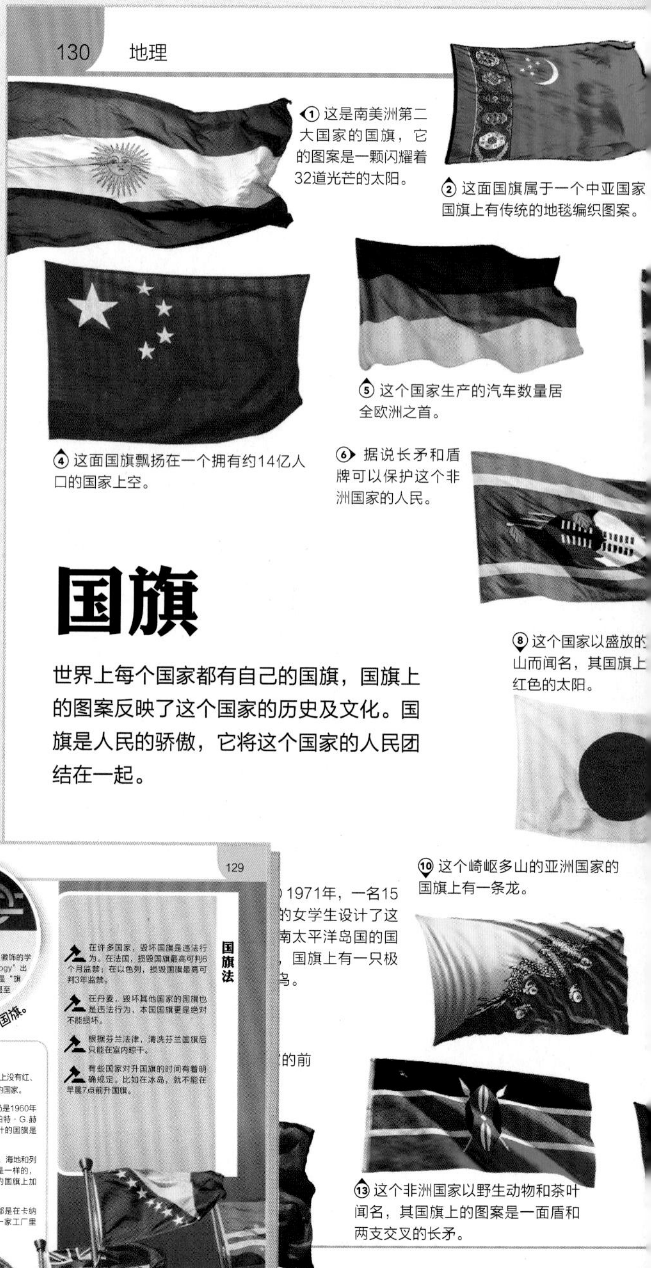

130 地理
① 这是南美洲第二大国家的国旗，它的图案是一颗闪耀着32道光芒的太阳。
② 这面国旗属于一个中亚国家国旗上有传统的地毯编织图案。
④ 这面国旗飘扬在一个拥有约14亿人口的国家上空。
⑤ 这个国家生产的汽车数量居全欧洲之首。
⑥ 据说长矛和盾牌可以保护这个非洲国家的人民。
国旗
世界上每个国家都有自己的国旗，国旗上的图案反映了这个国家的历史及文化。国旗是人民的骄傲，它将这个国家的人民团结在一起。
⑧ 这个国家以盛放的山而闻名，其国旗上红色的太阳。
⑩ 这个崎岖多山的亚洲国家的国旗上有一条龙。
⑬ 这个非洲国家以野生动物和茶叶闻名，其国旗上的图案是一面盾和两支交叉的长矛。

先看知识点

首先，学习每一页中重要又有趣的知识点来给自己的大脑热热身，然后就可以准备做测试题啦。

再做测试题

浏览图片，试着把它们和“自我评价”板块中的答案对应起来。你可以试着按以下四个步骤来完成这些测试题。

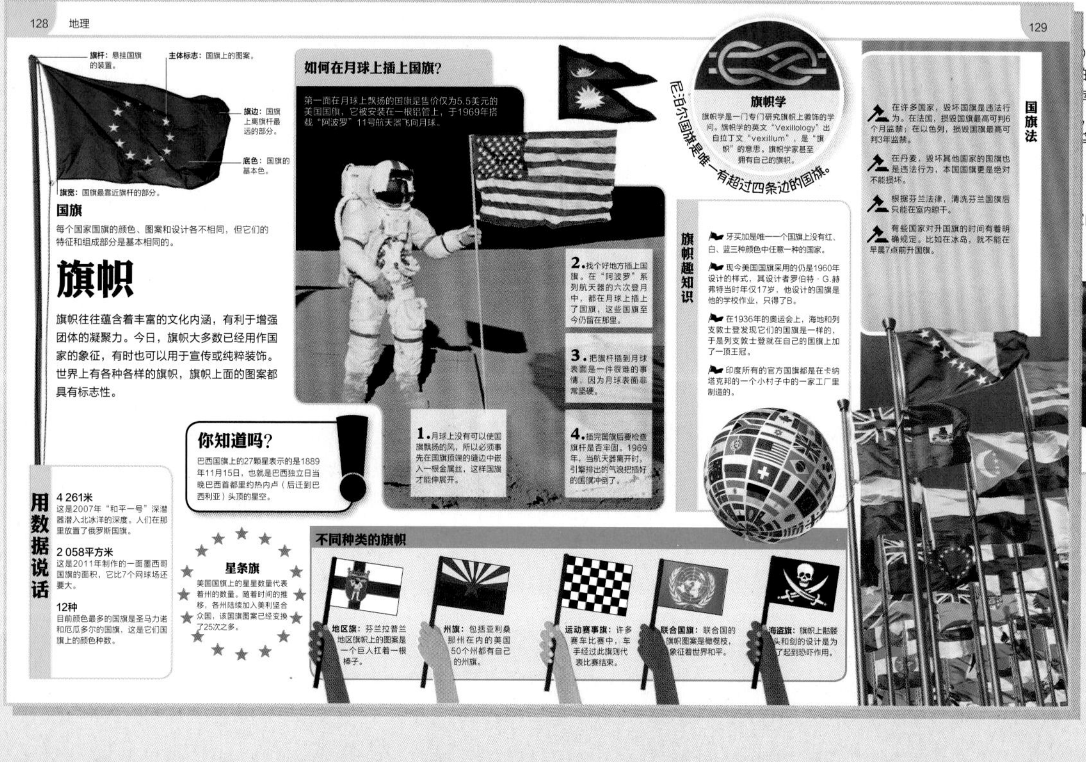

128 地理
129
如何在月球上插上国旗?
旗帜学
国旗法
旗帜趣知识
国旗
旗帜
旗帜往往蕴含着丰富的文化内涵，有利于增强团体的凝聚力。今日，旗帜大多数已经用作国家的象征，有时也可以用于宣传或纯粹装饰。世界上有各种各样的旗帜，旗帜上面的图案都具有标志性。
你知道吗?
用数据说话
星条旗
不同种类的旗帜

2. 选择好测试题后，仔细观察图片。你能识别出所有的图片吗？别着急，图片旁的文字描述会给你提供额外的信息，帮助你完成测试。

3. 看完页面中的图片和对应的文字描述，你想到答案了吗？想到后不要直接在书页上填写答案哟，这样你想再测一遍提高成绩或者想考考你的朋友们的时候，还能用到这些测试题。

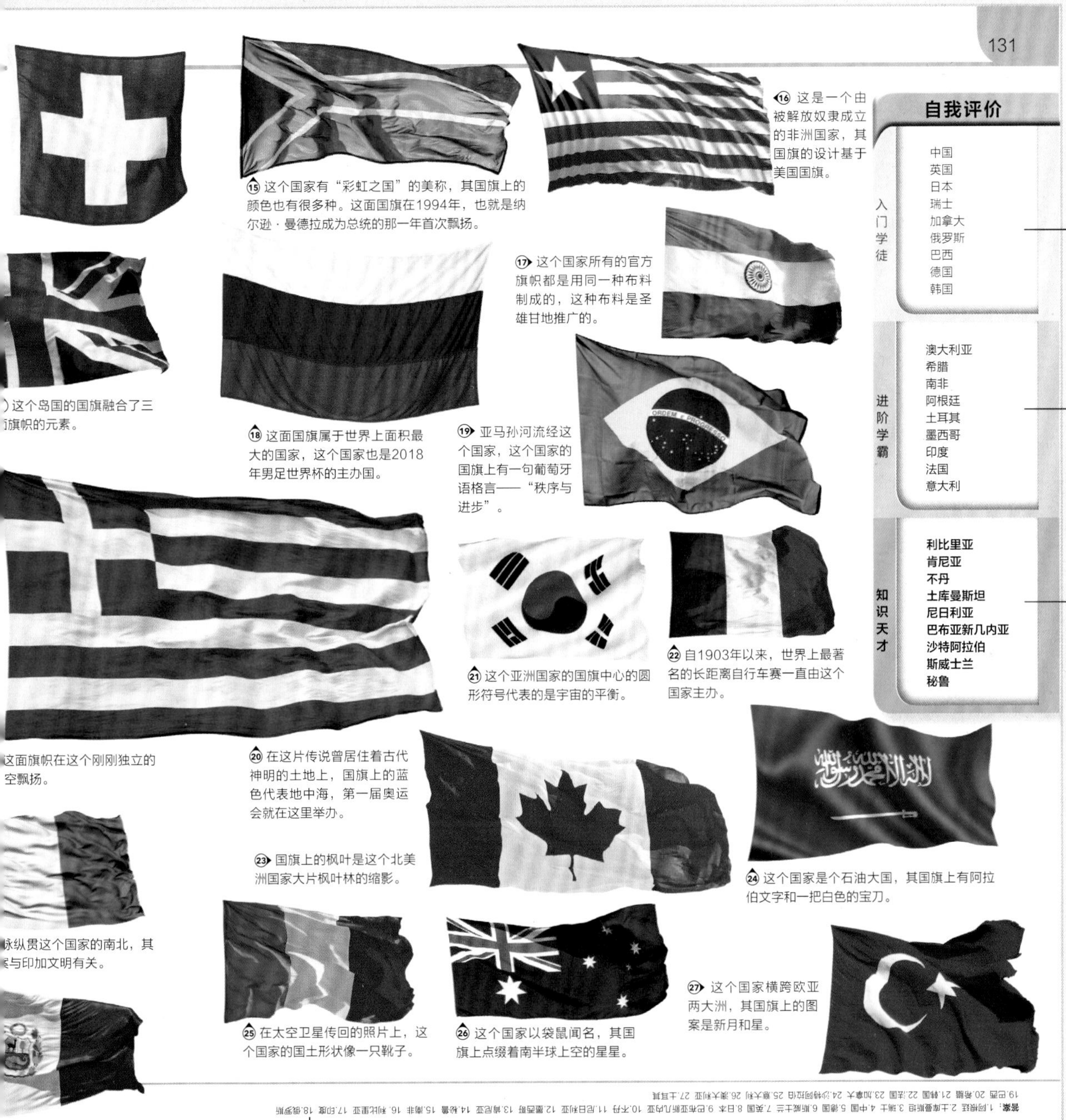

131
自我评价
入门学徒
中国
英国
日本
瑞士
加拿大
俄罗斯
巴西
德国
韩国
进阶学霸
澳大利亚
希腊
南非
阿根廷
土耳其
墨西哥
印度
法国
意大利
知识天才
利比里亚
肯尼亚
不丹
土库曼斯坦
尼日利亚
巴布亚新几内亚
沙特阿拉伯
斯威士兰
秘鲁
⑮ 这个国家有“彩虹之国”的美称，其国旗上的颜色也有很多种。这面国旗在1994年，也就是纳尔逊·曼德拉成为总统的那一年首次飘扬。
⑯ 这是一个由被解放奴隶成立的非洲国家，其国旗的设计基于美国国旗。
⑰ 这个国家所有的官方旗帜都是用同一种布料制成的，这种布料是圣雄甘地推广的。
这个岛国的国旗融合了三旗帜的元素。
⑱ 这面国旗属于世界上面积最大的国家，这个国家也是2018年男足世界杯的主办国。
⑲ 亚马孙河流经这个国家，这个国家的国旗上有一句葡萄牙语格言——“秩序与进步”。
ORDEM E PROGRESSO
这面旗帜在这个刚刚独立的空飘扬。
⑳ 在这片传说曾居住着古代神明的土地上，国旗上的蓝色代表地中海，第一届奥运会就在这里举办。
㉑ 这个亚洲国家的国旗中心的圆形符号代表的是宇宙的平衡。
㉒ 自1903年以来，世界上最著名的长距离自行车赛一直由这个国家主办。
㉓ 国旗上的枫叶是这个北美洲国家大片枫叶林的缩影。
㉔ 这个国家是个石油大国，其国旗上有阿拉伯文字和一把白色的宝刀。
脉纵贯这个国家的南北，其与印加文明有关。
㉕ 在太空卫星传回的照片上，这个国家的国土形状像一只靴子。
㉖ 这个国家以袋鼠闻名，其国旗上点缀着南半球上空的星星。
㉗ 这个国家横跨欧亚两大洲，其国旗上的图案是新月和星。
答案：1.阿根廷 2.土库曼斯坦 3.瑞士 4.中国 5.德国 6.斯威士兰 7.英国 8.日本 9.巴布亚新几内亚 10.不丹 11.尼日利亚 12.墨西哥 13.肯尼亚 14.秘鲁 15.南非 16.利比里亚 17.印度 18.俄罗斯 19.巴西 20.希腊 21.韩国 22.法国 23.加拿大 24.沙特阿拉伯 25.意大利 26.澳大利亚 27.土耳其

入门学徒
这部分的题目很简单，很容易得出答案。

进阶学霸
这部分的题目比较难，你能答上来吗？

知识天才
如果你能答对这部分的题目，那你真是太厉害了！

答案就在页面的底部，答案序号和图片序号相对应。

4. 尽你所能，完成三种难度的测试题。如果你觉得已经知道所有题目的答案了，就可以把书倒过来和底部的正确答案进行比对啦！

5. 兴趣是最好的老师。这本书每章开篇的页面上都会有一个非常有趣的图片题，题目可能是让你找出昆虫，也可能是让你走出迷宫。

1 观测

追星人

通过天文观测，科学家们发现了许多宇宙的奥秘。你知道如何在群星中找到猎户座吗？或许你可以先试着找到猎户座的腰带，它是由三颗恒星连成的直线，然后你就可以顺着它找出完整的猎户座啦！

探索神秘宇宙

从最小的尘埃到由一团燃烧的气体组成的恒星，所有物体都存在于浩瀚的宇宙中。宇宙中散落着由数百万颗到数千亿颗恒星组成的星系。在这些星系中，许多恒星被充满岩石、冰或气体的行星环绕着。我们的地球是一颗行星，它围绕着太阳这颗恒星运行。

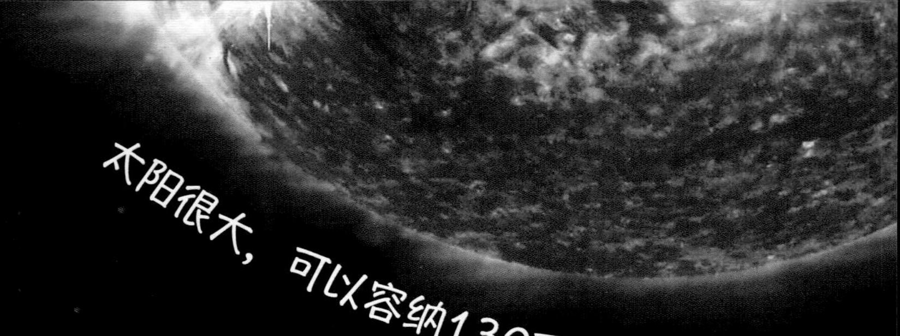

太阳很大，可以容纳130万个地球。

什么是彗星？

彗星看起来像脏兮兮的雪球，它由尘埃和冻结的冰块组成，沿着椭圆形的轨道绕太阳转动。当彗星接近太阳受热后，冻结的冰块会挥发，然后和尘埃混合，形成长长的彗尾。

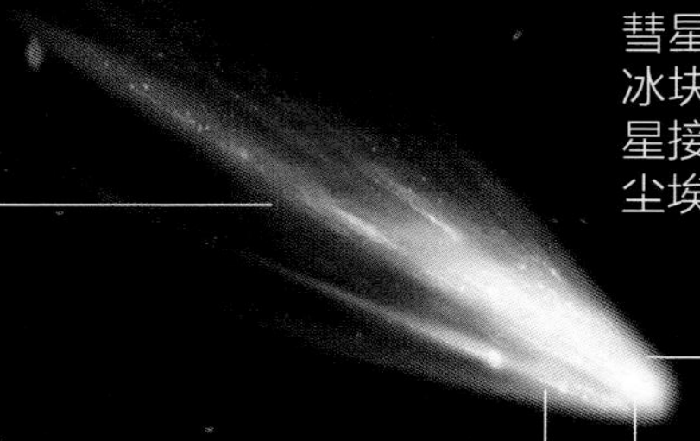

气尾：来自彗星的气体在彗核后方沿远离太阳的方向延伸。

彗发：当彗星受热时在彗核周围产生的云状物，由冰块和尘埃组成。

彗核：彗星中心的固体部分，由尘埃、岩石和冻结的气体组成。

彗尾：彗星携带的尘埃会形成一条尾巴，并沿彗星的运行轨迹延伸。

银河系

银河系是我们的家园，它容纳着2000亿~4000亿颗恒星！

你知道吗？

RMC136a1是一颗巨大的恒星，其体积是太阳的32倍，亮度约是太阳的800万倍。

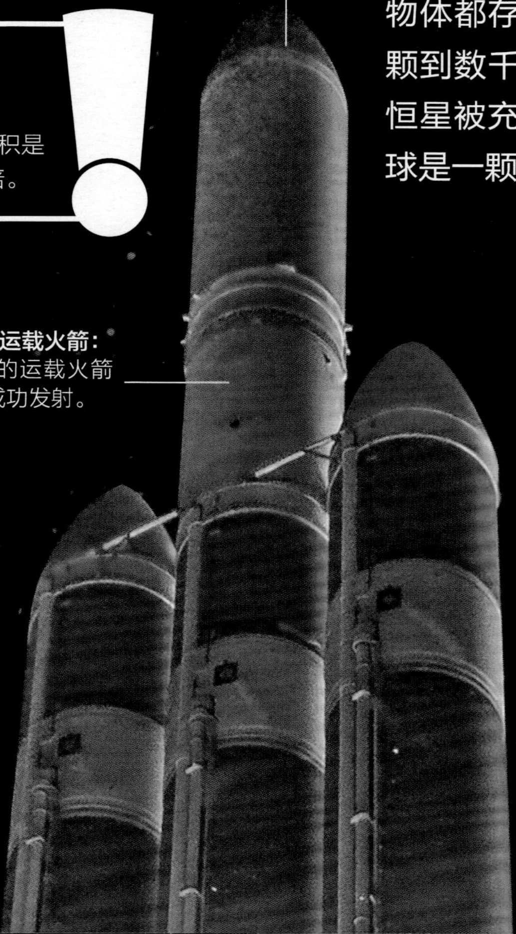

帕克太阳探测器：唯一真正能到达太阳附近的部分。

“三角洲”4号运载火箭：这艘长达72米的运载火箭由美国研制并成功发射。

星系观测

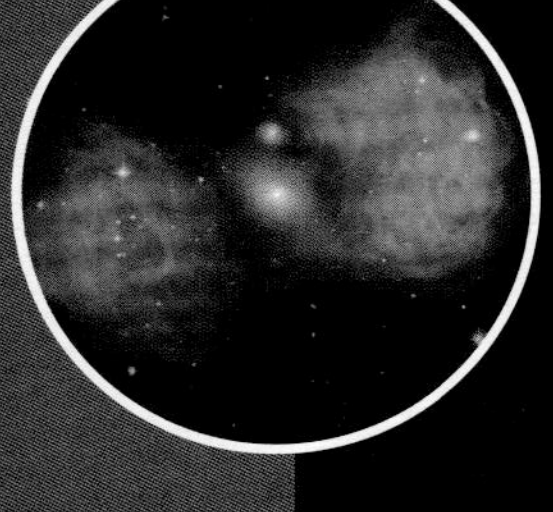

椭圆星系

椭圆星系的形状有点像鸡蛋，像天炉星系这样的椭圆星系里气体和尘埃较少。

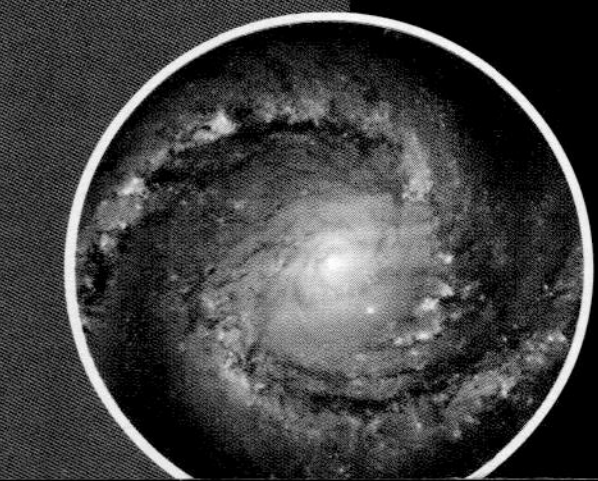

螺旋星系

螺旋星系的形状像一个巨大的圆盘，中心呈圆形，周围环绕着螺旋状的星系臂。NGC 1566的星系臂由尘埃和年轻的恒星组成。

太阳系

大约在46亿年前，由一大团气体和尘埃经过漫长而复杂的过程形成了太阳系。位于太阳系中心的恒星叫作太阳。太阳系内有八颗行星沿椭圆形轨道围绕太阳公转。

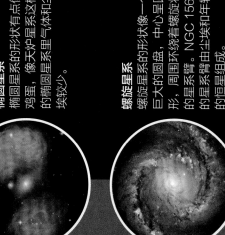

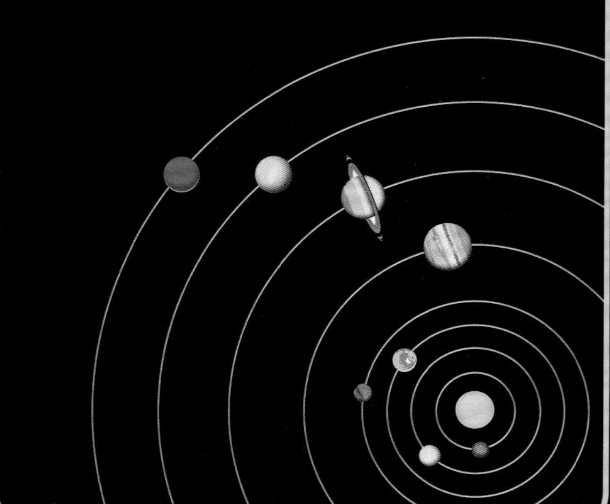

如何接近太阳？

1. 建造一艘合适的航天器，比如2018年发射的帕克太阳探测器。在科学家的计划中，它能穿越太阳周围的大气层，并于2025年到达离太阳最近的近日点。

2. 航天器必须包含两个部分：探测器和巨大的运载火箭。其中运载火箭用来将探测器推向太阳，比如左图所示的“三角洲”4号运载火箭。

3. 在发射过程中，助推的运载火箭会在燃料耗尽后坠落，留下探测器独自向太阳前进。

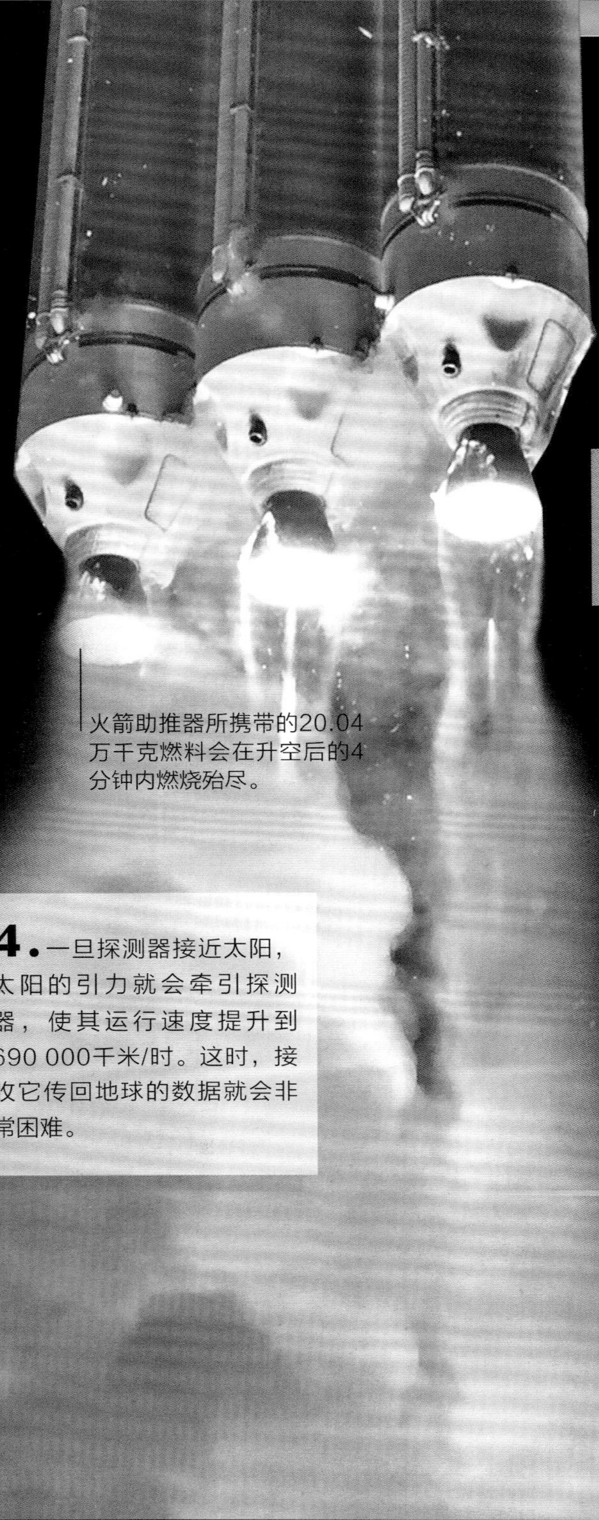

火箭助推器所携带的20.04万千克燃料会在升空后的4分钟内燃烧殆尽。

4. 一旦探测器接近太阳，太阳的引力就会牵引探测器，使其运行速度提升到690 000千米/时。这时，接收它传回地球的数据就会非常困难。

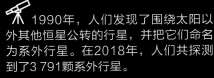

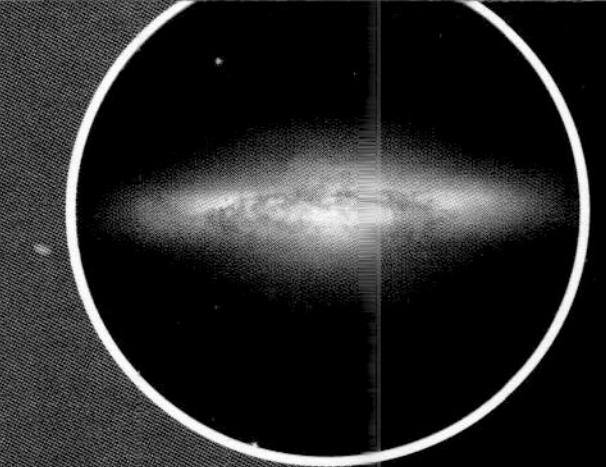

透镜状星系

像NGC 5010这样的星系没有螺旋状的星系臂，这种星系中心有个凸起部分，看上去像一块凸透镜。

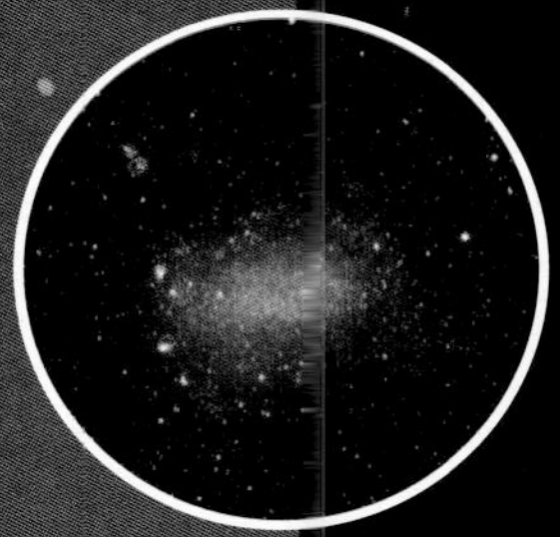

不规则星系

这种星系的形状不规则，可能曾受到附近星系的重力作用而变形。图中所示的巴纳德星系是一个典型的不规则星系。

用数据说话

1.496亿千米
这是平均日地距离。

800 000千米/时
这是太阳系绕银河系中心转动的线速度。

299 792千米
这是光每秒钟传播的距离，由此我们可以知道，“光年”是一个长度单位。

26 万光年
这是离银河系最近的大星系——仙女座星系的直径。

46亿岁
这是彗星的平均年龄。

4.2光年
这是除太阳外，离地球最近的恒星——比邻星与我们的距离。

系外行星

1990年，人们发现了围绕太阳以外其他恒星公转的行星，并把它们命名为系外行星。在2018年，人们共探测到了3 791颗系外行星。

系外行星WASP-12b的公转周期仅为26小时，而地球绕太阳公转一周需要365天零6小时。

因为系外行星HD 80606b离它的恒星很近，所以它的表面温度很高，可达2 200℃，这个温度足以熔化绝大多数金属。

右图所示的开普勒-186f行星是人们于2014年探测到的，其表面温度符合液态水存在的条件（这是支持生命存在的关键）。直到今天，人们仍在不断探寻着太阳系之外可能存在生命的行星。

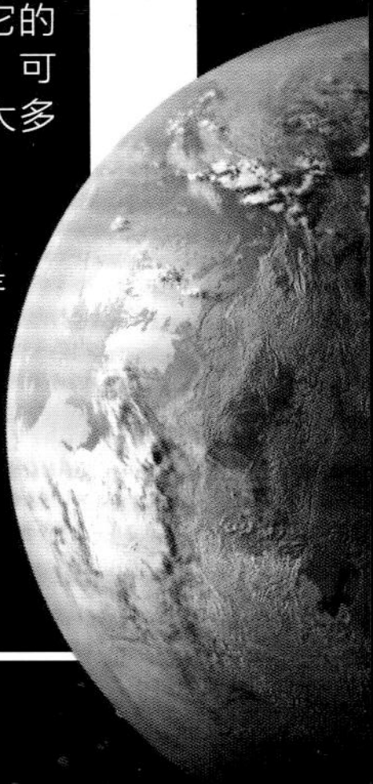

太阳系成员

太阳是一颗恒星，它周围有八颗行星和许多小行星、矮行星和彗星，这些天体都沿着椭圆形的轨道围绕太阳公转。太阳系是以太阳为中心，由八大行星、小行星、矮行星和彗星等受太阳引力影响的天体组成的集合体。此外，还有一些卫星也会绕着所属的行星公转。

大红斑是这颗行星大气层中的风暴旋涡，其直径超过16 350千米。

它绕太阳的公转周期只有 88 个地球日，速度是 170 500 千米 / 时。

①八大行星中，它的体积最小，离太阳最近。这颗岩石行星的英文名与化学元素中汞（水银）的英文名相同。

它表层的硫酸云很厚，有些区域还会下腐蚀性极强的硫酸雨。

②这颗行星的表面风暴频发，温度高达464℃，足够融化金属铅。

这颗星球表面超过2/3的面积都被水覆盖。

③它是离太阳第三近的行星，也是人们目前所知宇宙中唯一有生命存在的星球。

因为受到了无数颗陨石撞击，所以这颗星球的表面坑坑洼洼的。

④1969—1972年，先后共有12名航天员搭载“阿波罗”系列航天器造访它。

⑤因为表面覆盖着赤铁矿，所以它又被称为“红色星球”。迄今为止，人类向这颗星球发射的探测器数量最多。

⑥它是太阳系中最大的行星，体积比1 300个地球加起来还大。它的周围有近70颗卫星。

太阳的表面温度高达5 500℃。
这颗气态巨行星的密度是太阳系行星中最低的，甚至比水的密度还低。
这个行星环的宽度有28万千米，但大部分地区的厚度不到10米。
大多数行星都像陀螺一样立着自转，但它是躺着自转的。

自我评价

入门学徒	地球 月球 火星 木星
进阶学霸	土星 金星 水星 海王星
知识天才	**土卫六** **天王星** **木卫一** **木卫三**

⑦ 它是太阳系中最大的卫星，直径达5 262千米。

⑧ 1610年，意大利天文学家伽利略发现了这颗卫星，它上面约有400座活火山。

⑨ 尘埃、岩石和冰围绕着这颗气态巨行星，它们共同组成了壮丽的行星环。

⑩ 它的体积比水星大，是太阳系中第二大的卫星。

⑪ 这颗气态巨行星绕太阳公转的周期是84个地球年。

⑫ 这颗离太阳最远的行星呈深蓝色，因此被冠以“海神”之名。

答案：1.水星 2.金星 3.地球 4.月球 5.火星 6.木星 7.木卫三 8.木卫一 9.土星 10.土卫六 11.天王星 12.海王星

②这颗探测器于1972年由美国发射，它史无前例地绕过了火星、穿越了小行星带，并拍到了木星的照片。

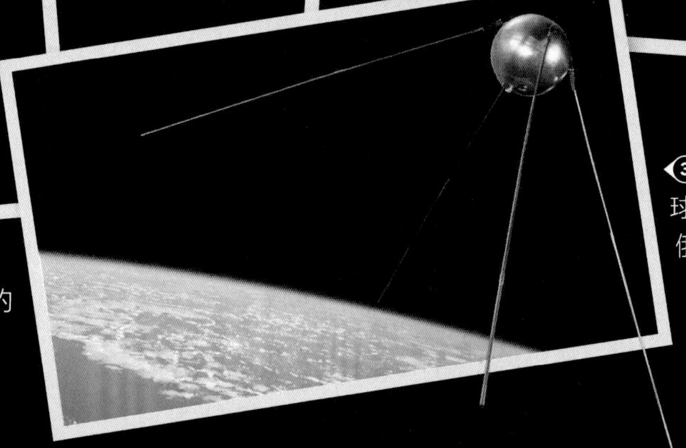

③1957年发射的这颗探测器绕地球飞行了1 400圈。它的名字源于俄语，意为“旅伴”。

①它于1973年发射，是最早接近水星的探测器。此外，它也“拜访”过火星。

④这辆火星车的大小和小汽车相仿。它携有17个摄像头和大量科学仪器，从2012年起就开始持续勘探火星表面。

这艘航天器头部的激光能将岩石击散成尘埃和气体，从而检测出火星岩石的成分。

太空漫游

20世纪50年代，人类发明了推力强大的火箭，把无人航天器和载人航天器送上了太空。无论航天器是否载人，它们的太空旅程都让我们对所处的宇宙有了更深刻的了解。

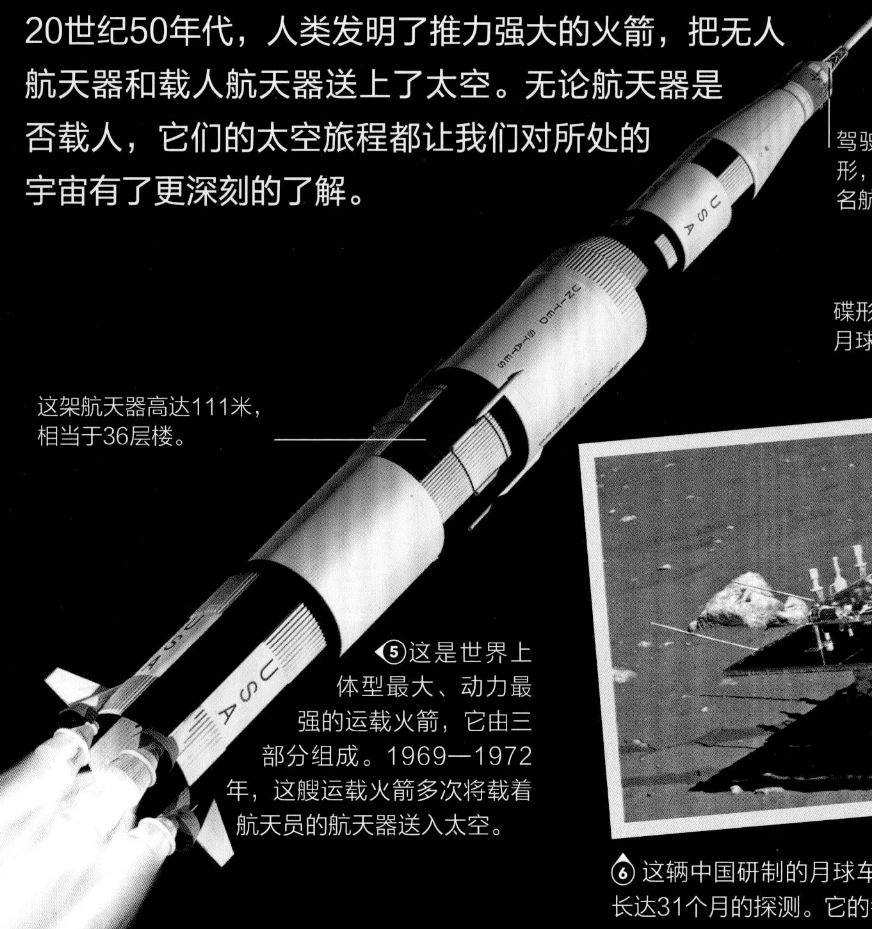

驾驶舱呈圆锥形，能容纳三名航天员。

这架航天器高达111米，相当于36层楼。

⑤这是世界上体型最大、动力最强的运载火箭，它由三部分组成。1969—1972年，这艘运载火箭多次将载着航天员的航天器送入太空。

碟形天线将信号从月球传回地球。

⑥这辆中国研制的月球车于2013年登月，并在月球上进行了长达31个月的探测。它的名字源于中国的神话传说。

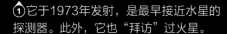

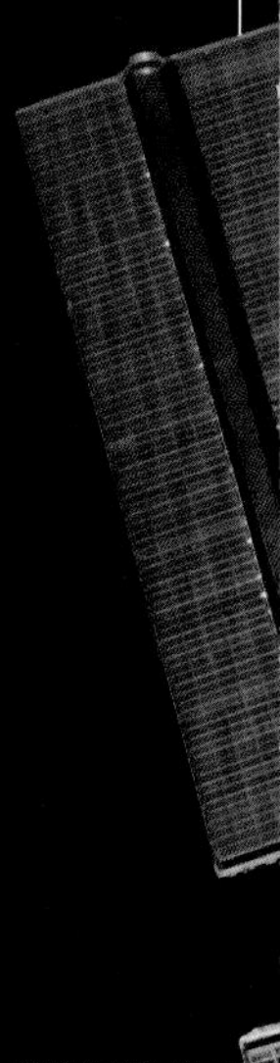

太阳能电

答案：1.“水手”10号 2.“先驱者”10号 3.斯普特尼克1号 4.好奇号 5.“土星”5号运载火箭 6.“玉兔号” 7.卡西尼-惠更斯号 8.航天飞机 9.“阿波罗”11号 10.“旅行者”1号 11.国际空间站 12.“长征”3号甲运载火箭

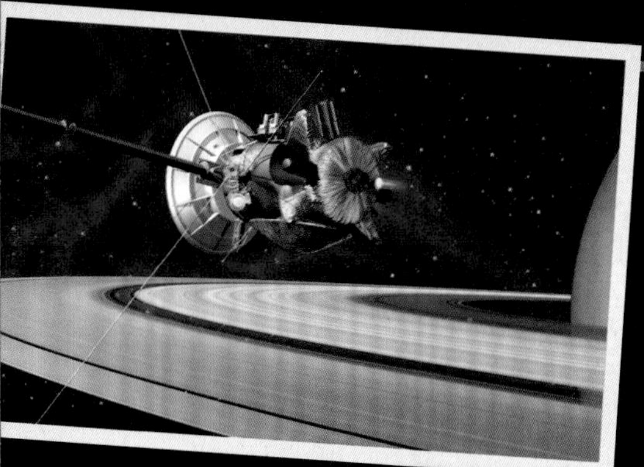

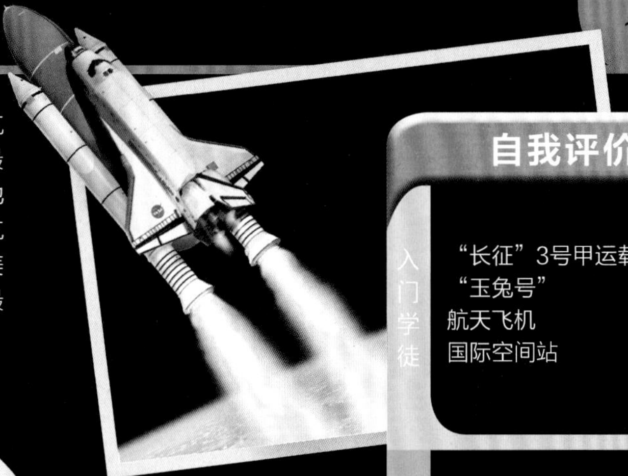

⑧ 这些可重复使用的航天器像火箭一样升空，最后又像飞机一样降落回地球。其中有5艘这样的航天器执行了超过130次美国宇航局的太空任务，最后一艘于2011年退役。

自我评价

入门学徒
“长征”3号甲运载火箭
“玉兔号”
航天飞机
国际空间站

进阶学霸
“旅行者”1号
好奇号
“阿波罗”11号
“土星”5号运载火箭

知识天才
“先驱者”10号
斯普特尼克1号
卡西尼-惠更斯号
“水手”10号

⑦ 它是迄今为止人类发送的最大航天器，它的一部分环绕土星运行了13年之久，另一部分降落到了土星最大的卫星土卫六上。

卫星天线长达3.7米。

⑩ 为了探索木星和土星，人们于1977年发射了这台航天器。目前它已飞离地球217亿千米，是至今距地球最远的探测器。

⑨ 尼尔·阿姆斯特朗和巴兹·奥尔德林乘坐着代号为“鹰”的航天器成功登月，成为世界上最早登陆月球表面的人类。这艘航天器的一部分至今仍留在月球上。

⑫ 这艘中国研制的火箭高达52米，被用来发射通信卫星。2007年，它还参与了中国首次探月任务。

⑪ 这是太空中最大的人造空间，它长达109米，能同时支持6名航天员的生活起居和实验活动。

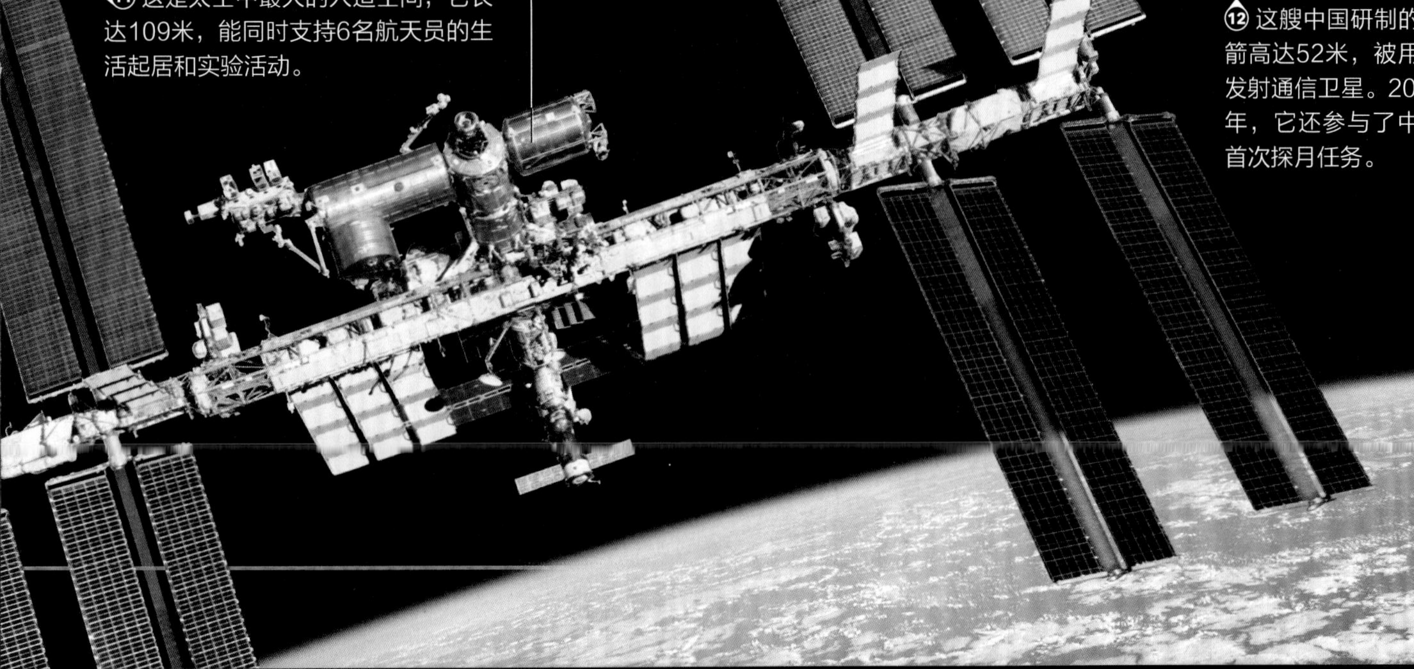

在地球上建造完成的小型独立舱室在太空中完成对接。

什么是元素？

自然界中的所有物质都由原子组成，具有相同质子数的一类原子统称为元素。每种元素的原子都有其独特的电子结构，当多个相同或不同的原子结合到一起时就会形成分子。比如钠原子和氯原子结合在一起时会生成氯化钠分子。

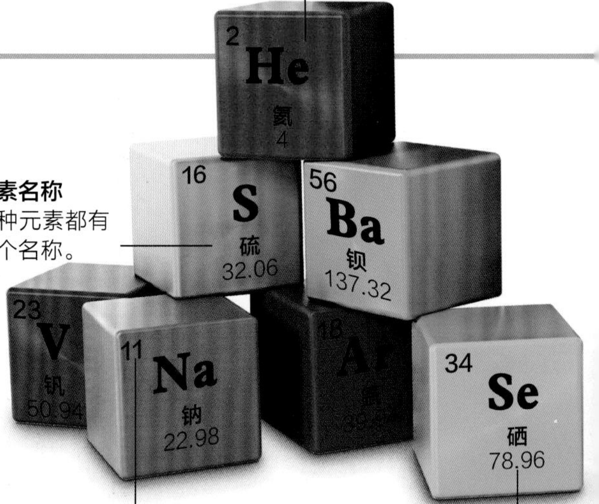

元素周期表

目前元素周期表中共有118种元素，其中自然界里存在92种，其余26种则由科学家在实验室里合成。俄国化学家德米特里·门捷列夫把这些元素按特定的顺序排列起来，制定了最早的元素周期表。元素周期表中质量最轻的元素位列周期表的顶端，性质相近的元素则组成一个纵列，称为“族”。

1 H																	2 He
3 Li	4 Be											5 B	6 C	7 N	8 O	9 F	10 Ne
11 Na	12 Mg											13 Al	14 Si	15 P	16 S	17 Cl	18 Ar
19 K	20 Ca	21 Sc	22 Ti	23 V	24 Cr	25 Mn	26 Fe	27 Co	28 Ni	29 Cu	30 Zn	31 Ga	32 Ge	33 As	34 Se	35 Br	36 Kr
37 Rb	38 Sr	39 Y	40 Zr	41 Nb	42 Mo	43 Tc	44 Ru	45 Rh	46 Pd	47 Ag	48 Cd	49 In	50 Sn	51 Sb	52 Te	53 I	54 Xe
55 Cs	56 Ba	57-71 La-Lu	72 Hf	73 Ta	74 W	75 Re	76 Os	77 Ir	78 Pt	79 Au	80 Hg	81 Tl	82 Pb	83 Bi	84 Po	85 At	86 Rn
87 Fr	88 Ra	89-103 Ac-Lr	104 Rf	105 Db	106 Sg	107 Bh	108 Hs	109 Mt	110 Ds	111 Rg	112 Cn	113 Nh	114 Fl	115 Mc	116 Lv	117 Ts	118 Og
		57 La	58 Ce	59 Pr	60 Nd	61 Pm	62 Sm	63 Eu	64 Gd	65 Tb	66 Dy	67 Ho	68 Er	69 Tm	70 Yb	71 Lu	
		89 Ac	90 Th	91 Pa	92 U	93 Np	94 Pu	95 Am	96 Cm	97 Bk	98 Cf	99 Es	100 Fm	101 Md	102 No	103 Lr	

图例

- 氢
- 碱金属
- 碱土金属
- 过渡金属
- 镧系元素
- 锕系元素
- 硼族元素
- 碳族元素
- 氮族元素
- 氧族元素
- 卤族元素
- 稀有气体

时间线

18世纪至今，科学家们一直在不断地发现新元素。

1751年

瑞典矿物学家阿克塞尔·弗雷德里克·克龙斯泰特发现了金属镍。

1772年

22岁的苏格兰化学家丹尼尔·卢瑟福发现了氮气。

1807—1808年

英国化学家汉弗里·戴维发现了钾、钠（上图所示）、钙、锶、钡和镁。

1823年

瑞典化学家永斯·雅各布·贝采利乌斯在实验中分离出了硅。

1896年

英国化学家威廉·拉姆齐爵士和威廉·莫里斯·特拉弗斯发现了氩气。

地壳中的元素含量

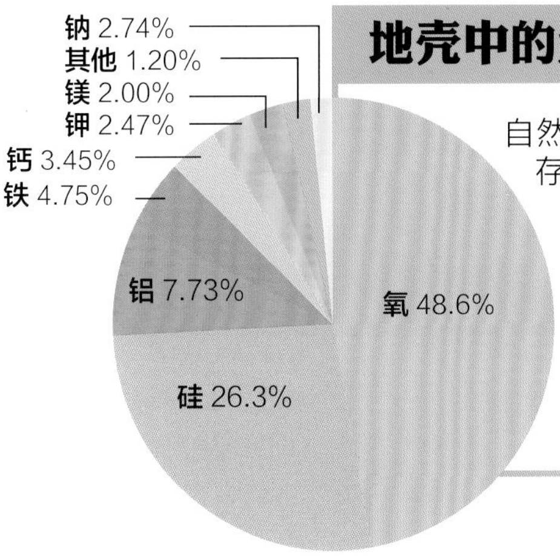

自然界中大多数的元素种类都存在于地壳的矿物和岩石中。这些自然界元素绝大多数都以化合物的形式存在，只有少数元素以单质的形式存在。

用数据说话

1千万亿亿（10^{23}）
1立方厘米的水中大约包含1千万亿亿个原子。

9 000根
人体内的碳元素总量大约能制造出这么多根铅笔。

3 414℃
这是金属钨的熔点，也是熔点最高的天然物质。

91%
太阳中氢元素所占的比例。

4种
人体中有96%的元素都是碳、氢、氧、氮。

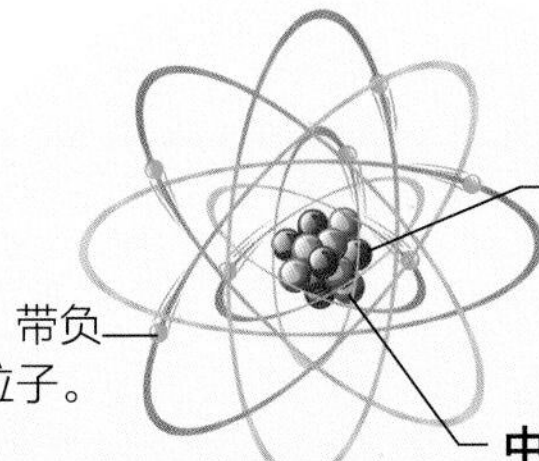

质子：带正电的粒子。
电子：带负电的粒子。
中子：电中性的粒子。

原子内部

原子由原子核和核外电子组成，其中原子核由中子和质子组成，电子则分布在原子核的周围。

你知道吗？

米粒大小的金块就能被加工成10 000平方厘米的薄片。

化学趣知识

- 不同元素的单质在氧气中燃烧时所产生的火焰颜色不同。锂和锶燃烧后会产生红色的火焰。
- 把一块金属镓放在手上，它就能熔化。
- 碳元素能和其他元素合成900多万种不同的化合物。
- 铂的延展性极好，能加工成直径为0.000 06毫米的金属丝。
- 在常温常压下，只有两种元素的单质以液态的形式存在——汞（水银）和溴。

表盘的数字刻度涂有金属镭，因此能在黑暗中发出荧光。

1898年
法国化学家玛丽·居里和皮埃尔·居里发现了两种新物质——镭和钋。

1940年
美国化学家格伦·西博格和他的团队发现了钚，这种元素可以用来制作核武器。

2016年
这一年共发现了4种新元素，其中包括以俄罗斯核物理学家尤里·奥加涅相（上图所示）的名字命名的氮（Oganesson）。

生活中的元素

在118种元素的单质中，大部分在常温下都呈固态。有11种单质在常温下呈气态，只有2种单质呈液态。为了便于区分，科学家们用英文字母来作为标记元素的符号。下面是18种元素单质的图片，每幅图片旁边都有该种元素独特的化学符号，快来为它们找到自己的名字吧!

这是一种易燃的单质，通常用于火柴盒侧面的打火条制作。

① 1669年，一位德国炼金术士为寻找神秘的魔法石，煮了一大锅尿液，却意外发现了这种物质。

P

玻璃球里充满了紫黑色蒸气。

② 这种物质在希腊语中的意思是“紫色”。它加热后不会融化，而是直接变成蒸气。这种物质可用来制作防腐剂和食用色素。

I

当温度下降到-183℃时，这种无色的气体就会变成透明的蓝色液体。

③ 地球上的大多数生命都需要这种物质。对人类来说，它是维持人体新陈代谢最重要的能源。

O

④ 这种闪闪发亮的贵金属常被用来制作首饰，它的导电性能良好，经常被用来制造电子产品。

它暴露在空气中会渐渐失去光泽。

Ag

Al

⑤ 小到饮料罐，大到飞机，这种轻质金属的用途及其广泛。

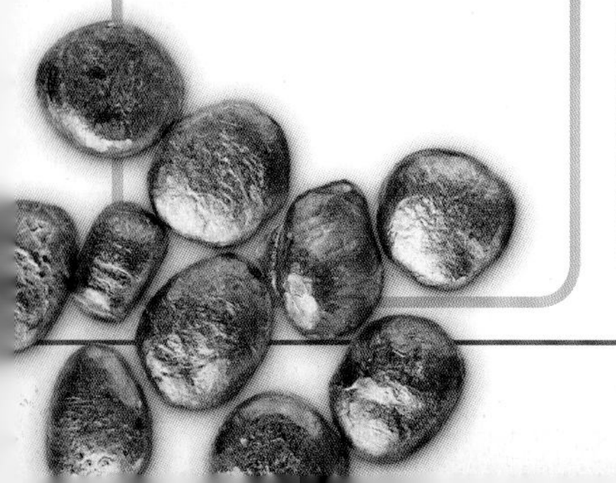

⑥ 在游泳池中加入少量的这种物质可以杀死水中的有害细菌。

玻璃球阻止了它与空气发生接触。

Cl

⑦ 将它加入其他金属中，可以冶炼出承载力大的轻型合金。它是汽车和飞机制造中的重要原材料。因其在空气中燃烧时会产生明亮的白色火焰，所以常被用于制作烟花。

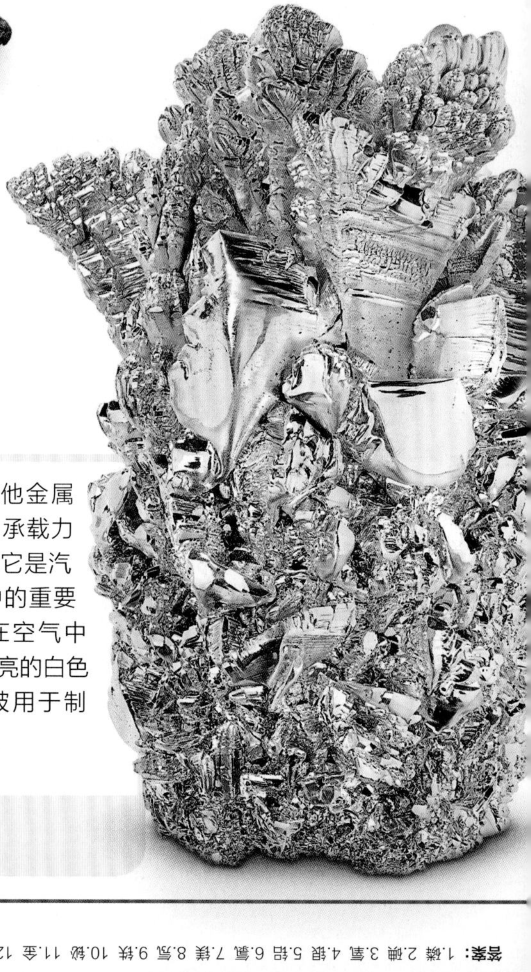

Mg

答案：1.磷 2.碘 3.氧 4.银 5.铝 6.氯 7.镁 8.氖 9.铁 10.铋 11.金 12.氮 13.铜 14.氢 15.锂 16.硫 17.碳 18.汞

⑧ 这种气体比空气轻，是制作霓虹灯的重要原料。

这种无色气体电离时会产生橙红色的光。

Ne

⑨ 这种金属是钢的主要成分，其单质在空气中很容易被氧化。人体和很多食物中都含有这种元素。

Fe

⑩ 这是一种易碎的金属，因其涂抹后可使皮肤变得光滑，已在化妆品行业有了数个世纪的应用。

其单质在空气中会被氧化，生成彩虹色的晶体。

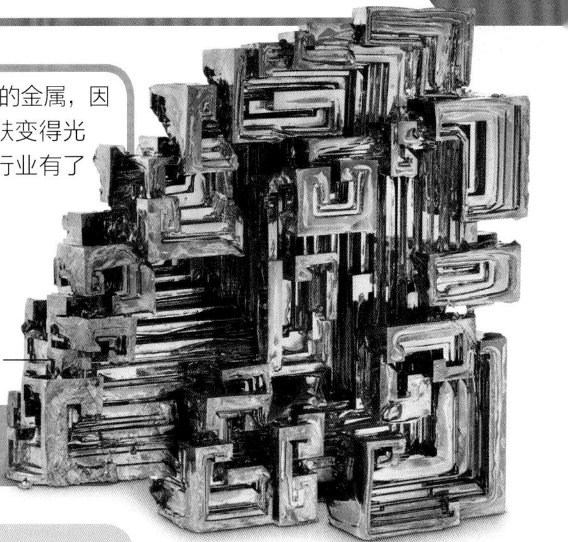

Bi

Au

⑪ 几千年来，这种容易加工的贵金属一直被用来制作珠宝首饰，还被用来铸造钱币。

Kr

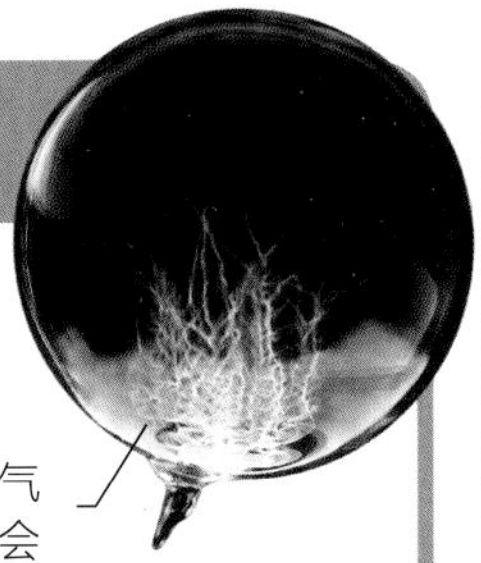

这种无色气体电离后会发生蓝白色的光。

⑫ 这种元素于1898年被发现，是地球上最稀有的气体元素之一。

Cu

⑬ 其单质是柔软的金属，延展性好，导热性和导电性强。因此，它常被用来制作电线芯和炊具。

其单质呈独特的橙红色。

⑭ 作为宇宙中含量最多、质量最轻的元素，它是恒星进行核聚变的重要燃料。

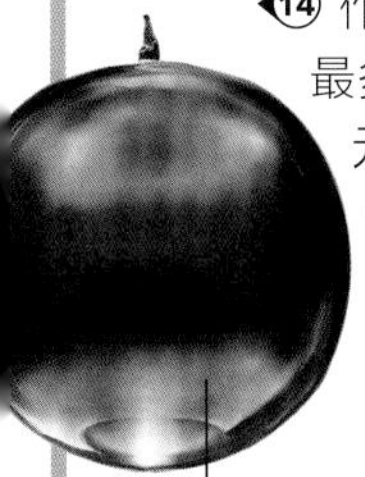

其单质在电离时会发出紫色的光。

H

Os

⑮ 这种稀有金属耐磨、有光泽，是所有天然物质中密度最高的。它的熔点很高，达到了3 033℃。

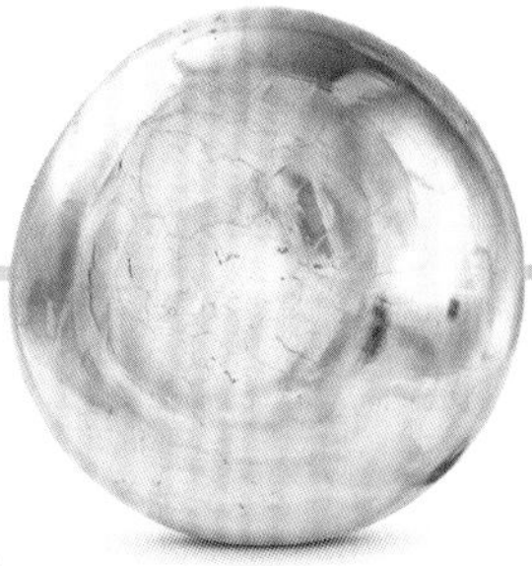

S

⑯ 这种淡黄色的物质被称为“硫黄”，是人们在火山口附近发现的。许多含有这种元素的化合物会散发出一股臭鸡蛋的气味儿。

这种元素的晶体常附着在火山泥上。

⑰ 石墨和钻石都是这种非金属元素的单质，其在形成单质时原子的排列方式有很多种。

C

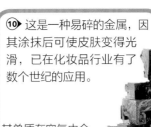

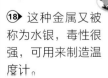

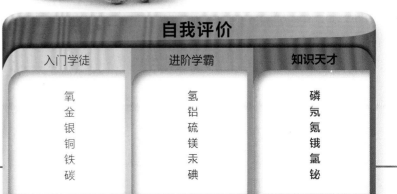

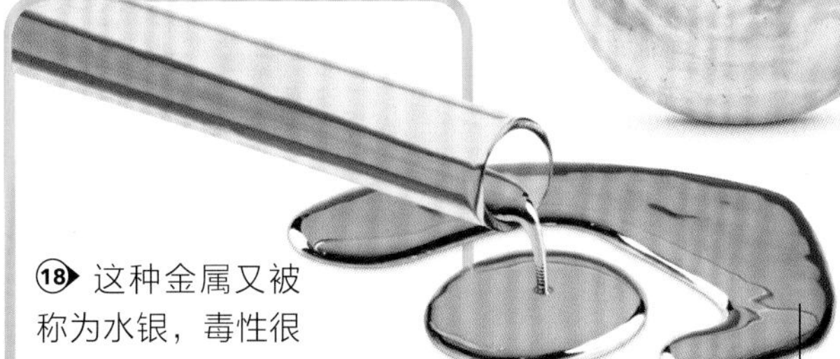

⑱ 这种金属又被称为水银，毒性很强，可用来制造温度计。

这是唯一一种在常温下呈液态的金属。

Hg

自我评价

入门学徒	进阶学霸	知识天才
氧	氢	磷
金	铅	氖
银	硫	氪
铜	镁	锇
铁	汞	氩
碳	碘	铋

人体大揭秘

人体是大自然进化的奇迹，是无与伦比的艺术品。人体中有200多块骨骼、2平方米的皮肤、数十万根头发和数十亿个血细胞。人体中运行着各种各样的系统，这些系统共同协作，执行着维持生命的重要任务。

人体的构建

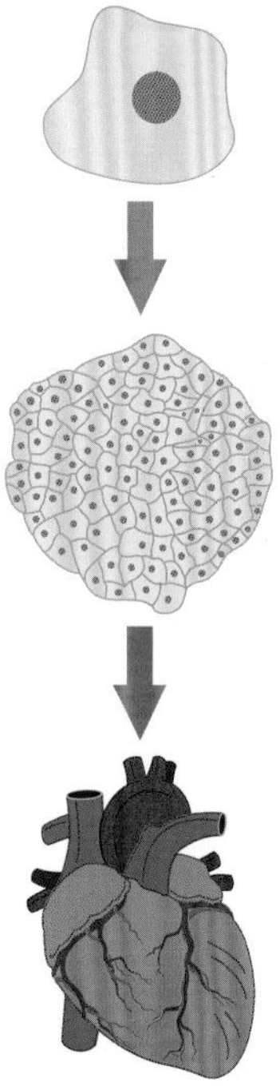

细胞：人体组织的基本单元，有许多种不同的类型。

组织：同一类型的细胞聚在一起会构成具有特定功能的组织。

器官：不同类型的组织可以构成器官，比如左图中的心脏。

用数据说话

250 000个
这是发育中的婴儿每分钟增长的脑细胞数。

25 000次
这是人体每天大约要呼吸的次数。

106块
这是人体中手和脚的骨骼数量，占人体骨骼总数的一半以上。

65%
这是人体中氧元素所占的比例。

人体系统

人体系统由多个器官有次序地连接在一起，这里展示了人体的四个系统。

骨骼系统
人体关节处有大量骨骼，使人体能够灵活行动。

肌肉系统
人体中大约有640块肌肉，其重量占体重的20%，使人体能够完成各种运动。

循环系统
血液通过血管，将氧气和营养物质输送到人体各处。

神经系统
神经网络遍布全身，电信号由这些神经传送到大脑，再由大脑传送出去。

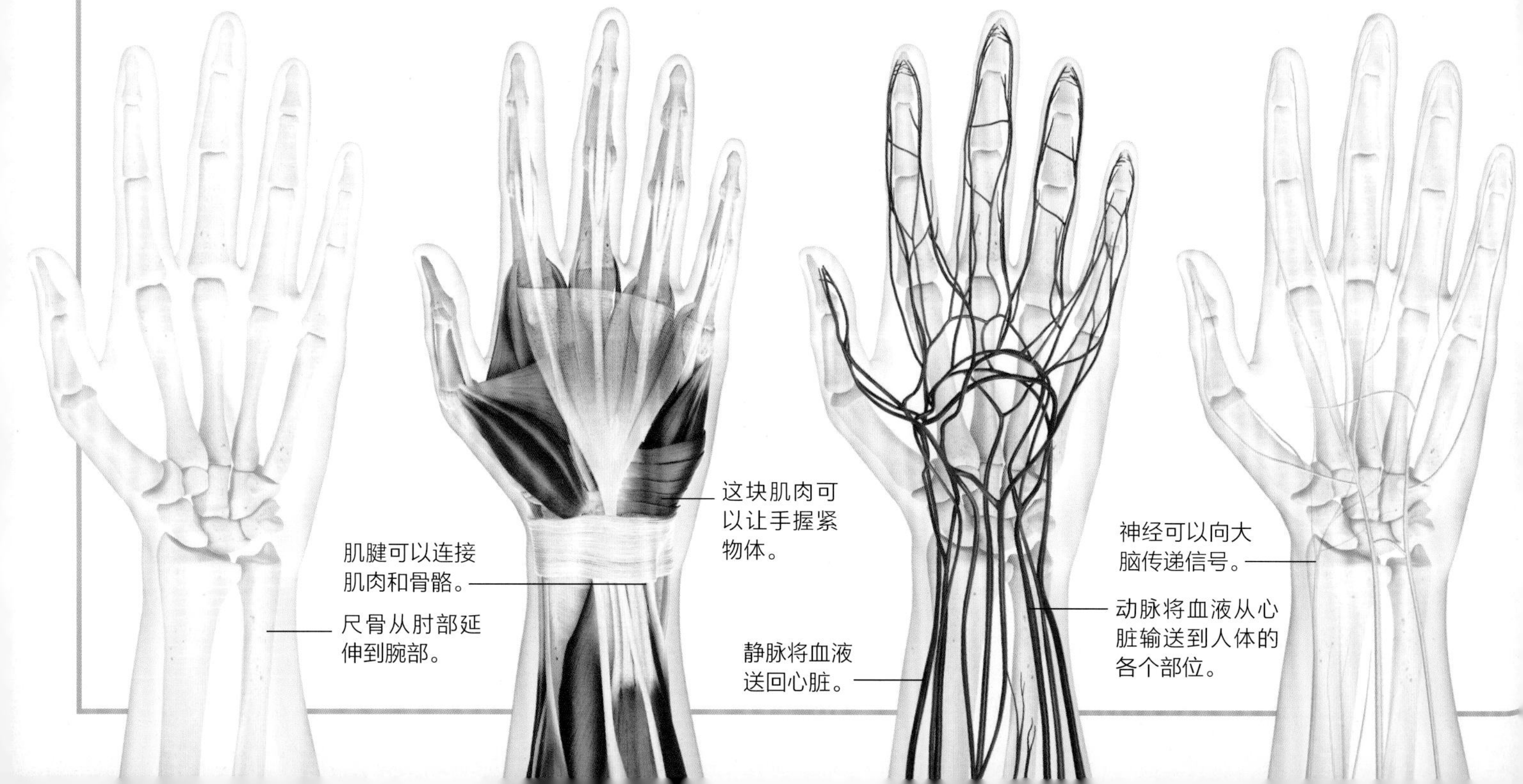

肌腱可以连接肌肉和骨骼。
尺骨从肘部延伸到腕部。
这块肌肉可以让手握紧物体。
静脉将血液送回心脏。
神经可以向大脑传递信号。
动脉将血液从心脏输送到人体的各个部位。

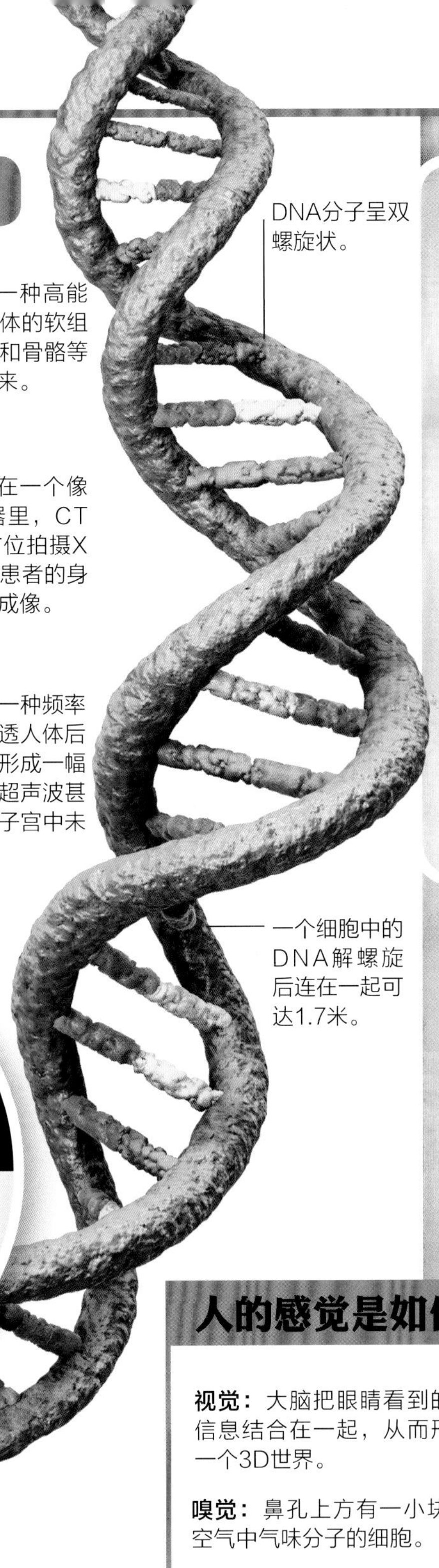

DNA分子呈双螺旋状。

一个细胞中的DNA解螺旋后连在一起可达1.7米。

人体内部

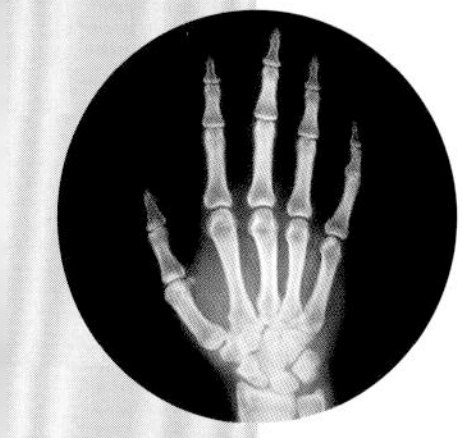

X射线：X射线是一种高能量波，它能穿透人体的软组织，将牙齿、关节和骨骼等器官和组织显示出来。

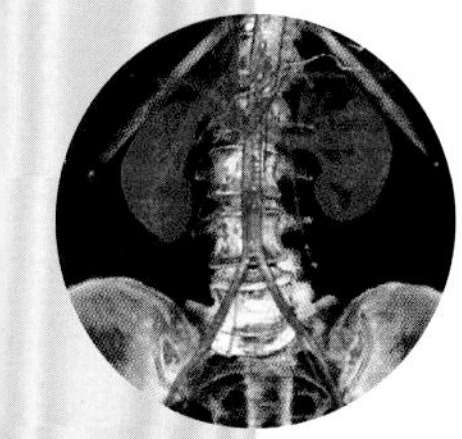

CT扫描：患者躺在一个像甜甜圈形状的机器里，CT扫描仪会从各个方位拍摄X射线图像，从而对患者的身体进行详细的三维成像。

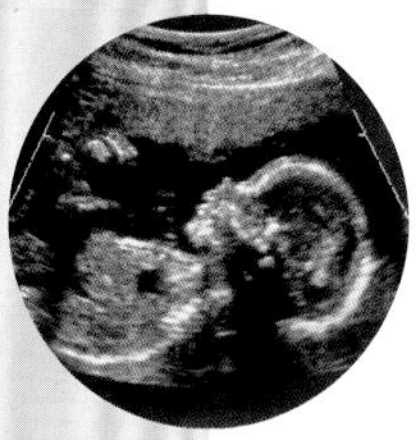

超声波：超声波是一种频率极高的声波，它穿透人体后反射回来的回声会形成一幅内部器官的图像。超声波甚至可以让我们看到子宫中未出生的婴儿。

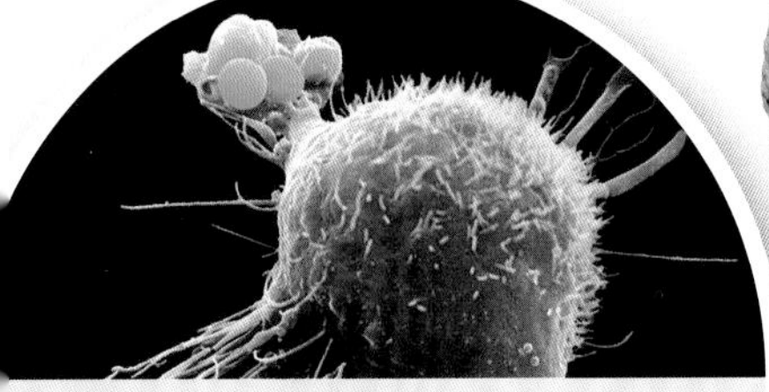

细胞战士

白细胞是饥饿的战士，它会吞噬入侵的细菌和受感染的细胞，以防止人体被感染。

DNA

DNA是一种特殊的分子，存在于人体的每个细胞中。它储存着人类的遗传信息，是我们发育和正常运作必不可少的生物大分子。即使只有0.1%的DNA序列差异，也能造就人与人之间的巨大差别。

你知道吗？

你身上每天会脱落大约100亿个死皮细胞。

人体趣知识

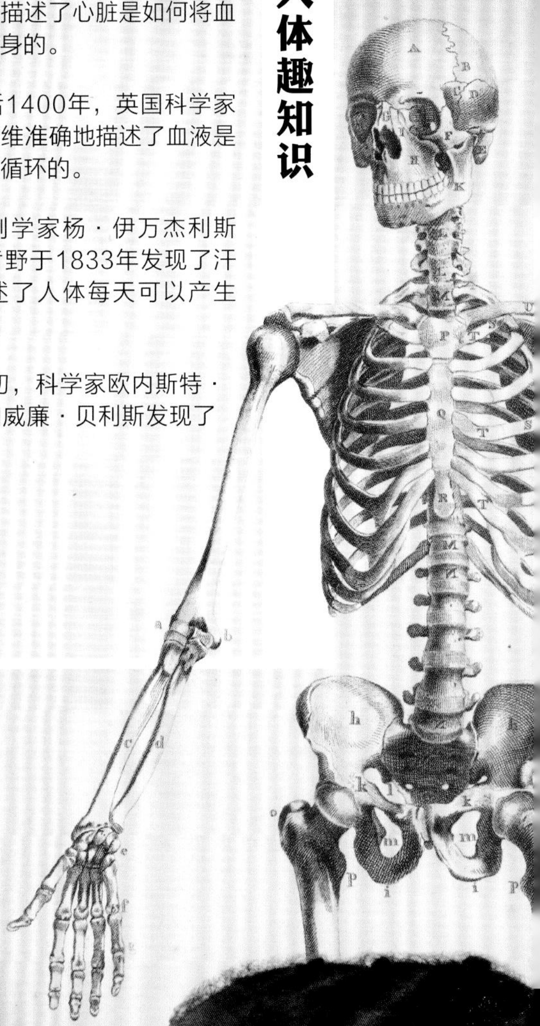

- 200年左右，罗马帝国时期的医学家盖伦描述了心脏是如何将血液输送到全身的。
- 盖伦死后1400年，英国科学家威廉·哈维准确地描述了血液是如何在体内循环的。
- 捷克解剖学家杨·伊万杰利斯塔·浦肯野于1833年发现了汗腺，并描述了人体每天可以产生1.5升汗液。
- 20世纪初，科学家欧内斯特·斯塔林和威廉·贝利斯发现了荷尔蒙。

人的感觉是如何形成的？

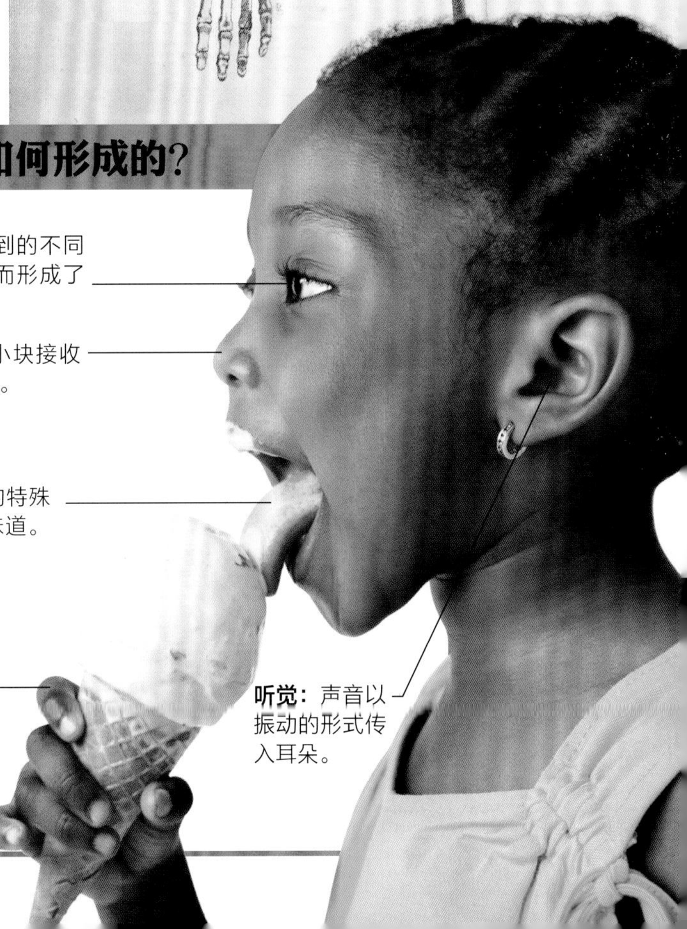

视觉：大脑把眼睛看到的不同信息结合在一起，从而形成了一个3D世界。

嗅觉：鼻孔上方有一小块接收空气中气味分子的细胞。

味觉：口腔和舌头上的特殊细胞可以尝到不同的味道。

触觉：皮肤上的触觉感受器可以帮助人感知物体。

听觉：声音以振动的形式传入耳朵。

奇妙的骨骼

作为人体的基本框架，骨骼系统十分奇妙，它为肌肉提供了附着点，还保护着人体的内部器官。如果没有骨骼，人的身体就只能软软地瘫在地上。成年人一般有206块骨骼，其中超过半数长在手和脚上。试一试，看看你能不能认出下面这个足球运动员的各部分骨骼，检测一下你对骨骼的了解程度。

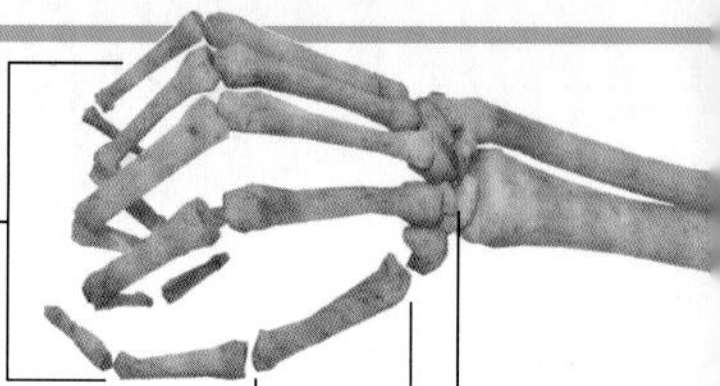

① 这种骨骼很适合抓握，它们组成了人的手指。

② 手指和手腕之间由这种长骨连接。

③ 这里的8块小骨骼是手腕的一部分，依靠它们，你才能灵活地转动手腕。

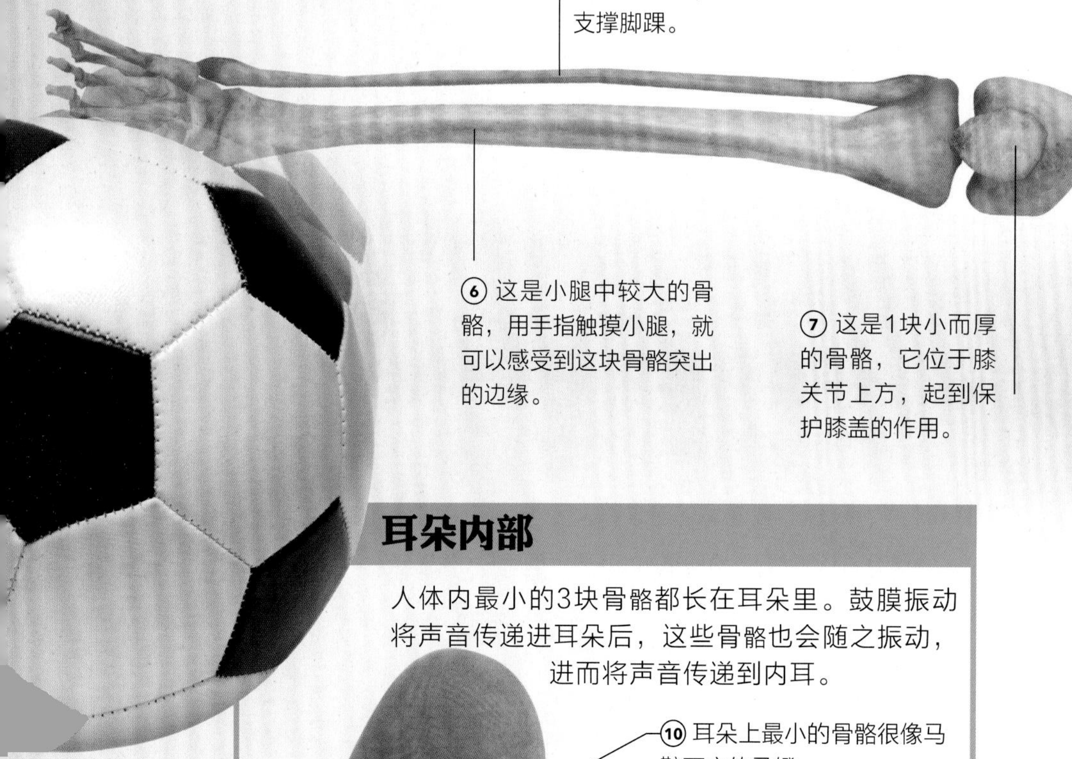

④ 这种细长的小腿骨与另一种位于小腿的骨骼平行，有助于支撑脚踝。

⑤ 这根骨骼从臀部一直延伸到膝盖，不仅比人体其他骨骼长，而且还重得多。

⑥ 这是小腿中较大的骨骼，用手指触摸小腿，就可以感受到这块骨骼突出的边缘。

⑦ 这是1块小而厚的骨骼，它位于膝关节上方，起到保护膝盖的作用。

⑧ 脚踝由7块可移动的小骨骼组成，图中这两块突出的骨骼位于小腿骨的末端。

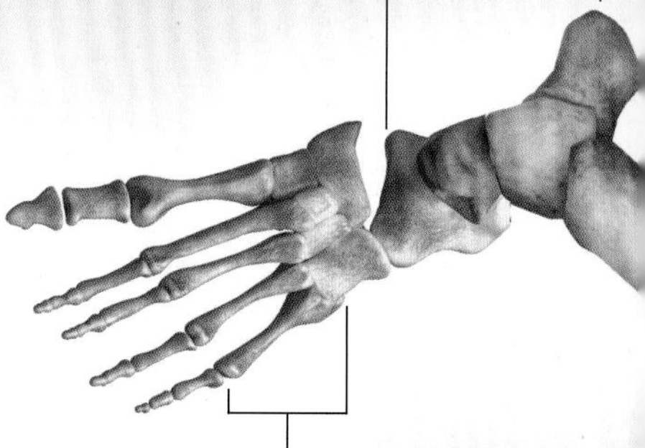

⑨ 这5块长骨使脚掌呈拱形。看看你的脚，是不是拱形的？

耳朵内部

人体内最小的3块骨骼都长在耳朵里。鼓膜振动将声音传递进耳朵后，这些骨骼也会随之振动，进而将声音传递到内耳。

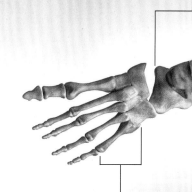

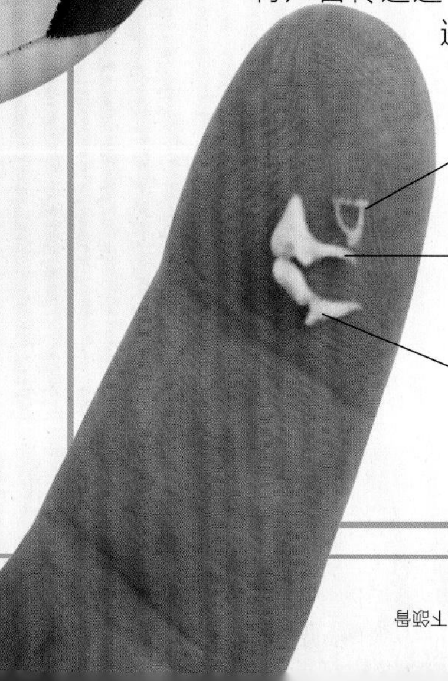

⑩ 耳朵上最小的骨骼很像马鞍下方的马镫。

⑪ 这块平顶的骨骼位于另2块耳骨中间。

⑫ 这块骨骼看起来像一个微型DIY工具，它附在鼓膜上。

答案：1.指骨 2.掌骨 3.腕骨 4.腓骨 5.股骨 6.胫骨 7.髌骨 8.跗骨 9.跖骨 10.镫骨 11.砧骨 12.锤骨 13.桡骨 14.颅骨 15.尺骨 16.下颌骨 17.锁骨 18.肩胛骨 19.肋骨 20.肱骨 21.胸骨 22.椎骨 23.骶骨 24.骨盆

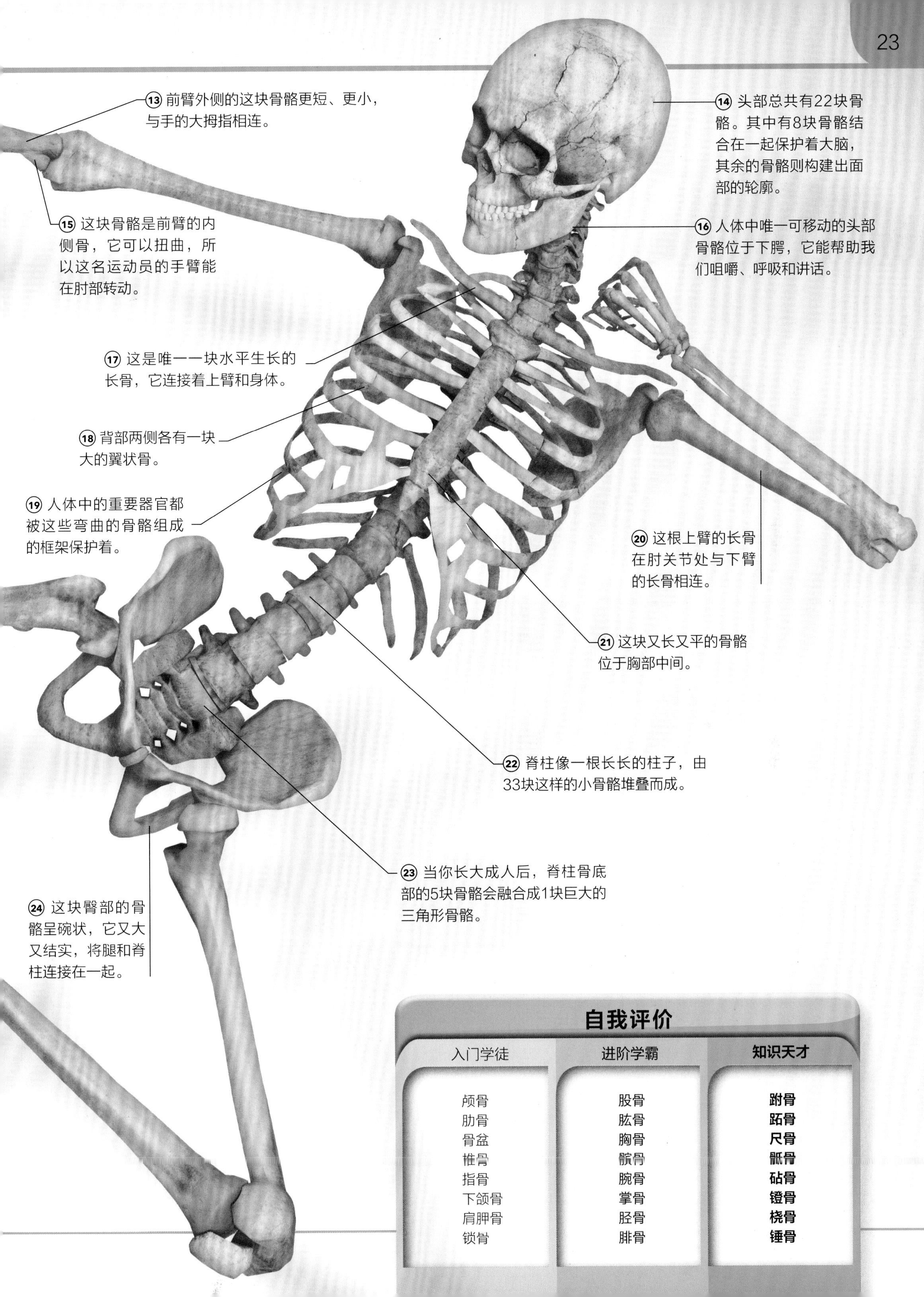

⑬ 前臂外侧的这块骨骼更短、更小，与手的大拇指相连。
⑭ 头部总共有22块骨骼。其中有8块骨骼结合在一起保护着大脑，其余的骨骼则构建出面部的轮廓。
⑮ 这块骨骼是前臂的内侧骨，它可以扭曲，所以这名运动员的手臂能在肘部转动。
⑯ 人体中唯一可移动的头部骨骼位于下腭，它能帮助我们咀嚼、呼吸和讲话。
⑰ 这是唯一一块水平生长的长骨，它连接着上臂和身体。
⑱ 背部两侧各有一块大的翼状骨。
⑲ 人体中的重要器官都被这些弯曲的骨骼组成的框架保护着。
⑳ 这根上臂的长骨在肘关节处与下臂的长骨相连。
㉑ 这块又长又平的骨骼位于胸部中间。
㉒ 脊柱像一根长长的柱子，由33块这样的小骨骼堆叠而成。
㉓ 当你长大成人后，脊柱骨底部的5块骨骼会融合成1块巨大的三角形骨骼。
㉔ 这块臀部的骨骼呈碗状，它又大又结实，将腿和脊柱连接在一起。

自我评价

入门学徒	进阶学霸	**知识天才**
颅骨	股骨	**跗骨**
肋骨	肱骨	**跖骨**
骨盆	胸骨	**尺骨**
椎骨	髌骨	**骶骨**
指骨	腕骨	**砧骨**
下颌骨	掌骨	**镫骨**
肩胛骨	胫骨	**桡骨**
锁骨	腓骨	**锤骨**

这种中空的结构让它很轻而且稳固。

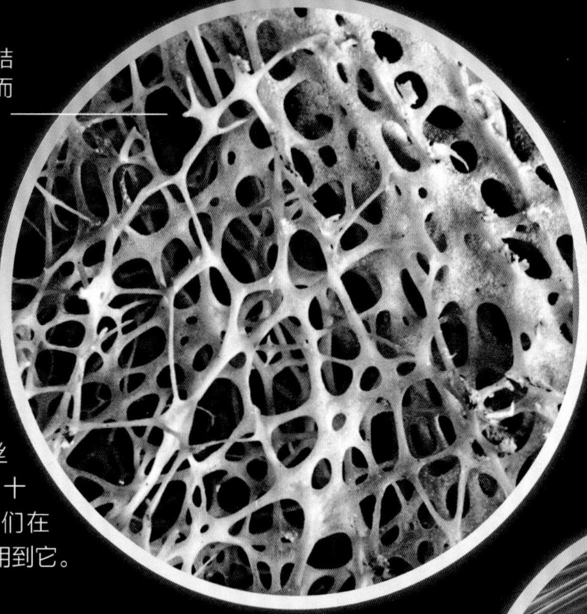

① 这种组织看起来像精致的蕾丝花边，但它十分坚固，我们在站立时需要用到它。

② 一个人的头部可以长出约10万根这样的东西。

③ 看到这种令人毛骨悚然的生物，可能会让你忍不住挠头。

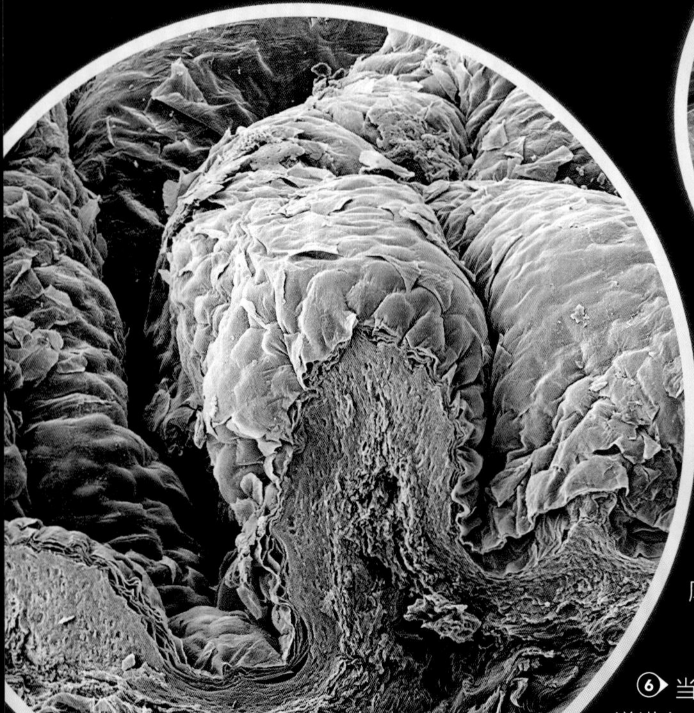

④ 请注意，它可不是羽绒被，它是人体最大的器官，厚度为4毫米。

⑤ 你知道这种特有的身体图案在手的哪个位置吗?

⑥ 当你吃饭时，食物会沿着消化道进入人体。在消化道中排列着大约500万个小“手指”，每个“手指”大约长1毫米，这些小“手指”会将营养物质吸收进身体。

自我评价

入门学徒	进阶学霸	**知识天才**
螨虫	汗孔	**指纹**
头虱	牙釉质	**骨组织**
头发	血细胞	**肠黏膜**
皮肤	肌纤维	**唇部**

令人震惊的微观世界

你可能很难将自己的身体和这些令人惊奇的图片联系在一起。显微镜把我们肉眼看不见的东西放大了许多倍，让我们知道身体中存在着一些令人难以置信的微小结构。你知道下面这些图片里的都是什么吗？

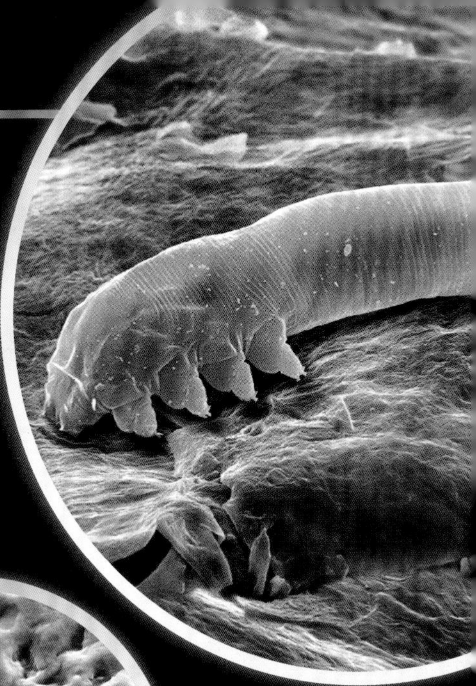

⑦ 看，这里有一只令人毛骨悚然的爬行生物，但它只有0.4毫米长，不管你怎么努力，用肉眼都看不到它。

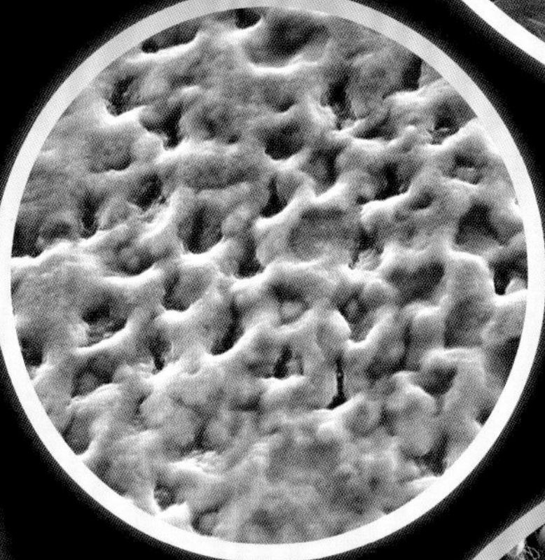

⑧ 这是人体中最坚硬的组织，你咀嚼食物时必须用到它。

单个成束的组织

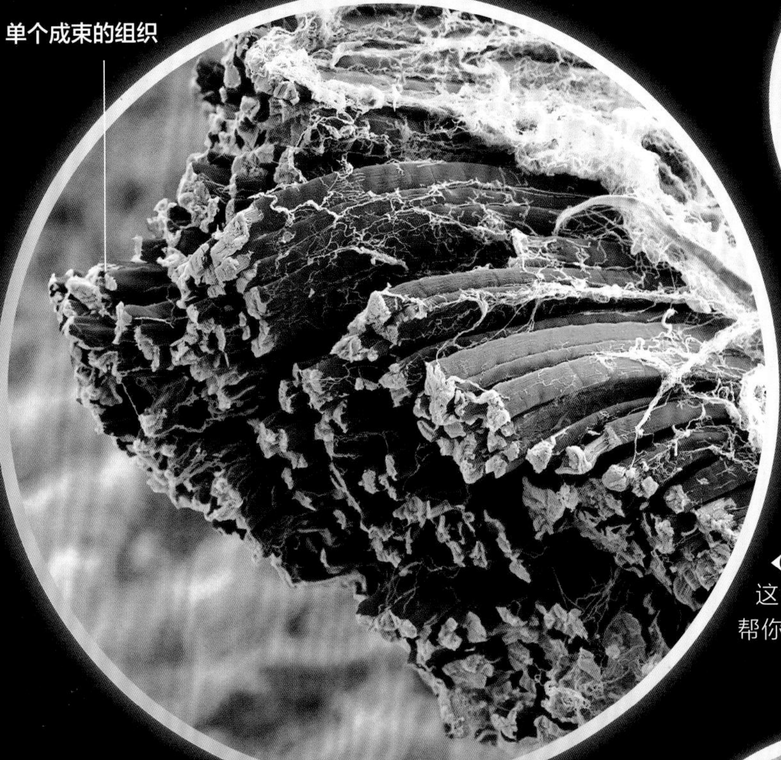

⑨ 准备好跑步了吗？这些排列紧密的细胞能帮你动起来。

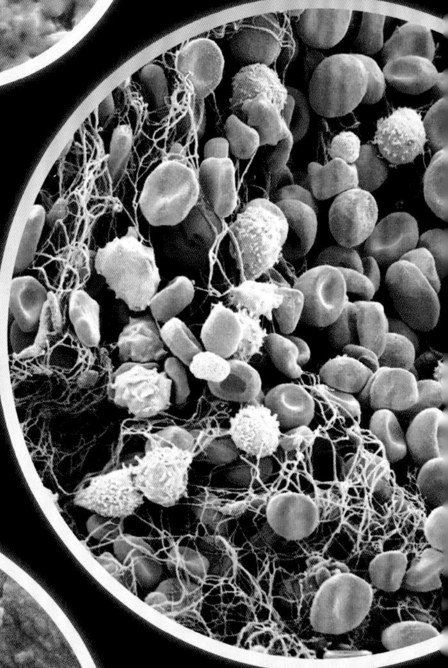

⑫ 我们每天都会产生数千亿个这样的细胞。这种细胞可分为两类（见上图）：红色的细胞负责为身体输送氧气，白色的细胞则负责对抗细菌。

汗滴

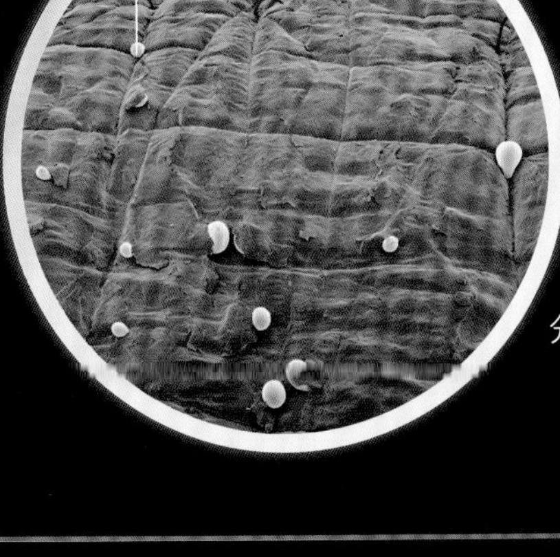

⑩ 汗是人体温度调节系统的一部分，它通过这个小隧道被排出。

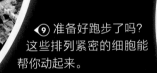

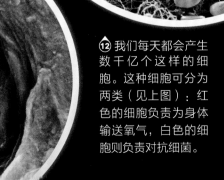

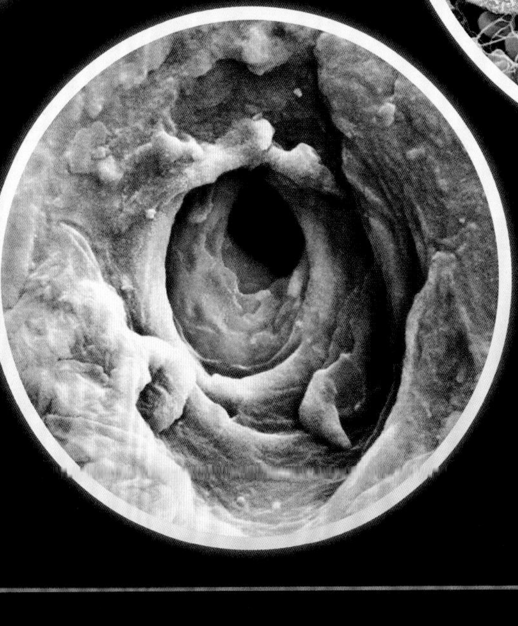

⑪ 它通常呈红色，因为它薄薄的皮肤下分布着血管。

答案：1.骨组织 2.头发 3.头虱 4.皮肤 5.指纹 6.肠黏膜 7.螨虫 8.牙釉质 9.肌纤维 10.汗孔 11.唇部 12.血细胞

我们身边的数字

数学是研究数量、结构、变化、空间以及信息等概念的一门学科，可以应用于现实世界的任何问题。我们生活中的许多事情都需要用数学知识来解决，所有科学都离不开数学的支撑。从建造房屋和桥梁，到制造电脑和智能手机，数学都是必不可少的工具。

完美的形状
蜜蜂用正六边形作为蜂巢结构，是因为正六边形可以紧密而整齐地排列在一起。

你知道吗？

虽然方程有着悠久的历史，但等号直到1557年才由威尔士数学家罗伯特·雷德发明。

手指计数法是一种非常简便的计数方法。

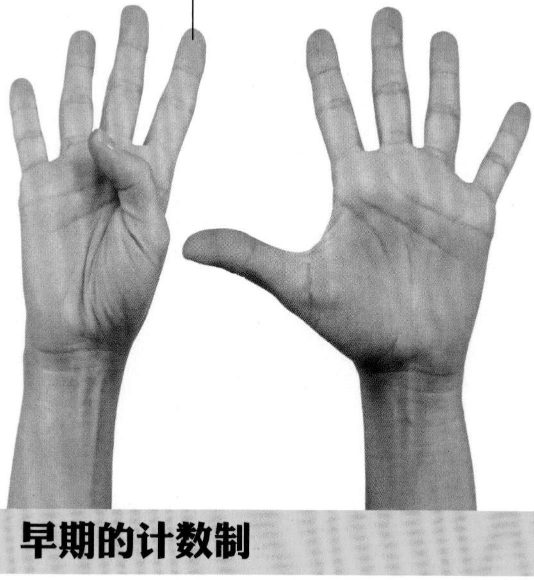

十进制

人们最早用十根手指来计数。我们现在使用的十进制就是以十为基础。如果我们只有六根手指，也许就会使用一个以六为基础的计数系统。

自然界中的数字

花瓣的数量
下次你看到一朵花时，可以数一数它的花瓣数，这个数通常是斐波那契数。

数学在自然界中随处可见，比如屡见不鲜的斐波那契数列：1，1，2，3，5，8，13……它们由前两个数相加得出下一个数。除了斐波那契数列，其他许多数学模型也是人们在自然界中找到的。

早期的计数制

4 000年前，古巴比伦人设计出了最早的数字体系，随后其他古代文明也发展出了自己的数字体系。

1	2	3	4	5	6	现代阿拉伯数字
•	••	•••	••••	—	$\dot{—}$	玛雅数字
一	二	三	四	五	六	简体中文数字
						古罗马数字
						古埃及数字
						古巴比伦数字

早期的数学家

毕达哥拉斯
古希腊数学家，以研究三角形边和角之间的关系而闻名。

阿基米德
这位希腊思想家发现了计算圆和其他形状面积的方法，并利用数学知识实现了大量的创造和发明。

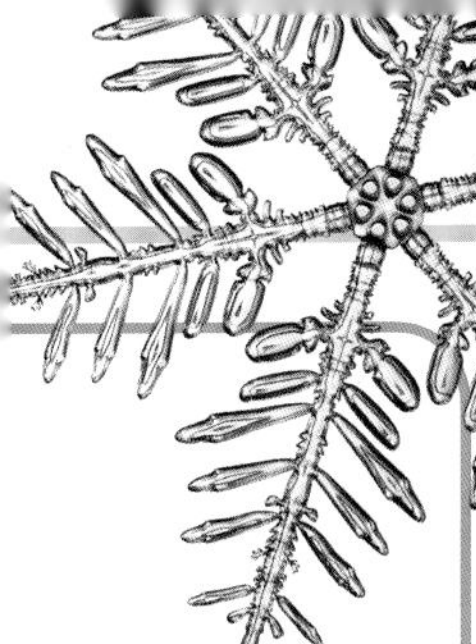

对称

如果一个物体沿着某条直线对折，两边能够重合，我们就说它具有轴对称性。大多数动物都具有轴对称性，包括人类。

雪花有许多条对称轴，但人体的对称轴只有一条。

丈量地球

大约2 200年前，希腊科学家埃拉托色尼是较早使用数学来测量地球大小的人之一。他利用阴影投射在埃及两个不同地方的角度算出地球的周长为40 000千米，这与现代的测量结果相差无几！

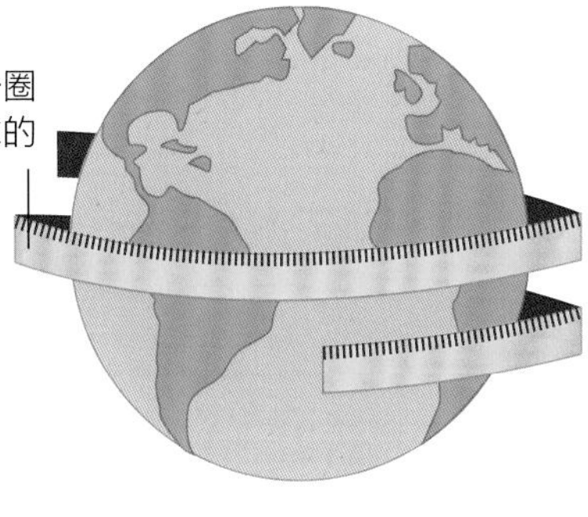

沿赤道环绕地球一圈的长度称为"地球的周长"。

超级螺旋

这株植物有5层螺旋结构，5也是斐波那契数列中的数字。请你再观察一下松果和菠萝上的螺旋数量，看看你会发现什么。

给数命名

无穷大

数学家用这个词来定义无穷无尽的量。无穷大的符号为∞，看起来像一个横着的数字 8。

零

650 年左右，印度数学家发明了可以代表"无"的数字，也就是我们现在所说的"零"，使数字体系变得更完整。

古戈尔

数字 1 后面跟 100 个零就是 10 的 100 次方。1920 年，一名 9 岁的美国男孩给这个数起名为"古戈尔"。

赫帕蒂亚

她是已知的世界上第一位女数学家，生活在2 000多年前的埃及，她创办了自己的数学学校。

阿尔·花剌子模

这位阿拉伯数学家生于700年，他是方程式和代数的整理者，并将阿拉伯数字引入了欧洲。

数学的魔力

利用你的"读心术"给朋友留下深刻印象吧！

1.把数字9写在一张纸上，然后再将纸折起来，递给你的朋友们，并告诉他们不要偷看。

2.给你的朋友们一个计算器，并要求他们完成以下步骤：

- 输入他们的年龄，然后加上他们住过的房子数目，得出一个数。
- 把他们电话号码的最后四个数字加起来，得出另一个数。
- 然后把以上两个数分别乘以18，得到两个新数。
- 把两个新数相加。如果得到的是多位数，就把各个数位上的数值相加，直到结果变成个位数。

3.让你的朋友打开之前你递给他的纸，他会发现自己最后得出的数和你写在纸上的数一模一样！是不是很神奇？

几何图形

万物皆有形状。比如一张纸，因为它只有长和宽，所以我们称它为平面图形（又称二维图形）；比如一本书，由于它不仅有长度、宽度，还有高度，因此，我们称它为立体图形（又称三维图形）。

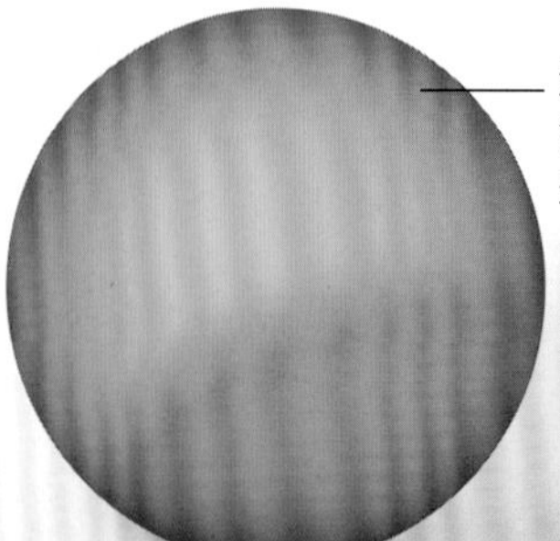

这个立体图形很适合滚动，篮球和弹珠就是这个形状。

① 这个立体图形表面上的任何一点到其中心的距离都相等。

② 这个图形有4条边，其中有两条边相互平行。

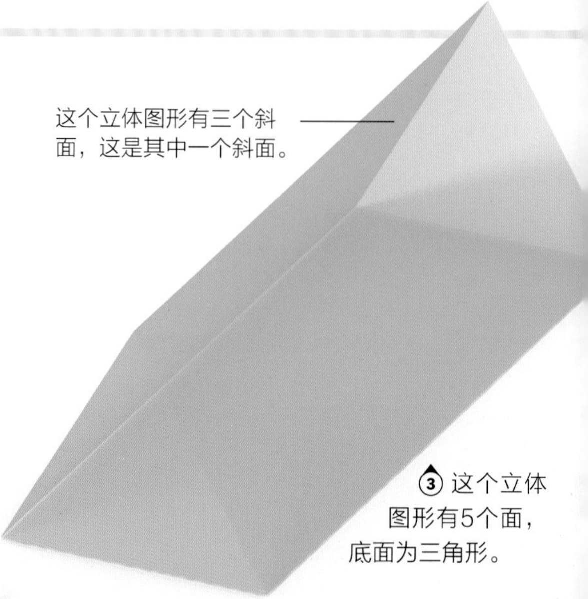

这个立体图形有三个斜面，这是其中一个斜面。

③ 这个立体图形有5个面，底面为三角形。

这个图形的内角和为360°。

④ 这个图形的对边相等且彼此平行。

⑥ 这个图形共有9条边，且每条边都相等。

⑤ 这个图形有7条边，它的英文名称源于希腊语“hepta”，意为“7”。

⑦ 这个图形由6个面组成，相对的面面积相等，且每个面都是矩形。

⑩ 美国国防部的办公大楼就是这样的五边形。

⑧ 这个图形像一个饮料罐，它的2个圆形底面平行且面积相等。

它的每个角都是60°。

⑨ 这类图形可分为两种，不等边三角形和等腰三角形。这个图形是一种特殊的等腰三角形，它因三条边长度相等而得名。

答案： 1.球体 2.梯形 3.三棱柱 4.平行四边形 5.正七边形 6.正九边形 7.长方体 8.圆柱 9.等边三角形 10.正五边形 11.正十边形 12.菱形 13.四棱锥 14.筝形 15.正六棱柱 16.正六边形 17.长方形 18.正方形 19.正八边形 20.正方体 21.圆锥

⑪ 这个图形总共有10条边。

⑫ 这个倾斜的图形4边相等。

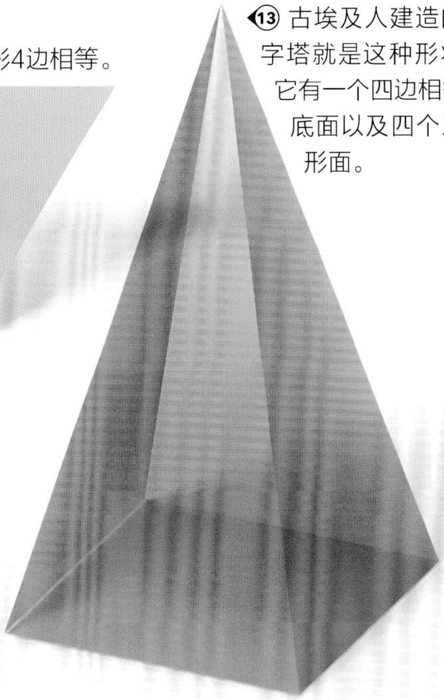

⑬ 古埃及人建造的金字塔就是这种形状，它有一个四边相等的底面以及四个三角形面。

⑮ 蜜蜂筑的蜂巢就是这种底面为正六边形的立体图形，因为正六边形可以不留缝隙地相互契合在一起。

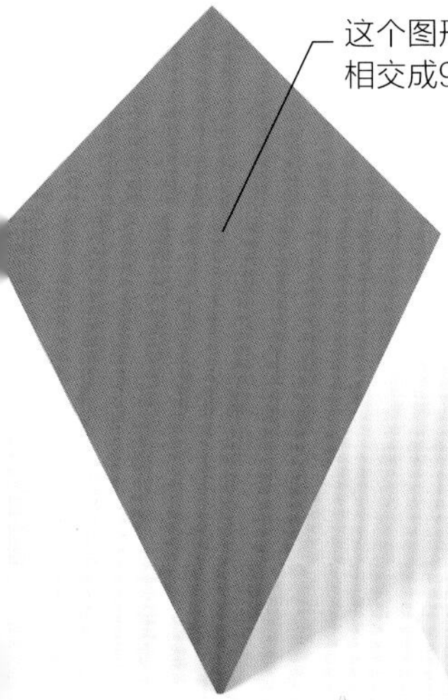

这个图形的对角线相交成90°。

⑭ 这种图形的两组邻边分别相等，其名字源于一种传统的飞行玩具。

它的每个角都是120°。

⑯ 一个传统足球的表面有20个这样的图形和12个正五边形。

⑰ 这个图形的4个角都是直角，2组对边分别平行且相等。

⑱ 这个平面图形的4条边相等，4个角都是90°。

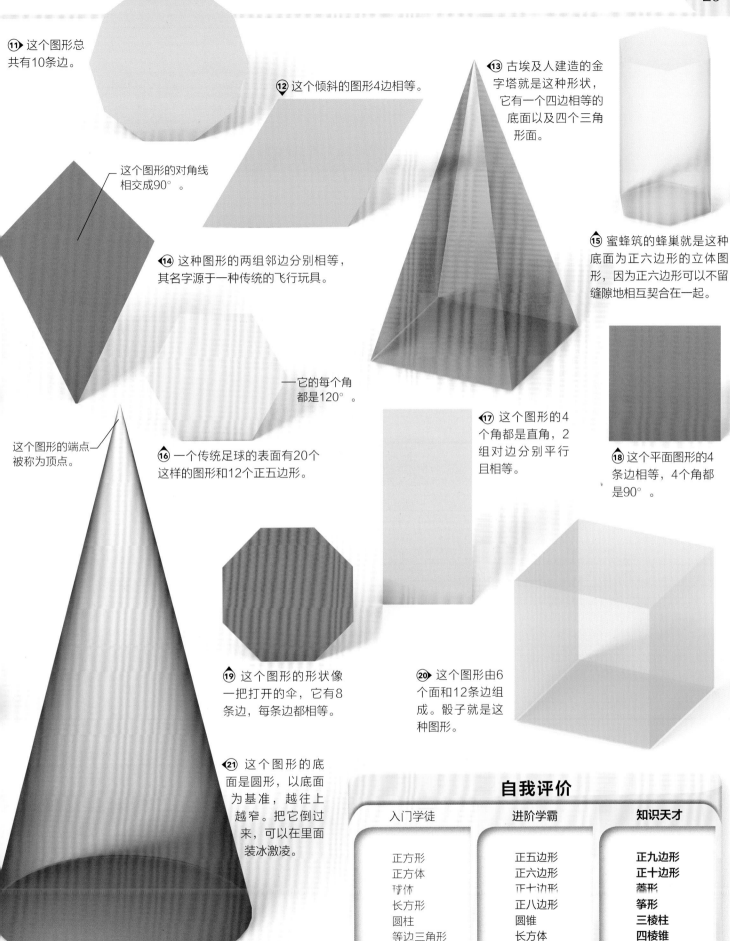

这个图形的端点被称为顶点。

⑳ 这个图形由6个面和12条边组成。骰子就是这种图形。

⑲ 这个图形的形状像一把打开的伞，它有8条边，每条边都相等。

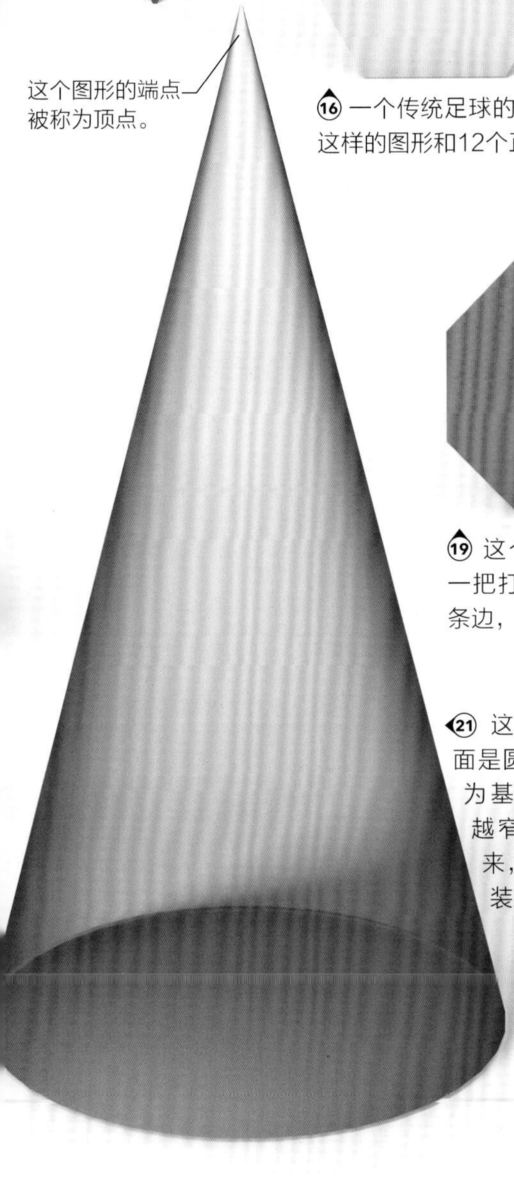

㉑ 这个图形的底面是圆形，以底面为基准，越往上越窄。把它倒过来，可以在里面装冰激凌。

自我评价

入门学徒	进阶学霸	知识天才
正方形	正五边形	**正九边形**
正方体	正六边形	**正十边形**
球体	正十边形	**菱形**
长方形	正八边形	**筝形**
圆柱	圆锥	**三棱柱**
等边三角形	长方体	**四棱锥**
梯形	平行四边形	**正六棱柱**

交通工具

在飞机、火车和汽车出现之前，人们进行一次长途旅行可能需要花费好几个月的时间，当时人们出行只能步行、骑马、坐马车或乘船。但现在人们可以在数小时内环游世界，因为人们可以乘坐飞机跨越大洋，也可以乘坐其他交通工具快速抵达很远的地方。

蒸汽火车

蒸汽火车发明于200多年前，它的出现彻底改变了人们的出行方式，拉近了城市之间甚至国家之间的距离。蒸汽火车主要靠燃烧木料或煤将水加热产生蒸汽，蒸汽推动活塞进而驱动火车沿着轨道前进。

烟囱
燃烧产生的烟从这个出口排出。
锅炉
在这个大的金属容器中把水加热，然后变成蒸汽。
驾驶室
驾驶员和司炉（维持锅炉运转的人）在这里面。
99 5902
驱动轮
这些轮子由活塞驱动。

如何驾驶飞机?

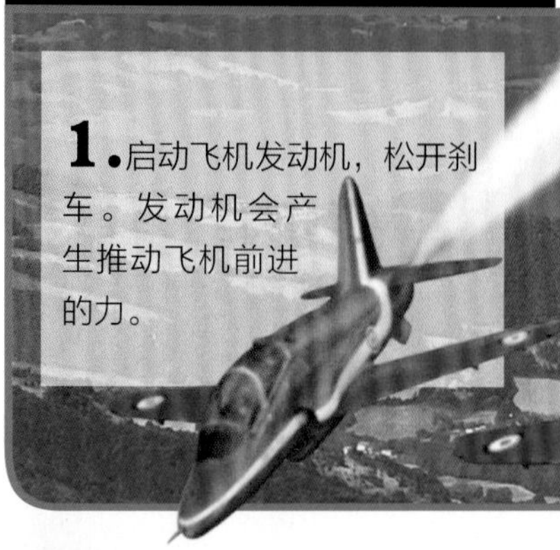

1. 启动飞机发动机，松开刹车。发动机会产生推动飞机前进的力。

用数据说话

6 000 000个
这是波音747喷气式客机的部件数量。

458.45米
这是世界上最长的船（“诺克·耐维斯”号油轮）的长度。

36个
这是世界上最长的豪华轿车的车轮数。这辆豪华轿车长30.5米，车内有一个游泳池和一张双人床。

13千米/时
这是1888年生产的第一辆奔驰汽车可以达到的最快速度。

快速的交通工具

最初的汽车、火车、轮船和飞机速度都很慢，但随着科技的进步，它们的速度变得越来越快。

风帆火箭2号： 它是目前世界上最快的帆船，航速可达121.06千米/时。

韦斯特兰山猫1号直升机： 它的速度可达400.87千米/时，是迄今为止速度最快的直升机。

澳大利亚精神号： 1978年，这艘船的航行速度就达到了511.11千米/时。

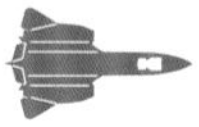

SR-71侦察机： 这架军用喷气式飞机在高空中飞行的速度可达3 529.56千米/时。

野鸭号： 它是史上速度最快的蒸汽火车。1936年，它的行驶速度就达到了203千米/时。

布加迪威龙16.4超级跑车： 这款超级跑车的最高速度可达431.07千米/时。

SCMaglev磁悬浮火车： 2015年，这列试运行的磁悬浮火车速度达到了603千米/时。

超音速推进号： 1997年，它的速度就达到了1 227.9千米/时，至今仍是陆上速度纪录的保持者。

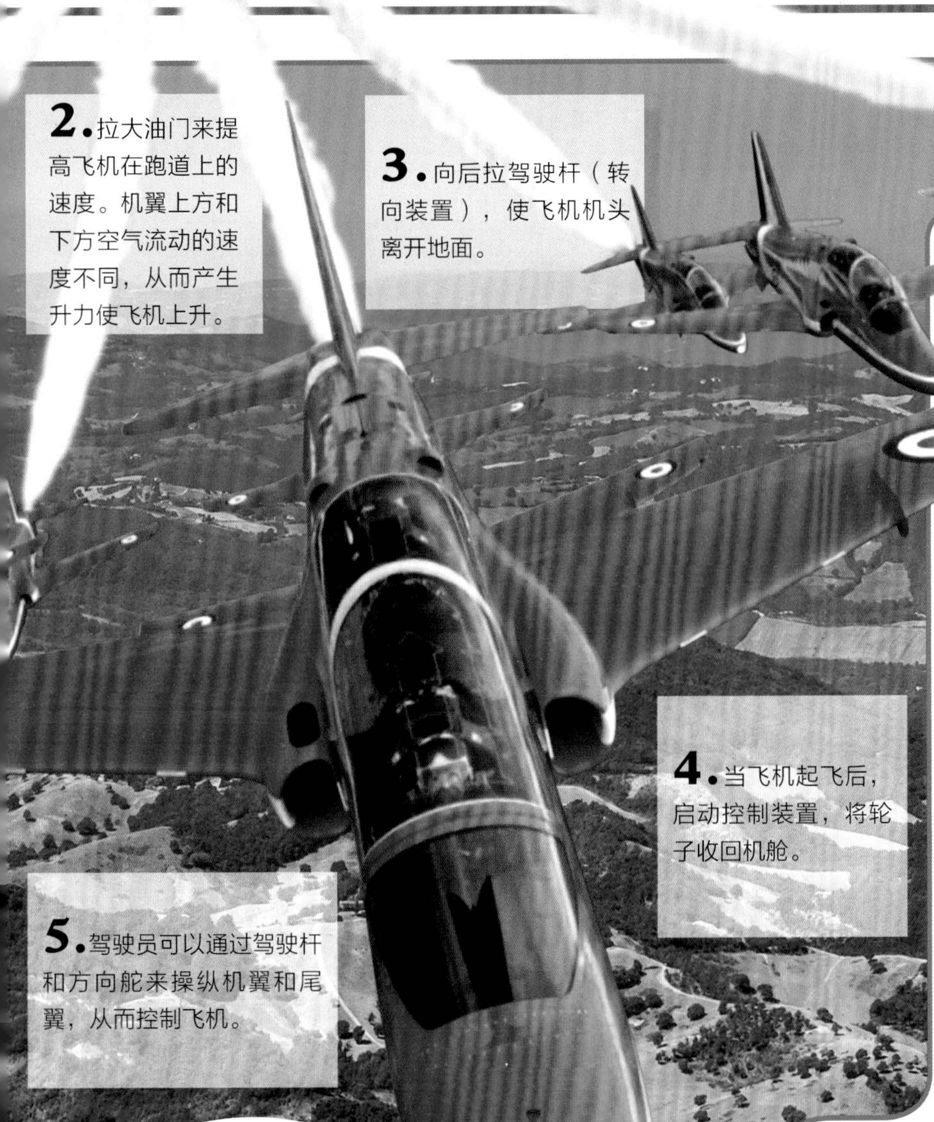

2. 拉大油门来提高飞机在跑道上的速度。机翼上方和下方空气流动的速度不同，从而产生升力使飞机上升。

3. 向后拉驾驶杆（转向装置），使飞机机头离开地面。

4. 当飞机起飞后，启动控制装置，将轮子收回机舱。

5. 驾驶员可以通过驾驶杆和方向舵来操纵机翼和尾翼，从而控制飞机。

鹰式教练机T1A是一种喷气式教练机，由英国皇家空军“红箭”特技飞行表演队驾驶。

奇异的船舶

海豚快艇是一艘双人潜水艇，它可以像海豚一样跃出水面。

这艘Q2S型水翼船由电力驱动，利用四个翼状水翼，以40千米/时的速度在水面上滑行。

这艘靠人力行驶的小船像一个巨大的仓鼠轮。2012年，它载着克里斯·托德在爱尔兰海航行了37千米。

巨型运输机

白鲸运输机的机身高17.2米，可以运输飞机、直升机和国际空间站组件。

动起来！

Peel P50长1.37米，是世界上最小的可驾驶汽车。

1999年，米-26直升机载着一头被冰封了2.3万年的猛犸象尸体穿越了俄罗斯。

新西兰的吉斯伯恩机场跑道横穿铁路，因此，飞机的起降必须遵守时间。

Rinspeed sQuba是一种水陆两用汽车，它既可以在陆地上行驶，也可以在水面行驶，甚至可以在水下10米的深处行驶。

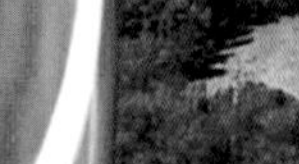

航天飞机：这艘飞机以28 000千米/时的速度穿越太空。

你知道吗？

莱特兄弟在1903年驾驶的飞行器仅飞离地面36米。

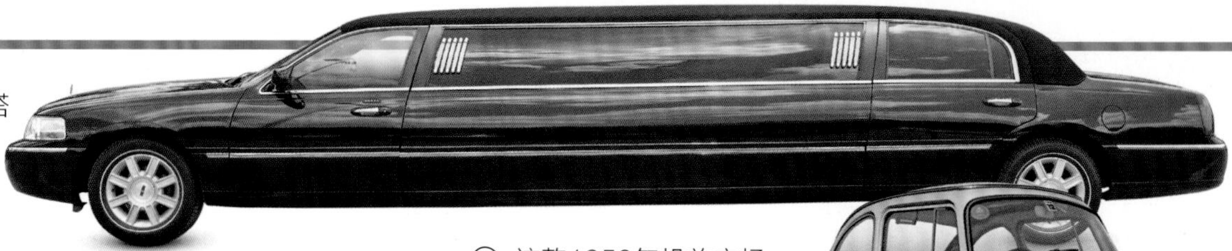

①这款超长豪华汽车可搭载8名乘客，它既舒适又时尚。

炫酷汽车

现在，世界上的机动车已超过10亿辆，并且大部分都是汽车。这些机动车由电动机或内燃机驱动，形状、大小各异。

②这款1958年投放市场的汽车是日本著名汽车公司生产的第一款车。它的发动机在后面，而储物箱在前面。

③1908—1927年，美国生产了1 500万辆这种价格适中的汽车，这是世界上第一批在生产线上批量生产的汽车。

木质的辐条。

④这种时髦的电动汽车生产于2010年，每充一次电就可以行驶393千米。

⑤这种超小型双座汽车非常适合在拥挤的城市街道上行驶。

这种小汽车的车长只有2.5米。

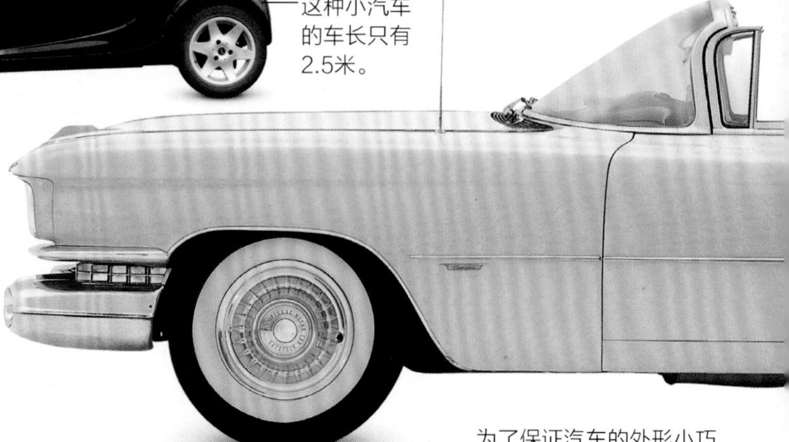

⑥这款20世纪50年代的美国标志性敞篷车以其火箭尾翼而闻名，它的重量超过2吨。

⑦这辆20世纪40年代的四驱车非常结实，可以在崎岖的路面上行驶。

这辆车没有门，人们进出很方便。

为了保证汽车的外形小巧，它的发动机斜放在发动机盖下面。

⑧这辆英国车于1959年首次推出，它小巧迅捷。一级方程式赛车的设计师后来还对它的设计方案进行了改进。

自我评价

入门学徒

大众甲壳虫
迷你库珀
精灵汽车
威利斯吉普车
加长豪华轿车

进阶学霸

福特T型车
劳斯莱斯幻影
布加迪威龙
凯迪拉克埃尔多拉多
德劳瑞恩DMC-12

知识天才

阿斯顿马丁DB2/4
福特GT40
斯巴鲁360
奔驰一号三轮车
特斯拉Roadster

答案：1.加长豪华轿车 2.斯巴鲁360 3.福特T型车 4.特斯拉Roadster 5.精灵汽车 6.凯迪拉克埃尔多拉多 7.威利斯吉普车 8.迷你库珀 9.德劳瑞恩DMC-12 10.阿斯顿马丁DB2/4 11.福特GT40 12.劳斯莱斯幻影 13.大众甲壳虫 14.布加迪威龙 15.奔驰一号三轮车

这辆车拥有可以向上打开的鸥翼门。

⑨ 这款车的车身是不锈钢的，因在20世纪80年代的电影《回到未来》系列中的精彩亮相而闻名。

⑩ 这款20世纪50年代的英国跑车以速度著称，该款车的品牌是詹姆斯·邦德（系列电影《007》的主角）的首选。

⑪ 在20世纪60年代，这款功能强大的美国车曾连续四次赢得勒芒24小时耐力赛冠军。

这款车的高度只有1.03米。

这个车标被称为“欢庆女神”。

⑫ 这款豪华车有一个听起来很玄幻的名字，它的制造商以生产高质量的汽车而闻名。

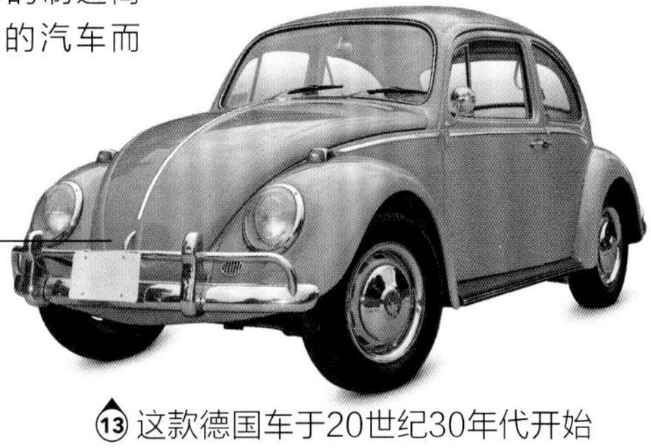

按照一种小动物的形态设计的车身。

⑬ 这款德国车于20世纪30年代开始量产，一共生产了2 150多万辆，是有史以来最受欢迎的汽车之一。

可折叠车顶，打开后，能够遮风挡雨。

这辆车车长5.7米，在双门汽车中，它算是非常长的。

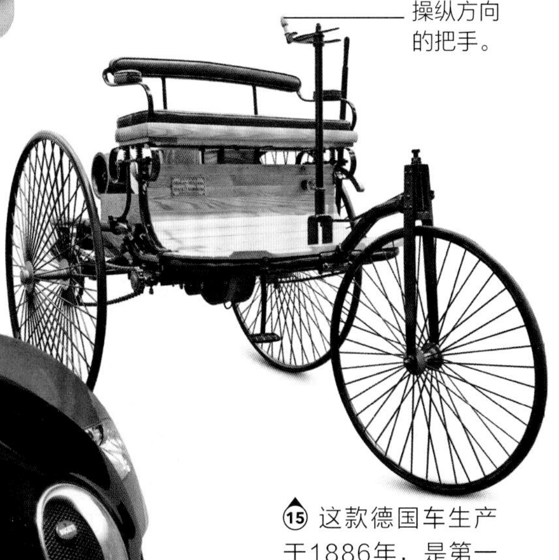

操纵方向的把手。

⑮ 这款德国车生产于1886年，是第一款被作为商品销售的汽车。它没有方向盘，需要用把手操纵方向。

⑭ 这款超级跑车动力强大，最高时速可达434千米/时，刷新了当时的世界纪录。

①这列法国列车速度极快，时速可达320千米。

② 这节车厢装有独立的发动机，可自行在轨道上行驶。

它的车厢看起来像英国皇家的车。

④ 这列载着乘客环游印度的豪华列车上不仅有卧铺，还有两家餐厅和一家水疗中心。

③ 这列中国列车是世界上运行速度最快的列车，可达431千米/时，打破了当时的世界纪录。

火车

列车在铁轨上运行，每天载着数百万人去上班、上学，或是带着人们去往一场令人兴奋的冒险旅程。最早的列车由蒸汽机驱动，车头可牵引数节货用或客用车厢。而现代的列车使用柴油发动机或电动机驱动。试一试，看看你能说出哪些列车的名字。

⑤这列坚固、动力强大的列车非常适合载着游客穿越加拿大和美国西北部的丘陵地带。

⑦ 这列列车至今还行驶在1863年开通的世界上最古老的地下铁道上。

列车头部呈流线型，适合高速运行。

⑥ 在日本，造型优美的电动列车随处可见。比如这列列车，能以320千米/时的速度拉动10节车厢，将乘客快速地运送到目的地。

⑧ 这是英国第一列曾以160千米/时的速度行驶的蒸汽火车，到1963年退役时，它的行驶里程达到335万千米。

答案：1.法国高速列车（TGV） 2.巴德地铁班车 3.上海磁悬浮列车 4.印度皇宫列车 5.落基山登山者号 6.日本新干线列车 7.伦敦地铁 8.苏格兰飞人号蒸汽机车 9.仙后号机车 10.空中轨道列车 11.通用航空列车 12.大阪高速铁道列车 13.野鸭号 14.汗号列车 15.斯蒂芬森的火箭号

车厢的末端可以和另一节车厢连接，形成一列长长的列车。

⑩ 这列无人驾驶的列车悬挂在铁轨下方，在德国杜塞尔多夫国际机场附近接送乘客。

⑨ 它生产于1855年，是当今世界上仍在服役的年龄最大的蒸汽机车，至今仍奔跑在东印度的铁道上。

⑪ 这列20世纪50年代的美国列车车头和飞机一样呈流线型，它的车厢只有普通列车的一半大，所以车身非常轻，但人们经常因为狭小的车厢而抱怨旅途艰辛。

机车锅炉内产生的烟雾从这个烟囱排出。

⑬ 这列世界上最快的蒸汽机车在1938年的最高时速达到了203千米，它以一种鸟的名字命名。

⑫ 大多数列车在双轨上运行，但是这列横穿日本一个城市的电动列车却在单轨上运行。

⑭ 这列列车的引擎强大，它牵引着44节车厢可在长达54小时的旅程中穿越澳大利亚。

列车在靠近站台时，会鸣笛示警。

⑮ 1830年，在英国利物浦和曼彻斯特之间开通了世界上第一条城际铁路线，这辆蒸汽机车于其上行驶。

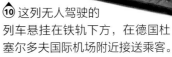

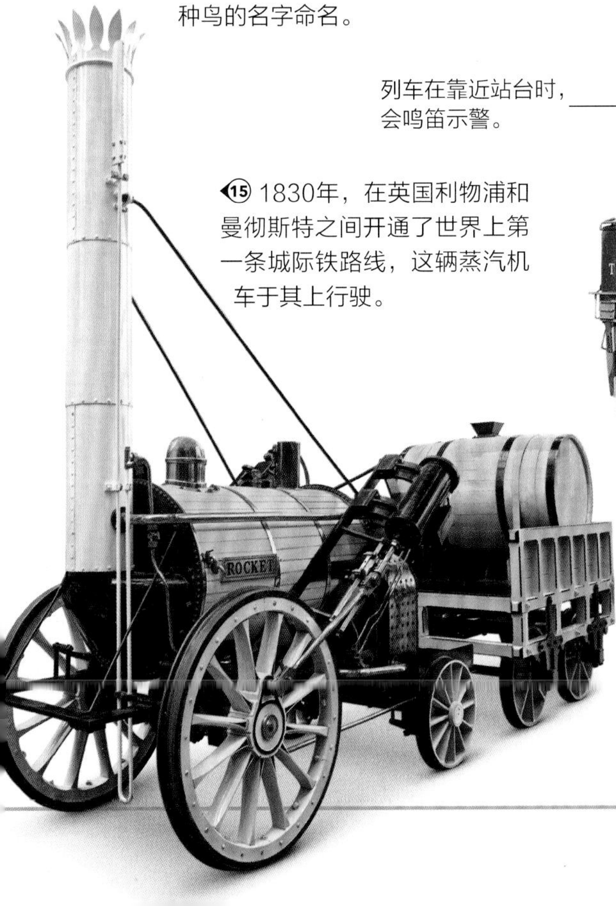

自我评价

入门学徒	进阶学霸	知识天才
上海磁悬浮列车	法国高速列车（TGV）	**汗号列车**
日本新干线列车	大阪高速铁道列车	**野鸭号**
空中轨道列车	落基山登山者号	**印度皇宫列车**
伦敦地铁	苏格兰飞人号蒸汽机车	**巴德地铁班车**
斯蒂芬森的火箭号	通用航空列车	**仙后号机车**

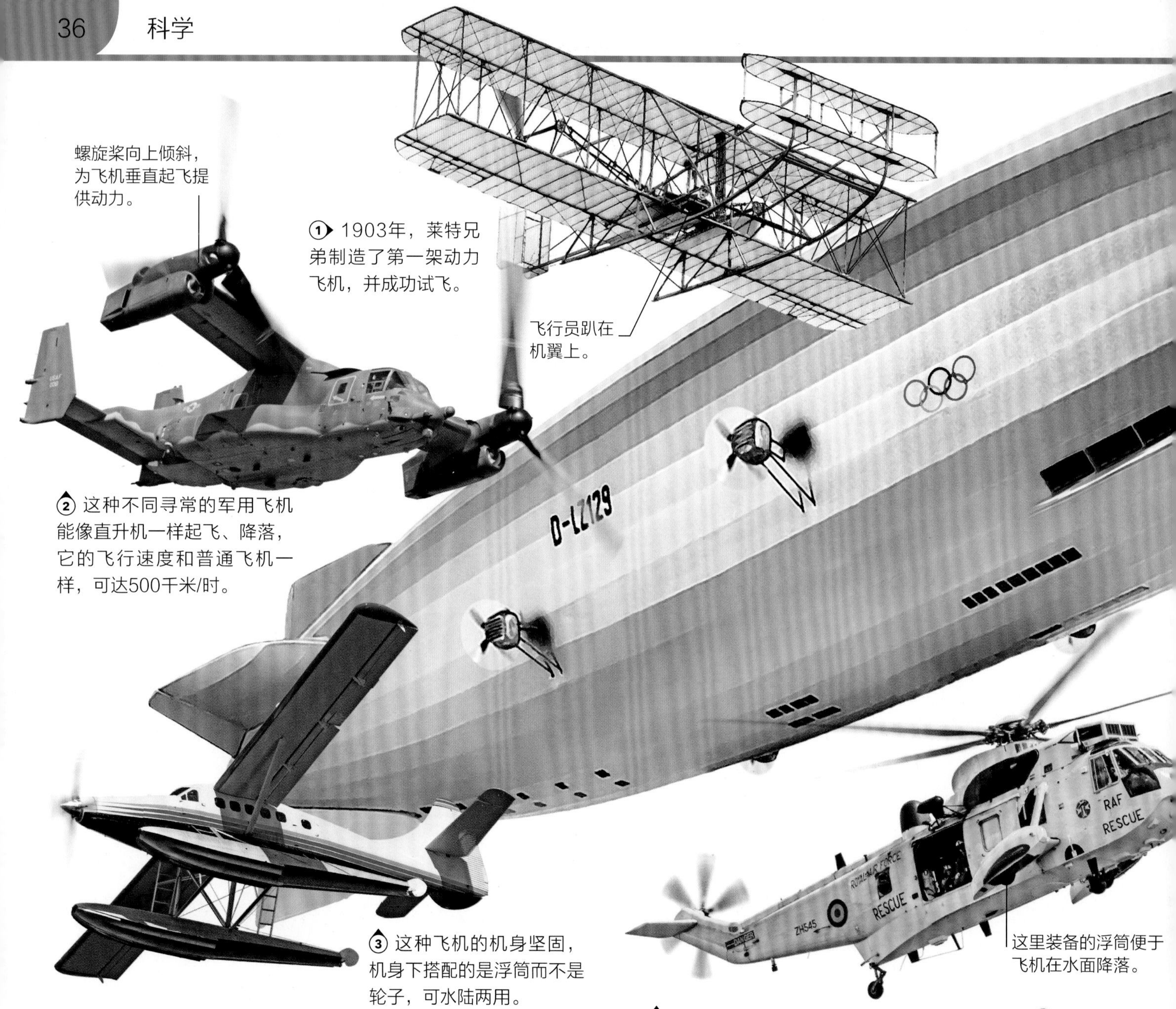

螺旋桨向上倾斜，为飞机垂直起飞提供动力。

① 1903年，莱特兄弟制造了第一架动力飞机，并成功试飞。

飞行员趴在机翼上。

② 这种不同寻常的军用飞机能像直升机一样起飞、降落，它的飞行速度和普通飞机一样，可达500千米/时。

③ 这种飞机的机身坚固，机身下搭配的是浮筒而不是轮子，可水陆两用。

这里装备的浮筒便于飞机在水面降落。

④ 这种军用直升机曾与潜艇作战，但现在主要用于搜救。

飞行器

数千年来，人类一直梦想着能像鸟儿一样在天空翱翔。随着飞机在20世纪初的出现，人们终于实现了飞行梦。飞机有多种驱动方式，有的通过旋翼或螺旋桨飞行，有的则凭借强大的喷气发动机在天空中高速飞行。

挡风玻璃是防弹的。

⑤ 这种标志性的英国战斗机曾被用于第二次世界大战，其以720千米/时的速度闻名。

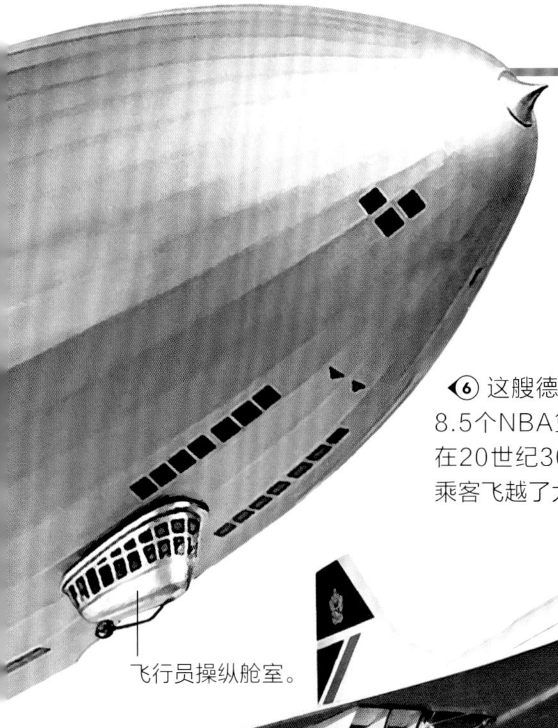

⑥ 这艘德国飞艇长245米（比8.5个NBA篮球场还要长），它在20世纪30年代就已载着97名乘客飞越了大西洋。

飞行员操纵舱室。

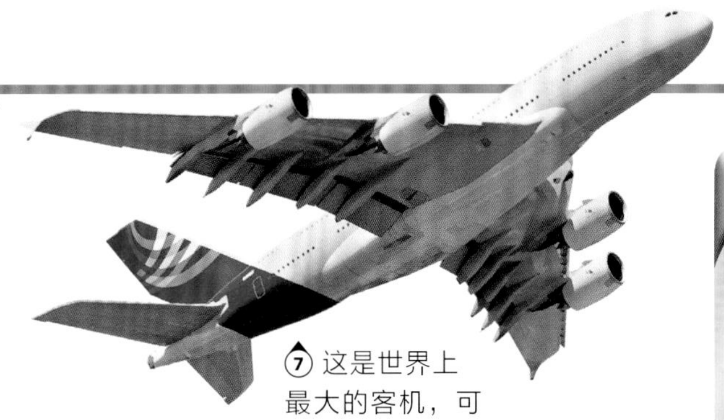

⑦ 这是世界上最大的客机，可以搭载853名乘客。

自我评价

入门学徒	空客A380 协和式飞机 兴登堡号 莱特飞行器
进阶学霸	SR-71侦察机 贝尔47G直升机 DHC-3型水上飞机 福克Dr-1三翼机
知识天才	**美国海王直升机** **V-22倾转旋翼机** **太空船二号** **喷火式战斗机**

这架飞机着陆时，机头可以下倾，以便飞行员能看得更清楚。

⑧ 在2003年退役之前，这架飞机一直是世界上速度最快的客机，它的速度超过了音速，达到了2 180千米/时。

⑩ 这种一战时期的德国战斗机有三副机翼，可以在空战中灵活改变方向。

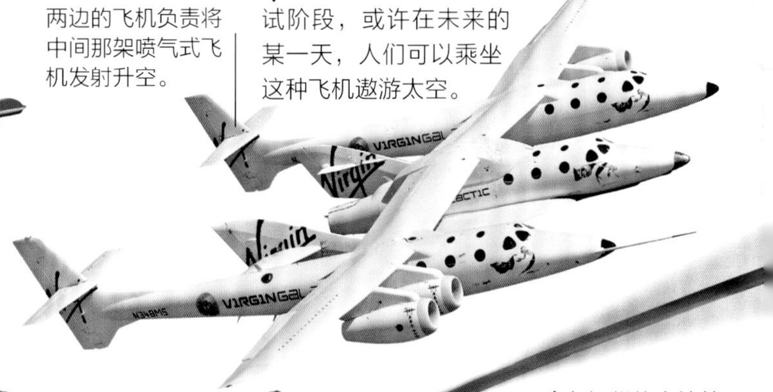

两边的飞机负责将中间那架喷气式飞机发射升空。

⑨ 这架飞机目前处于测试阶段，或许在未来的某一天，人们可以乘坐这种飞机遨游太空。

机身上特殊的黑色涂料使它能够躲避敌人的雷达。

⑪ 这架间谍飞机的最高速度为3 529千米/时，是有史以来速度最快的喷气式飞机。从美国纽约到英国伦敦有5 566千米的航程，它只需1小时55分钟就可飞完。

金鱼缸似的座舱盖可为驾驶员提供全方位的视野。

⑫ 这是一架具有开创性意义的直升机。1950年，这架直升机成为首架飞越欧洲阿尔卑斯山脉的直升机。

答案：1.莱特飞行器 2.V-22倾转旋翼机 3.DHC-3型水上飞机 4.美国海王直升机 5.喷火式战斗机 6.兴登堡号 7.空客A380 8.协和式飞机 9.太空船二号 10.福克Dr-1三翼机 11.SR-71侦察机 12.贝尔47G直升机

船舶

早期的船是由中空的树干制成的独木舟或木筏，一般用于短途航行。随着设计的优化和技术的进步，船变得越来越大，使人们可以航行得更远，去探索新的大陆，开展新的贸易。现在的货船已经变得无比巨大，你可能需要一辆自行车才能方便地从船的一头到达另一头。

① 在这艘漂浮在海上的“旅馆”里，你可以找到商店、餐馆，甚至是游泳池。

扬帆远航

这种船上有武器和撞击装置，可用来攻击敌船。

② 这艘古希腊的船，两边各有三排桨。

大炮可用来射击目标。

③ 这种小型军用船能够高速行驶，通常携带着大炮或其他武器在海岸线巡逻。

⑥ 500多年前，这种桅杆船最早被当作战船使用，后来才被探险家用于海上探险。

有着独特的三角帆。

④ 渔民和商人乘着这样的船在印度洋和红海上航行。

⑤ 这艘船上运载着巨大的圆形钢制燃料箱，能够将高压液化气运送到世界各地。

⑧ 这艘二战时期的大型装甲军用舰船是当时海军中船体较大、装备较精良的舰船之一。

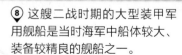

⑦ 这艘长285米的货船装载着数千个卡车大小的集装箱，这些集装箱会在港口被吊装进货舱中。

答案： 1.远洋邮轮 2.三列桨战船 3.巡逻艇 4.三角帆船 5.液化气运输船 6.西班牙大帆船 7.集装箱货轮 8.战列舰 9.内河汽船 10.维京长船 11.中国帆船 12.舢板 13.航空母舰 14.汽车渡船 15.破冰船

⑨ 这艘船以其独特的汽笛声而闻名，它的发动机驱动桨轮，使它能在水面缓慢移动。

桨轮。

⑩ 斯堪的纳维亚的战士、商人和探险家都会驾驶这种船，它吃水较浅，船帆由羊毛布制成。

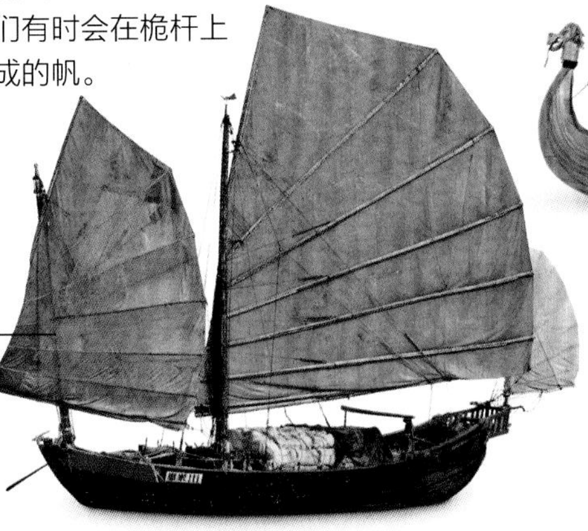

⑪ 这是一艘历史悠久的中国商船，海员们有时会在桅杆上扬起丝绸制成的帆。

帆由竹竿支撑。

⑫ 这是一种传统的平底木船，常见于中国和东南亚部分地区。

遮雨棚。

⑬ 这艘巨大的军舰可以充当军用飞机和直升机的海上机场。

这艘军舰长333米。

⑭ 这种交通工具的主要功能是通过水路运送汽车。

这艘船上有坡道，可供车辆行驶。

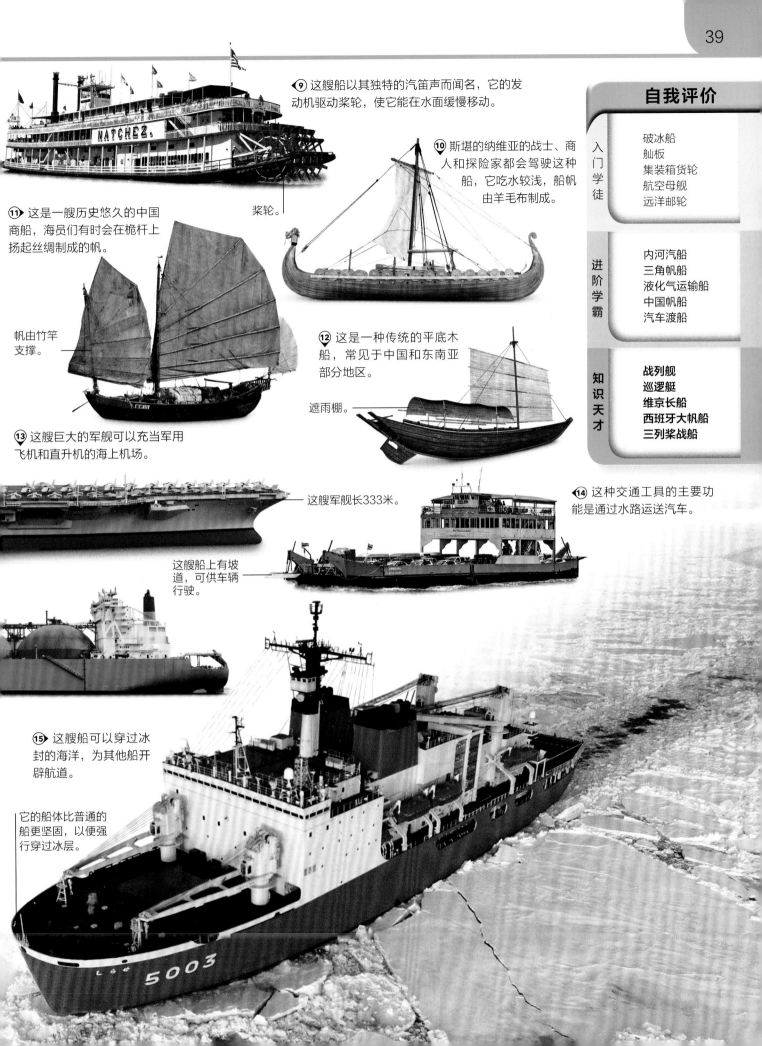

⑮ 这艘船可以穿过冰封的海洋，为其他船开辟航道。

它的船体比普通的船更坚固，以便强行穿过冰层。

自我评价

入门学徒

- 破冰船
- 舢板
- 集装箱货轮
- 航空母舰
- 远洋邮轮

进阶学霸

- 内河汽船
- 三角帆船
- 液化气运输船
- 中国帆船
- 汽车渡船

知识天才

- **战列舰**
- **巡逻艇**
- **维京长船**
- **西班牙大帆船**
- **三列桨战船**

2 自然

伪装挑战

自然界的很多动物都是伪装大师。在这幅图中，不仅有树叶，还藏着一只飞蛾，你能看穿它巧妙的伪装吗？

恐龙化石是如何形成的?

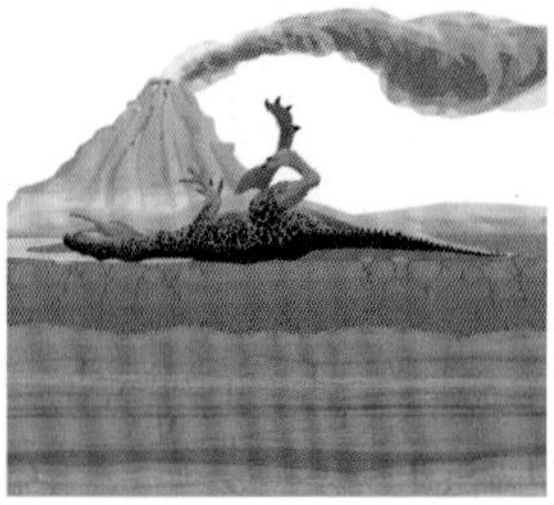

1.首先，恐龙的尸体要被掩埋起来，比如被火山灰掩埋。

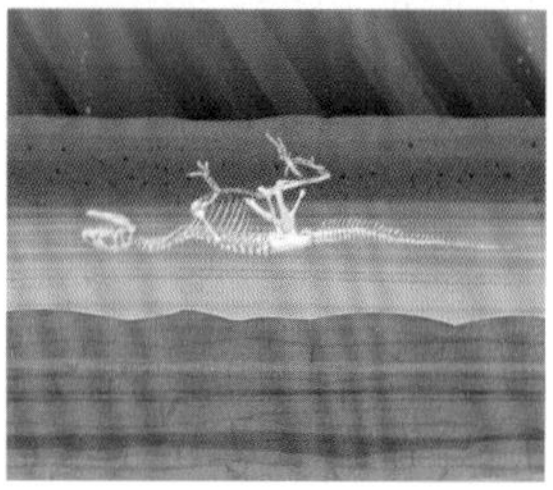

2.恐龙的软组织腐烂后，坚硬的骨骼会被沉积物覆盖。随着时间的推移，覆盖的沉积物越来越厚，恐龙骨骼被埋得越来越深。

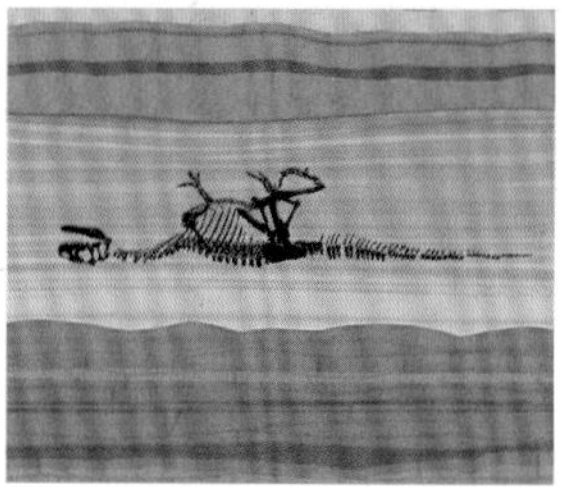

3.历经数百万年的沉积，矿物质填满了恐龙骨骼中的空隙，这些矿物质将沉积物变成岩石，将骨骼变成化石。

4.数百万年后，由于地壳运动或侵蚀作用，恐龙化石露出地表，人们得以发现它。

霸王龙将长尾巴高高举起，以平衡它沉重的头部。

最长的霸王龙化石有12米长。

恐龙博物馆

恐龙是一种史前爬行动物，在地球上生活了1.8亿年，它们的出现远远早于人类。科学家们通过研究保存在岩石中的恐龙化石来了解恐龙是如何生活的。

如何制作一个恐龙模型?

1. 恐龙的骨骼化石虽然很重，但也很脆弱，所以要先对它们进行3D扫描，制作模型，再用比恐龙骨骼轻的材料将其复制出来。

恐龙的灭绝

一颗小行星与地球相撞，摧毁了恐龙的栖息地，大部分恐龙因此灭绝。

什么是恐龙?

恐龙是一种体型巨大的有鳞爬行动物，有些恐龙还长有羽毛。它们生活在陆地上，与许多不是恐龙的巨型爬行动物生活在同一个时期，比如会飞的爬行动物翼龙、海生爬行动物蛇颈龙等。

会飞的爬行动物

恐龙

海生爬行动物

化石的种类

恐龙骨骼化石： 恐龙的硬组织被完全矿物化后形成的化石。

恐龙蛋化石： 人们所发现的恐龙蛋化石通常是蛋的钙质外壳。但是如果这些蛋被迅速掩埋，有时也会形成完整的恐龙蛋化石。

数据说话

2.43亿年前
这是最古老的恐龙——尼亚萨龙生活的年代。

700种
这是截至2018年，已被发现并命名的恐龙种类数量。

60厘米
这是目前发现的最大恐龙蛋化石的长度。

18米
这是目前已知最高的恐龙——波塞东龙的身高。

有羽毛的恐龙

一些恐龙化石，比如右图这具始祖鸟化石，上面有羽毛的印记，这可以证明曾出现过长有羽毛的恐龙。通过将这些有羽毛的恐龙化石与现代鸟类的身体结构进行比较，科学家们发现：现在的鸟类就是由这些与霸王龙关系密切且能直立行走的有羽毛的恐龙进化而来的。

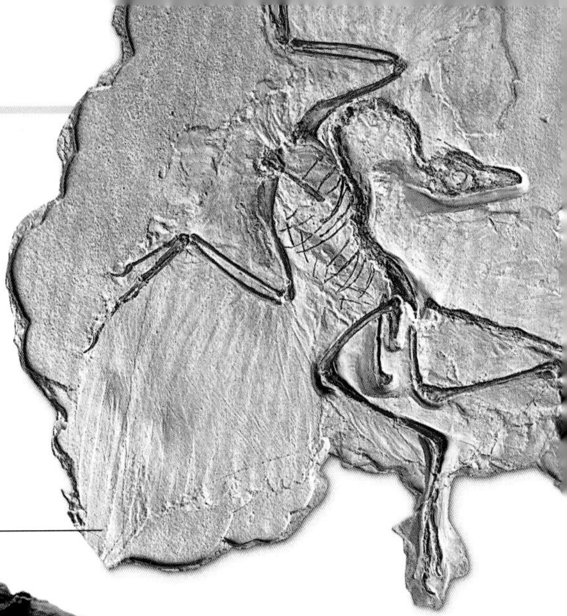

化石上纤细的沉积物显示出始祖鸟翅膀上的羽毛纹理。

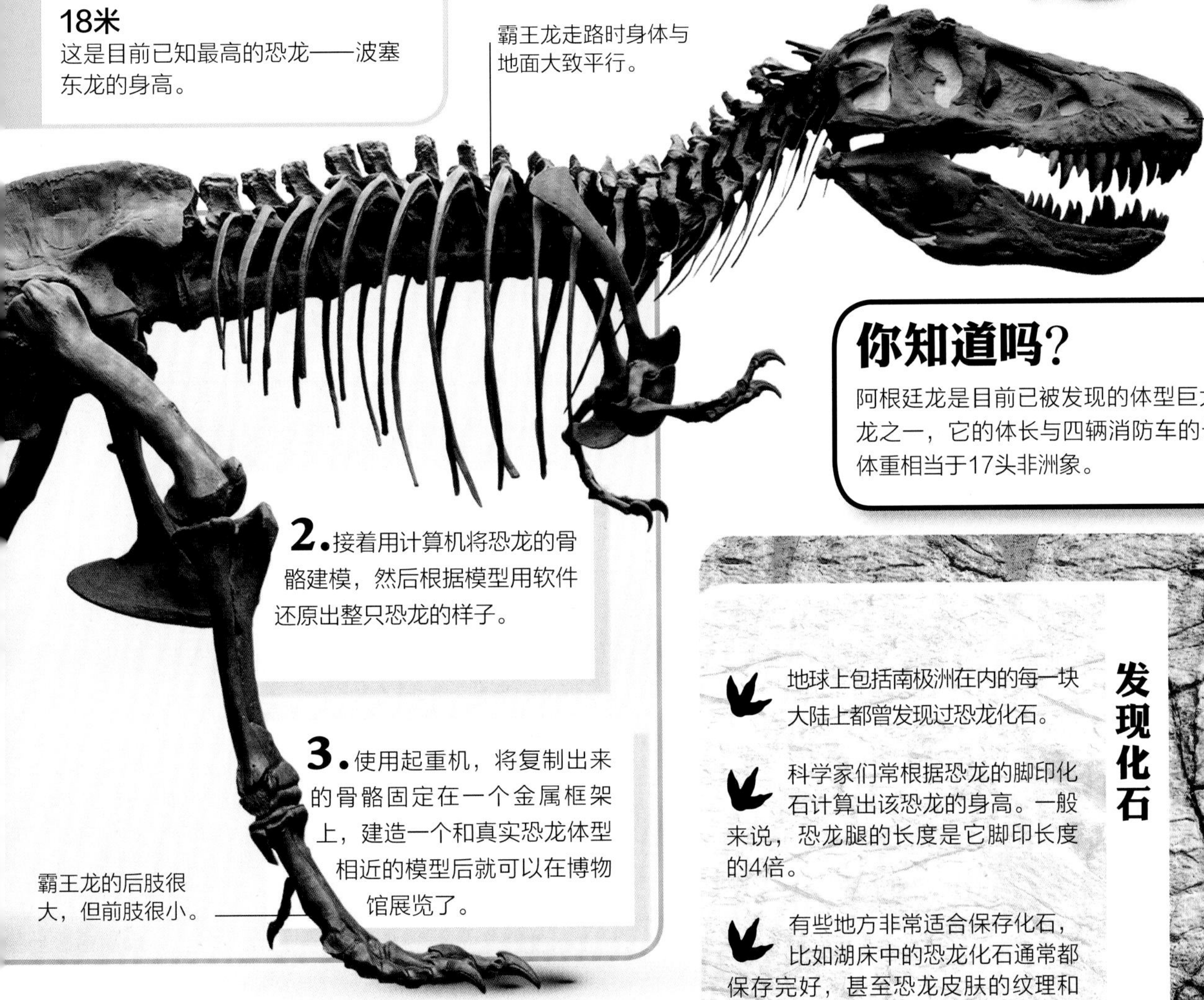

霸王龙走路时身体与地面大致平行。

霸王龙的大鼻孔可以嗅出猎物的踪迹。

霸王龙的后肢很大，但前肢很小。

2. 接着用计算机将恐龙的骨骼建模，然后根据模型用软件还原出整只恐龙的样子。

3. 使用起重机，将复制出来的骨骼固定在一个金属框架上，建造一个和真实恐龙体型相近的模型后就可以在博物馆展览了。

你知道吗？

阿根廷龙是目前已被发现的体型巨大的陆地恐龙之一，它的体长与四辆消防车的长度相近，体重相当于17头非洲象。

发现化石

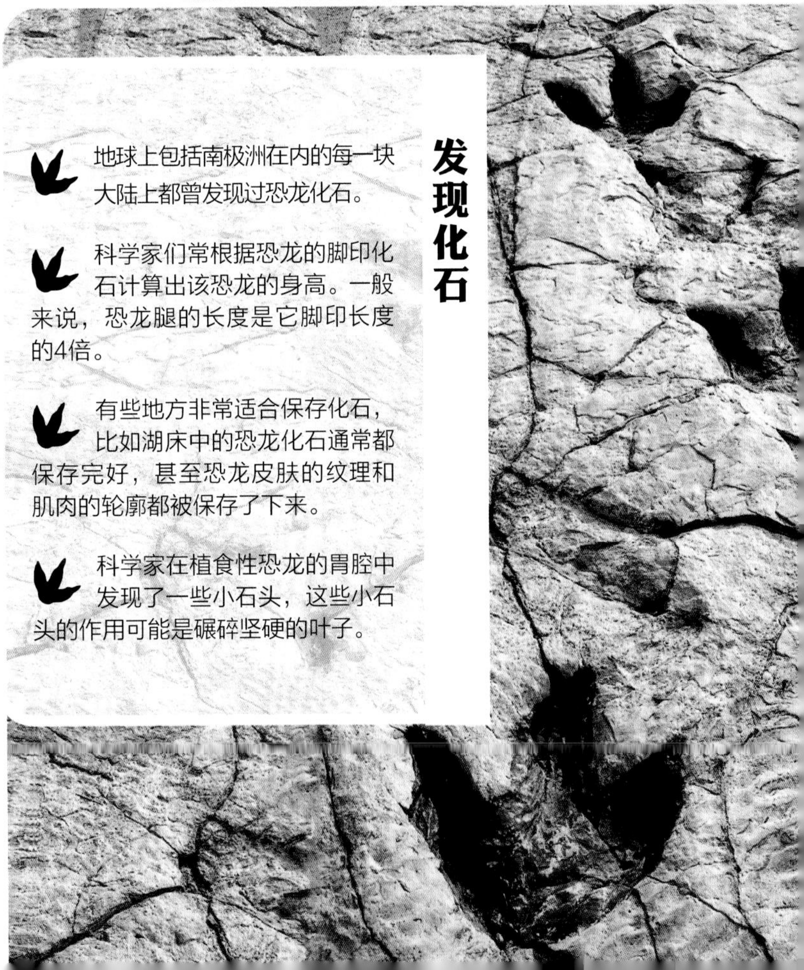

- 地球上包括南极洲在内的每一块大陆上都曾发现过恐龙化石。
- 科学家们常根据恐龙的脚印化石计算出该恐龙的身高。一般来说，恐龙腿的长度是它脚印长度的4倍。
- 有些地方非常适合保存化石，比如湖床中的恐龙化石通常都保存完好，甚至恐龙皮肤的纹理和肌肉的轮廓都被保存了下来。
- 科学家在植食性恐龙的胃腔中发现了一些小石头，这些小石头的作用可能是碾碎坚硬的叶子。

铸型化石： 当生物体埋在沉积物中，形成外膜和内核后，壳质完全溶解，并被另一种矿物质填充形成的化石就是铸型化石，比如上图的这块恐龙皮肤化石。

遗迹化石： 保存下来的生物遗迹都被称为遗迹化石，比如脚印化石和粪便化石。

肉食性恐龙

恐龙统治地球的时间超过了1亿年，它们的外形和体型各不相同。体型最大的是植食性恐龙，而最令人畏惧的则是肉食性恐龙。体型较大的恐龙可能有3层楼高，而体型较小的恐龙则可能是现代鸟类的祖先。

① 这种动物有爪子和翅膀，翅膀上覆盖有羽毛，能够完成短距离的飞行。它的颌跟其他恐龙类似，颌内长着锋利的牙齿。

② 这种著名的肉食性恐龙的牙齿呈香蕉状，可用来咬碎骨头。它的前肢细小，但很强壮，有利于抓捕猎物。

③ 这种恐龙的腿十分强壮，奔跑速度能与鸵鸟匹敌，可达60千米/时。

④ 这种大型恐龙的化石发现于亚洲，它的鼻子中间长有脊冠。

它三根强壮的脚趾上都长有钝爪。

⑤ 这是目前已知较早出现在地球上的恐龙之一，约有3米高。这种恐龙的牙齿尖利，非常适合捕捉小动物。

⑦ 这是一种为数不多的头上长角、后背长着一排骨刺的肉食性恐龙。

⑧ 这种恐龙的牙齿很小也很多，牙齿尖端向内弯曲，这有利于牢牢咬住光滑的鱼。它前肢上的指爪长达30厘米。

⑥ 这种长有羽毛的恐龙体型虽小，但它的指爪很长，约为6.5厘米，非常适合抓捕猎物。

答案：1.始祖鸟 2.霸王龙 3.似鸡龙 4.单脊龙 5.腔骨龙 6.伶盗龙 7.角鼻龙 8.重爪龙 9.棘龙 10.异特龙 11.双脊龙 12.冰脊龙

⑨ 这种体型巨大的肉食性恐龙身长可达14米，背上长着一个巨大的“帆”，它的颌跟鳄鱼的类似，是捕鱼的利器。
这个“帆”由一块长达 1.8 米的骨板支撑。
这两个头冠可能是用来求偶的。
⑩ 这种生活在侏罗纪时期的恐龙有70多颗边缘带锯齿的牙齿，每颗牙齿都像匕首一样尖锐，非常适合捕猎。
⑪ 这种恐龙与其他肉食性恐龙最大的不同之处在于它拥有独特的骨质头冠。
前肢上有三根指爪。
它强有力的后肢，善于追捕猎物。
它的前肢非常有力，每个前肢上都长有三根指爪。
⑫ 这种顶级掠食者因其独特的骨冠而闻名，它的骨冠很可能是用于求偶的。这种恐龙的化石被发现于南极洲。

自我评价

入门学徒	似鸡龙 始祖鸟 霸王龙 伶盗龙
进阶学霸	棘龙 异特龙 腔骨龙 冰脊龙
知识天才	**双脊龙** **单脊龙** **重爪龙** **角鼻龙**

植食性恐龙

数亿年前，地球上生活着许多大型植食性恐龙，它们是有史以来体型最大的陆地动物之一。这些恐龙有的长着长长的脖子和尾巴，有的长着巨大的角和厚厚的皮肤。

①这只植食性恐龙的脖子长达12米，几乎占了体长的一半。
它的脖子里有19块骨骼。
尖尖的三角形骨板。
它的英文名源于它中空的头冠，意思是“戴有头盔的蜥蜴”。
它的体长可达10米。
②这种北美植食性恐龙的喙窄而尖，便于撕下植物的叶子。
它的头顶和鼻子上长有突起的骨刺。
③这种恐龙的头骨厚度可达25.4厘米，比其他恐龙的头骨都要厚。科学家们推测，这样厚的头骨可能用于和同类打斗。
它的头冠长1米，是所有恐龙中头冠最长的。
它长而重的尾巴有助于平衡长脖子的重量。
④这种恐龙长着独特的空心头冠，可能是用来求偶的。

它头骨内的小脑只有110克。

⑤ 这种体长可达33米的恐龙是有史以来体长较长的陆地动物之一，它可以吃到其他动物够不着的长在高处的树叶。它巨大的身体里有一个庞大的消化系统，可以消化坚硬的植物。

⑥ 与大多数恐龙不同的是，这种植食性恐龙的前肢比后肢长，这有助于它吃到高处的树叶。

它扁平的骨板高达60厘米。

⑦ 这种恐龙的幼崽会在巢中待上数周，而成年恐龙会对其悉心照料。

⑧ 这种恐龙背上长着独特的骨板，可能是用来炫耀的。

⑨ 这种恐龙的前肢拇指长有一根尖爪，可以用来抵御敌人和撕裂植物。

它的头部十分窄，但是喙很硬。

长有尖爪的拇指。

骨质颈盾是一种有用的防御工具，既可以用来吸引配偶，也可以用来击退对手。

⑩ 这种恐龙的背上长着成排的骨板，相当于披着坚硬的盔甲，可以用来抵御捕食者。

⑪ 这种恐龙眼睛上方的两只角长达1.3米，很可能是用于与同类打斗的。

骨板。

棒槌状骨块。

⑫ 这种恐龙的背部长有骨板，可以用作盔甲防御敌人。它的尾巴上长有一根“棒槌”，可以用来击打敌人。

自我评价

入门学徒	腕龙 甲龙 三角龙 剑龙
进阶学霸	禽龙 梁龙 冠龙 副栉龙
知识天才	**慈母龙** **马门溪龙** **棱背龙** **肿头龙**

答案：1.马门溪龙 2.冠龙 3.肿头龙 4.副栉龙 5.梁龙 6.腕龙 7.慈母龙 8.剑龙 9.禽龙 10.棱背龙 11.三角龙 12.甲龙

灭绝的奇兽

恐龙时代过后，陆地上出现了一些非比寻常的动物。这些动物有的进化成了巨兽，有的体型跟老鼠差不多。尽管这些名字奇特的动物看起来和现代动物相似，但实际上它们都已经灭绝了。

弯曲的象牙可用来将冰雪刨开。
厚厚的脂肪能帮助它保暖。
它的毛发可长达90厘米。

①这种看起来像大象的动物身上长着蓬松的毛发，这是它在严寒的冰河时代生活所必需的装备。经测量，它肩高可达3.4米。

② 这是一种植食性巨型哺乳动物，它的食量很大，并且拥有良好的消化系统。

③ 现在与它有亲缘关系的动物都可以爬树，但它们是身长达6米的巨兽，无法爬树，只能生活在陆地上。不过，它的爪子很大，可以掰断树枝。

④ 这种动物身长达4米，可能是陆地上有史以来体型较大的肉食性哺乳动物之一。它可能和现在的鲸有亲缘关系。

⑤这是人类已知最早出现在地球上的蝙蝠之一。这种捕食昆虫的动物很可能和现在的蝙蝠一样，利用回声定位法来追踪猎物。

它的翼膜由4根指骨支撑。

⑥这种生活在冰河时代的动物体型与白犀相似，体重可达2.5吨。它是一种植食性动物，通常利用颊齿来碾磨坚硬的植物。

它前面的角比圆锥体稍微扁平一些。

自我评价

入门学徒	猛犸象 剑齿虎 披毛犀 大地懒
进阶学霸	尤因它兽 雕齿兽 冠恐鸟
知识天才	**巨型短面袋鼠** **伊神蝠** **蒙古安氏中兽** **后弓兽**

它的鼻子看起来和大象的有点像。

⑦这种长相奇特的哺乳动物曾生活在南美洲的草原上，以树叶和草为食。

⑧这种鸟的脖子很长，它和现代的鸵鸟一样不会飞。它的喙很大，可能是用来碾碎坚果的。

它的喙像钩子。

它的腿长而有力。

⑩这种哺乳动物身高可达3米，长着奇怪的单趾脚。

刚出生的宝宝生活在妈妈的育儿袋里。

⑨这种可怕的肉食性动物长着长而弯曲的犬齿，这是它捕食大型猎物的利器。

它的上犬齿长达18厘米。

⑪这种外表像犰狳的植食性动物有一辆小汽车那么重，它的骨质盔甲由数百块骨板组成，非常结实。

答案：1.猛犸象 2.尤因它兽 3.大地懒 4.蒙古安氏中兽 5.伊神蝠 6.披毛犀 7.后弓兽 8.冠恐鸟 9.剑齿虎 10.巨型短面袋鼠 11.雕齿兽

哺乳动物

从体型娇小的鼩鼱和蝙蝠到地球上有史以来体型最大的动物蓝鲸，数千万年来，哺乳动物的足迹早已遍布全球。它们大多数生活在陆地上，不过有些哺乳动物还适应了在海洋中的生活，它们可以在水中闭气很长时间。

1. 想要在寒冷的北极生存下来，首先要有一副大骨架。因为体型越大，产生的热量越多。

2. 厚厚的毛皮和一层10厘米厚的脂肪是必不可少的，它们可以锁住身体的热量，以维持体温。

如何在北极生存？

耳朵也要很小，这样能减少热量的散失。
北极熊可以嗅到30千米以外海豹的味道。
和其他的哺乳动物一样，北极熊幼崽以母亲的乳汁为食。
北极熊的毛发是透明的，但光线的散射使它们看起来是白色的。
北极熊的大脚掌上长有密集的细毛，这有助于它们在光滑的冰面上行走，而足上锋利的趾爪则赋予它们额外的抓力。

3. 北极熊照顾幼崽的过程会持续2~3年。

4. 作为一种哺乳动物，即使在寒冷的环境中，它们的体温也是恒定的。

会飞的哺乳动物

虽然有些生活在树上的哺乳动物也能在空中滑翔，比如松鼠，但蝙蝠是唯一能真正飞翔的哺乳动物。蝙蝠的翼由修长的指爪之间相连的皮肤（翼膜）构成。

薄翼使蝙蝠能在空中灵活地飞翔。

长颈鹿的心脏强壮有力，可以把血液输送到头部。

用数据说话

80亿
人是地球上数量最多的大型哺乳动物，这个数是目前的全球总人口。

120千米/时
这是陆地上奔跑速度最快的哺乳动物——猎豹的最快速度。

40%
这是啮齿动物在哺乳动物中所占的比例。

2小时
这是象海豹在潜水觅食时可以闭气的时长。

无毛也温暖

许多海洋哺乳动物不长毛发，比如海豚。但是，它们皮肤下有一层厚厚的脂肪，可用来保持身体温暖。

哺乳动物之最

- 长颈鹿身高可达6米，是最高的哺乳动物。它的舌头长达50厘米，可以吃到高处的叶子。
- 非洲象重达10吨，是陆地上最重的哺乳动物。成年的雄性非洲象肩高可达4米，是陆地上最大的哺乳动物。
- 小臭鼩是体重最轻的哺乳动物，平均体重只有1.8克。大黄蜂蝙蝠的体长比小臭鼩短，但体重更大。

你知道吗？

穿山甲是唯一一种有鳞的哺乳动物，它身上的鳞片能起到保护作用。

哺乳动物的种类

单孔目动物：唯一靠产卵来繁衍后代的哺乳动物。现存的单孔目动物只有两种：针鼹和鸭嘴兽。

有袋类动物：这些哺乳动物会将刚产下的幼崽放在自己的育儿袋里养育和保护。

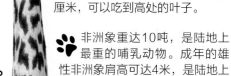

真兽亚纲动物：这类动物的雌性在子宫内孕育后代，大多数哺乳动物都属于这一类。

①这种孤独的猫科动物来自美洲，它的尾巴几乎和身体一样长。

它长长的尾巴可在高速转向时保持身体的平衡。

②这是奔跑速度最快的动物，速度可达120千米/时。它能轻而易举地击败人类跑得最快的短跑运动员。

猫科动物

猫科动物的牙齿和爪子十分锋利，这是它们生存必不可少的利器。它们的皮毛光滑，是身手敏捷的掠食者。对于体型最小的猫科动物来说，可能一只老鼠就够它们饱餐一顿，但对于大型的猫科动物来说，它们甚至需要捕捉一头成年的牛才能填饱肚子。

③近看这种生活在非洲和亚洲的猫科动物，才会发现它身上长着标志性的斑点。这类猫科动物以橙黄色皮毛较为常见，但也有黑色皮毛的。

④这种猫科动物在向同类传递信息时会摆动它长有黑色长毛的耳朵。

⑤它是体型最大的猫科动物之一，它的体重可达363千克，长着巨大的爪子，十分适合捕猎。

它身上的花纹清晰可见。

⑥这种热带猫科动物分布于美洲，是出类拔萃的猎手。它的英文名也是一个汽车品牌名。

⑦ 这种短腿猫科动物生活在亚洲的平原上，喜欢躲在大石头后伏击猎物。

它脸上的毛黑白相间。

⑧ 这种猫科动物生活在美洲，每只成员身上都长有这种独特的条纹和斑点。

自我评价

入门学徒	猎豹 美洲豹 狮子 老虎
进阶学霸	美洲狮 雪豹 虎猫 花豹
知识天才	**石纹猫** **狞猫** **兔狲** **猞猁**

⑨ 这种来自亚洲的猫科动物通常生活在高山上，它的腿非常强壮，可以在峭壁间随意跳跃。

它的耳朵又长又尖，听觉非常敏锐。

⑩ 这种猫科动物体型较小，身长1米左右，但它的力量惊人，甚至可以杀死野猪和驯鹿。

⑪ 这种猫科动物的名字源于其身上独特的花纹。当它们在东南亚的森林里捕猎时，这身花纹是它们完美的伪装。

这种猫科动物的雄性头上长有鬃毛，使它们看起来非常威猛。

⑫ 这种凶猛的物种生活在非洲，其雄性的咆哮声很大，甚至8千米外的地方都能听到。

答案： 1.美洲狮 2.猎豹 3.花豹 4.狞猫 5.老虎 6.美洲豹 7.兔狲 8.虎猫 9.雪豹 10.猞猁 11.石纹猫 12.狮子

①这种来自马达加斯加的灵长目动物在啃完树皮后，会用它长长的中指把藏在树干中的昆虫挖出来。

②这种动物是狐猴的近亲，是唯一能分泌毒液的灵长目动物。

③这种来自东南亚加里曼丹岛的猴子长着巨大的鼻子，是灵长目动物中的游泳健将。

灵长目动物

目前已知的与人类关系最近的动物是一种调皮捣蛋、吵吵闹闹的灵长目动物。猴子、猿、狐猴和蜂猴靠大脑和肌肉在野外生存。有些灵长目动物和我们一样喜欢在地面上生活，有些则喜欢在树上生活。

喉囊可以让它的叫声传到2千米外的地方。

④这种灵长目动物的体长可达90厘米，主要生活在东南亚的森林中。

⑤这种动物发现于欧洲，是世界上体型最大的灵长目动物，它会通过拍打自己的胸脯来示威。

⑥这种灵长目动物的尾巴非常独特。它可以通过臭腺产生一种刺鼻的气味，赶跑自己领地的入侵者。

⑦这种来自非洲的类人猿会使用木棍捕食美味的白蚁。

⑧ 这种灵长目动物满脸通红并不是因为它很害羞，而是表示它身体健康。这种动物通常居住在亚马孙森林的树梢上。

有光泽的皮毛粘在一起。

⑨ 这种可爱的小猴子只有33厘米高，通体金黄。

⑩ 这种灵长目动物栖息在东南亚，是爬树高手。它的手臂比腿长，臂展可达2.25米。

厚厚的皮毛能帮它抵御北方的严寒。

⑪ 这种灵长目动物生活在日本，因其喜欢泡温泉来抵御寒冷而为人所知。

可缠住树枝的尾巴就像它的手臂一样，可以承受整个身体的重量。

⑫ 这种灵长目动物擅长攀缘，能用尾巴卷住树枝或藤蔓。它生活在热带雨林中。

⑬ 这种生活在马达加斯加的灵长目动物可以从一棵树上飞跃到另一棵树上。

攀爬时尾巴能帮它保持平衡。

⑭ 这种灵长目动物身上的白色鬃毛可以御寒，它非常适合生活在中非和东非凉爽的山地森林中。

⑮ 这种灵长目动物的脸是蓝色的，鼻子是红色的。它们是群居动物，主要生活在非洲的热带雨林中，体长可达1.1米，是体型最大的猴子。

自我评价

入门学徒	进阶学霸	知识天才
环尾狐猴	指猴	**维氏冕狐猴**
大猩猩	蜂猴	**安哥拉疣猴**
猩猩	山魈	**金狮面狨**
黑猩猩	长鼻猴	**白秃猴**
长臂猿	日本猕猴	**黑掌蜘蛛猴**

答案：1.指猴 2.蜂猴 3.长鼻猴 4.长臂猿 5.大猩猩 6.环尾狐猴 7.黑猩猩 8.白秃猴 9.金狮面狨 10.猩猩 11.日本猕猴 12.黑掌蜘蛛猴 13.维氏冕狐猴 14.安哥拉疣猴 15.山魈

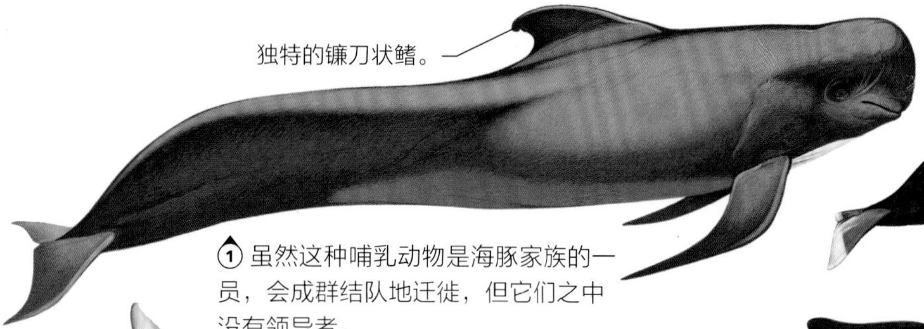
独特的镰刀状鳍。

① 虽然这种哺乳动物是海豚家族的一员，会成群结队地迁徙，但它们之中没有领导者。

② 这种动物常被误认为是虎鲸。它的游泳速度很快，游动时身后会出现大量扇形水雾，被称为“公鸡尾水雾”。

③ 大多数鲸类动物都生活在海洋中，但这种鲸却生活在雨林的河流中。

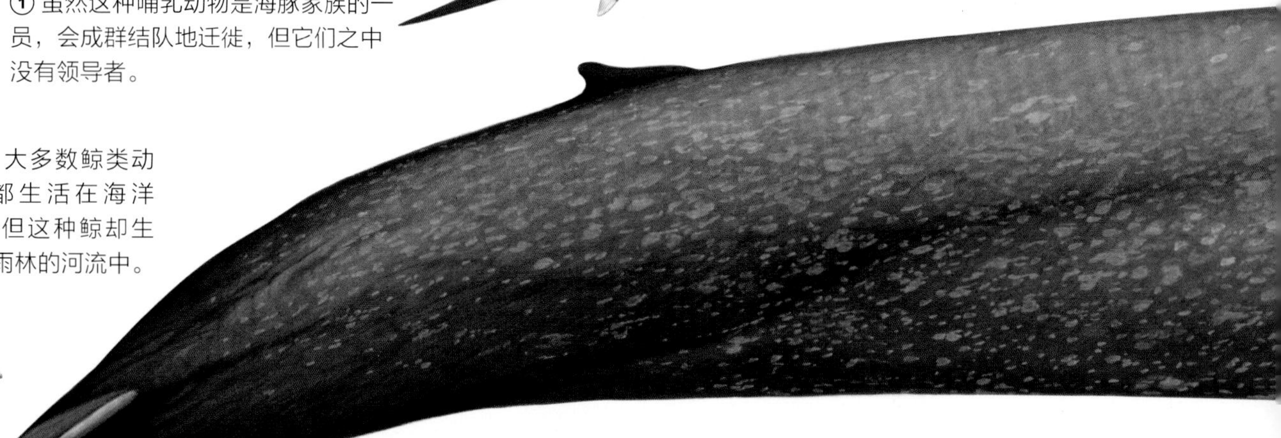

成年的人类潜水员（1.8米）

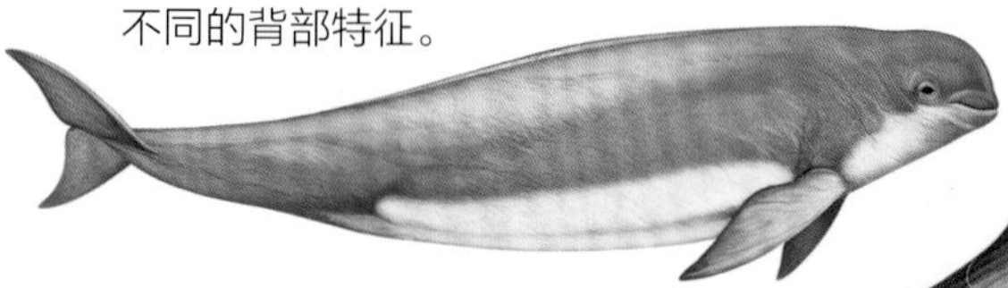

④ 这种动物喜欢在水面下游动，不同的族群有不同的背部特征。

头部重量占该动物体重的三分之一。

⑤ 这种鲸的鲸脂很厚，长有一张巨大且弯曲的嘴，是世界上嘴巴最大的动物。它的头颅大而沉重，可以击碎坚硬的海冰。

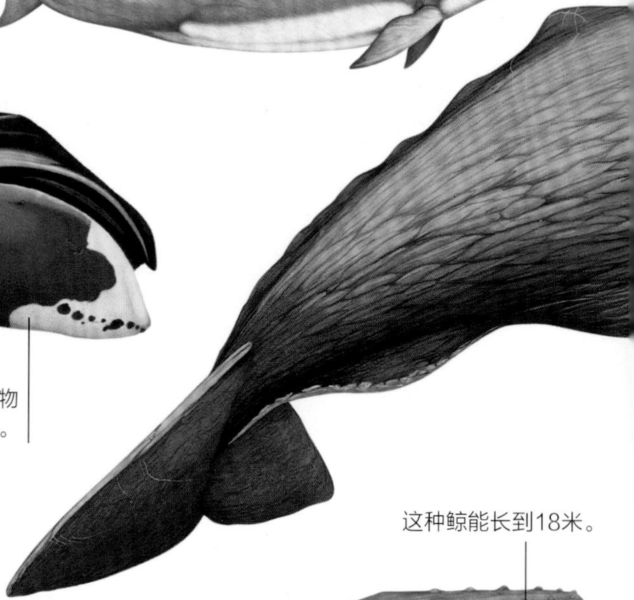

鲸

我们熟悉的海豚和蓝鲸都是需要呼吸空气的哺乳动物。它们虽然生活在水中，但必须周期性地到水面上来换气。它们的尾巴不会像鱼那样左右摇摆，而是上下摆动。

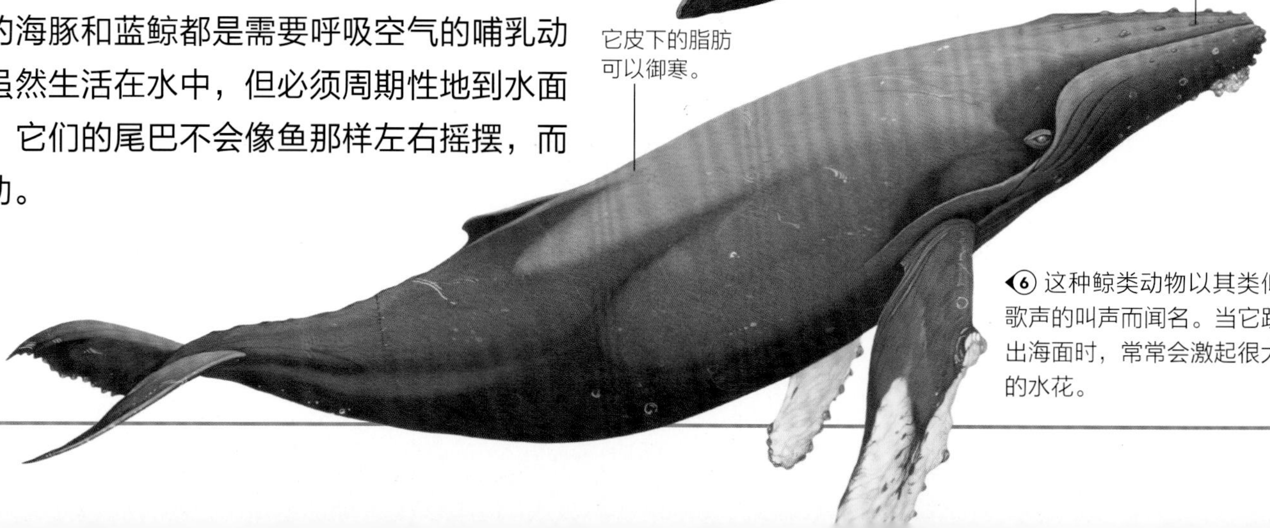
这种鲸能长到18米。
它皮下的脂肪可以御寒。

⑥ 这种鲸类动物以其类似歌声的叫声而闻名。当它跃出海面时，常常会激起很大的水花。

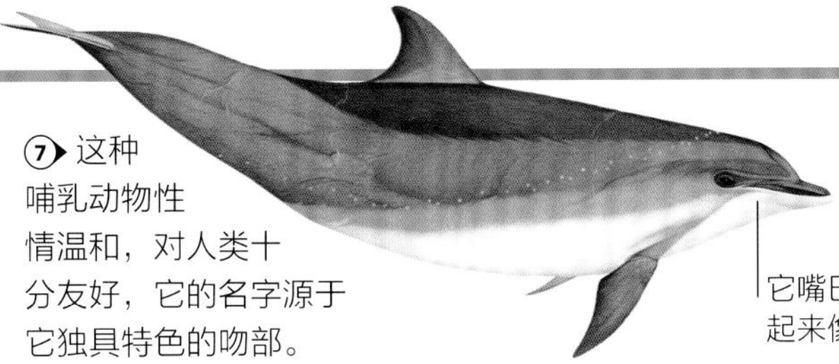

⑦ 这种哺乳动物性情温和，对人类十分友好，它的名字源于它独具特色的吻部。

它嘴巴的形状看起来像在微笑。

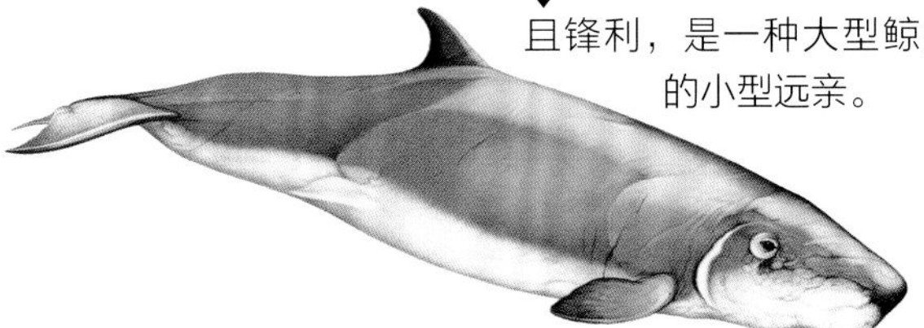

⑧ 这种动物游速慢，牙齿弯曲且锋利，是一种大型鲸类动物的小型远亲。

⑨ 这种动物身长可达32米，是目前已知地球上存在过的体型最大的动物，它的心脏和舌头也是所有动物中最大的。

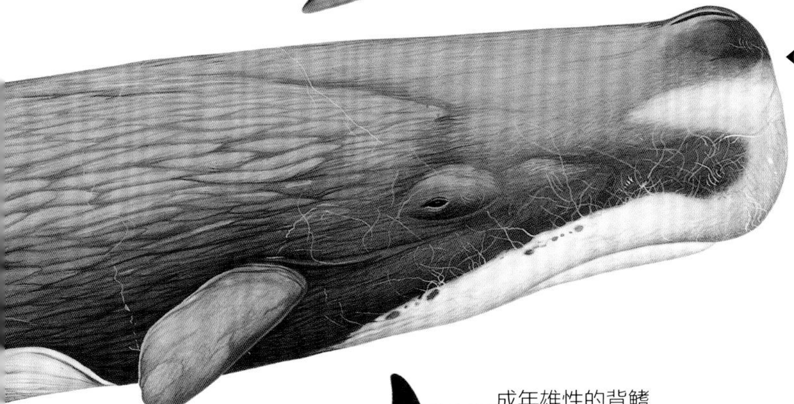

⑩ 这种鲸类动物可以潜到深海捕食巨型鱿鱼，它的牙齿是所有动物中最大的。

⑪ 这是一种通体雪白的鲸。

成年雄性的背鳍可高达1.8米。

⑫ 这种哺乳动物又被称为“杀手鲸”，但它实际上是一种大型海豚。

它引人注目的长牙是用来吸引异性的。

⑬ 这种来自北极的鲸类动物十分特别，它长有其他动物都没有的长牙。

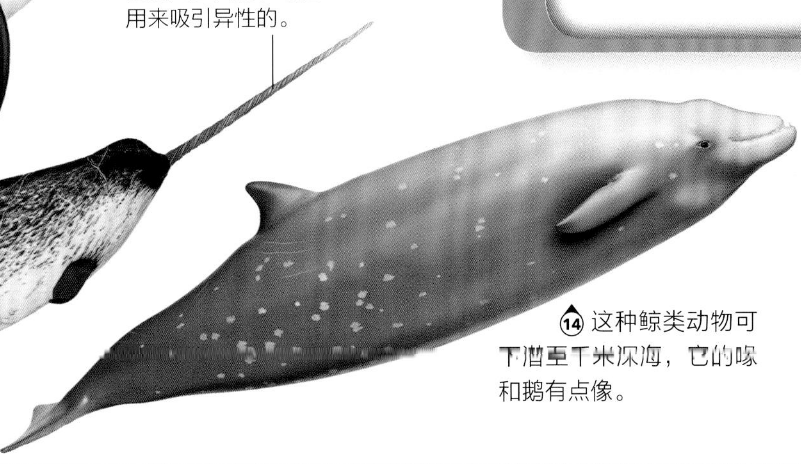

⑭ 这种鲸类动物可下潜至千米深海，它的喙和鹅有点像。

自我评价

入门学徒	抹香鲸 虎鲸 宽吻海豚 一角鲸（独角鲸） 蓝鲸
进阶学霸	亚马孙河豚 座头鲸 白鲸 长肢领航鲸 印太洋驼海豚
知识天才	**倭抹香鲸** **柯氏喙鲸** **白腰鼠海豚** **弓头鲸**

答案：1.长肢领航鲸 2.白腰鼠海豚 3.亚马孙河豚 4.印太洋驼海豚 5.弓头鲸 6.座头鲸 7.宽吻海豚 8.倭抹香鲸 9.蓝鲸 10.抹香鲸 11.白鲸 12.虎鲸 13.一角鲸（独角鲸） 14.柯氏喙鲸

无脊椎动物

无脊椎动物是背侧没有脊柱的动物，其种类占动物总类数的95%，广泛分布于世界各地。无脊椎动物包括一些外壳坚硬的动物，比如甲虫和贝类；还有一些浑身都很柔软的动物，比如水母和蠕虫等。

蜈蚣是怎样移动的？

1. 蜈蚣的身体由许多体节组成，每一个体节上都长有步足，一条巨大的蜈蚣可长有20多对步足。当它的某些步足向前迈出一步时，其他的步足也会迅速跟上。

2. 身体左右摇摆可帮助蜈蚣加快移动速度。

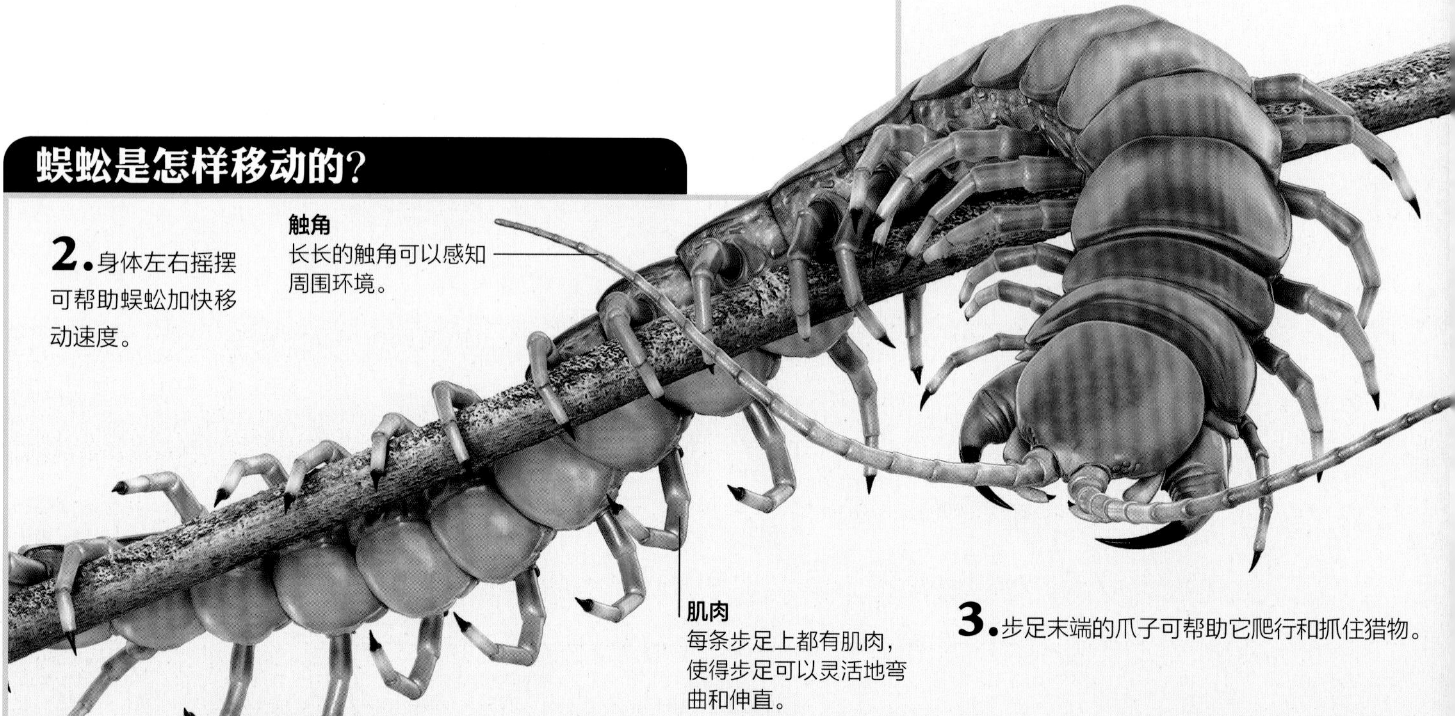

触角
长长的触角可以感知周围环境。
肌肉
每条步足上都有肌肉，使得步足可以灵活地弯曲和伸直。

3. 步足末端的爪子可帮助它爬行和抓住猎物。

你知道吗？

手枪虾的钳子猛烈闭合时会发出一声脆响，在水中激起的高速水流足以杀死它盯上的猎物。

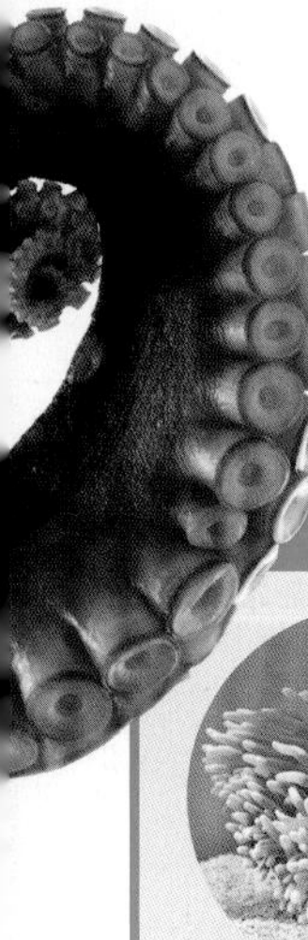

擒取猎物的章鱼触手。

无脊椎动物的种类

刺丝胞动物： 一种有触角的低等无脊椎动物，比如水母和珊瑚。

蠕虫： 蠕虫有许多不同的种类。它们的身体很长，有的会挖洞，有的会游泳。

软体动物： 软体动物柔软多肉，通常有壳。常见的软体动物有蛞蝓和蜗牛。

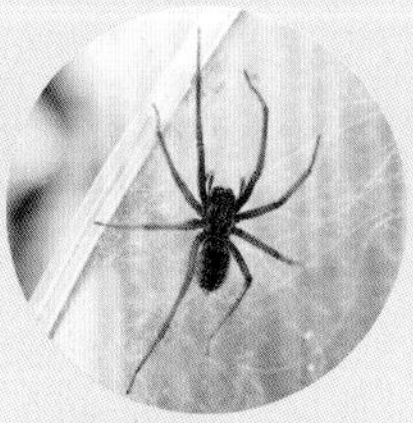

节肢动物： 蜘蛛及其亲缘动物是最常见的节肢动物，它们长有分节的附肢，体表覆有外骨骼。

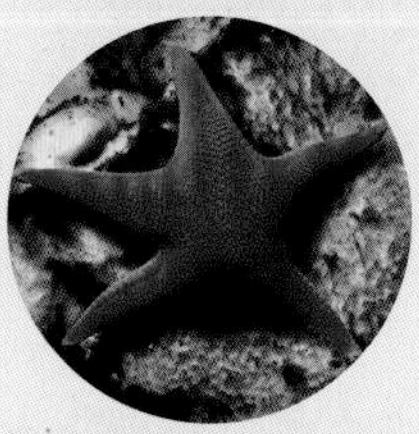

棘皮动物： 它们的形状有的像圆盘，有的像星星，比如海胆和海星。

数据说话

12.5万亿只
这是迄今为止规模最大的昆虫种群——落基山岩蝗群中的个体的数量。

400 000种
这是已知甲虫的种类。甲虫是昆虫中最大的类群，目前还有很多人类尚未发现的种类。

50克
这是巨型花潜金龟子的质量。它的体重是会飞行的昆虫中最重的，比高尔夫球还要重。

0.139毫米
这是已知最小的昆虫——柄翅卵蜂的长度。

在极端环境中生活的无脊椎动物

无脊椎动物一直是动物界中栖息地海拔最高的纪录保持者。例如，跳蛛生活在珠穆朗玛峰海拔6 700米的高度上，这种小型食肉动物以被大风吹到山上的小昆虫为食。

无脊椎动物趣知识

- 水母没有大脑，只有简单的神经系统，可以通过电信号控制身体的收缩，但无法执行复杂的行为。
- 水熊是一种生存能力极强且只有在显微镜下才能看到的动物。在身体失去95%的水分的极端情况下，它们会干燥成壳，但之后仍能复活。水熊在没有任何氧气的情况下也能生存，即使被送入太空中也能存活。
- 生活在火山口附近的深海庞贝蠕虫可以承受80℃的高温。

无脊椎动物之最

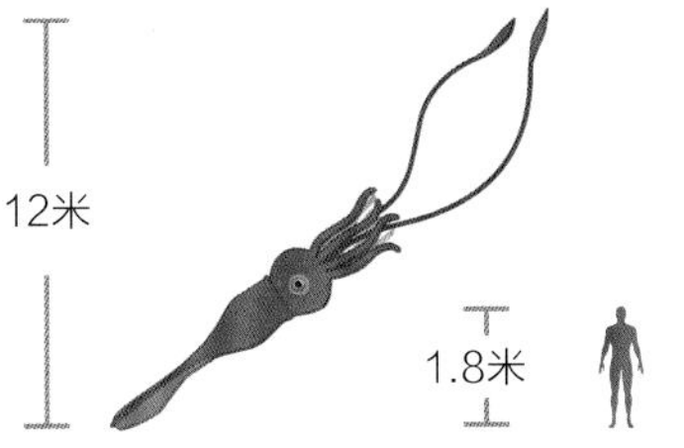

在所有无脊椎动物中，体型最大的是生活在深海中的大王酸浆鱿，它用钩状的触手捕食。

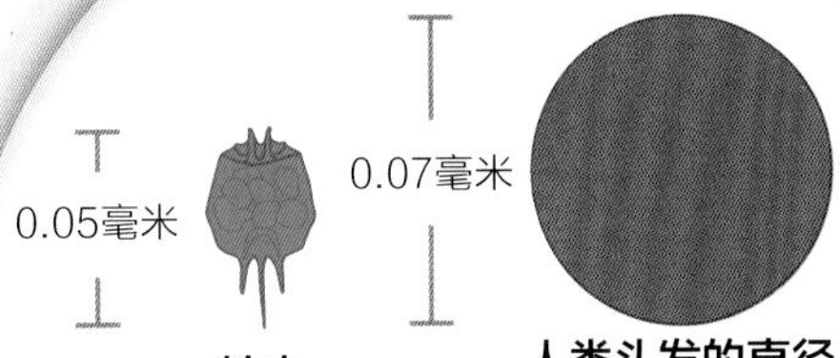

有些无脊椎动物体型非常小，比如轮虫就小到需要用显微镜才能看到。一滴水中可能游动着成千上万只轮虫。

聪明的章鱼

虽然大多数无脊椎动物的大脑都很小，但它们中也有少数种类非常聪明，比如章鱼。一只聪明的章鱼能够从捕虾器中捕获龙虾，甚至还能从水族馆里逃脱。

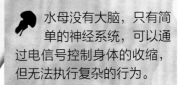

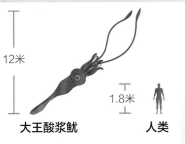

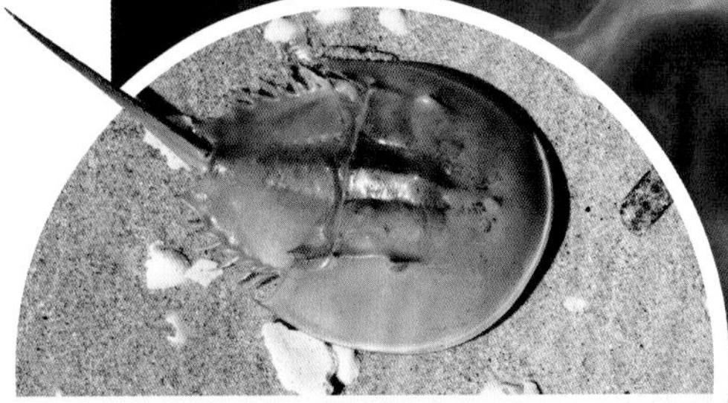

活化石

鲎已经存活了4亿多年，它与蜘蛛的关系比它与贝类的关系更为密切。

①这种来自南美洲的蝴蝶翅膀大部分是透明的，所以当它们栖息在树叶上时很难被发现。

翅膀边缘的彩色部分能帮我们找到它。

②阳光照射到这种来自中美洲的甲虫身上时会被反射，使它们看起来就像闪闪发光的贵金属，这有助于它们在雨林中伪装自己。

③这种采集花蜜的昆虫总是很忙碌，它们会在蜂巢中将花蜜加工成蜂蜜。

用来采集花粉的绒毛。

④这种身体颜色像宝石的昆虫不会叮咬人。它习惯在其他昆虫的巢穴中产卵。

昆虫

地球上昆虫的种类比其他任何生物的种类都要多，所以无论在哪里看到它们都不足为奇。昆虫长有6条用来爬行的腿，且大多数昆虫长有翅膀，能够飞行，这些都有利于它们在大自然的激烈竞争中存活下来。

翅膀上的图案有助于它在森林中伪装。

翅膀上覆盖着小小的鳞毛。

⑦这种来自亚洲的昆虫是同类中体型较大、色彩较丰富的昆虫之一，其翅展可达21厘米。

⑤这种昆虫的腿十分有力，跳跃高度可达70厘米。

⑥这种昆虫的成虫寿命只有1～2天，其稚虫生活在池塘或湖泊中。

它有3根尾巴。

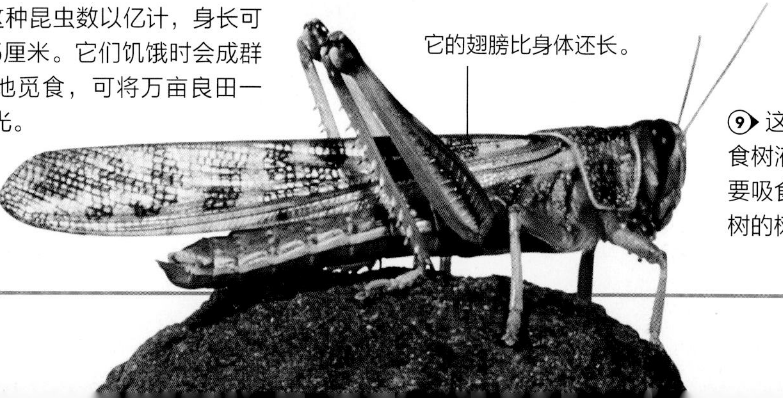

⑧这种昆虫数以亿计，身长可达7.5厘米。它们饥饿时会成群结队地觅食，可将万亩良田一扫而光。

它的翅膀比身体还长。

⑨这种昆虫以吸食树液为生，它主要吸食龙眼以及荔枝树的树液。

它翅膀上的图案会反光。

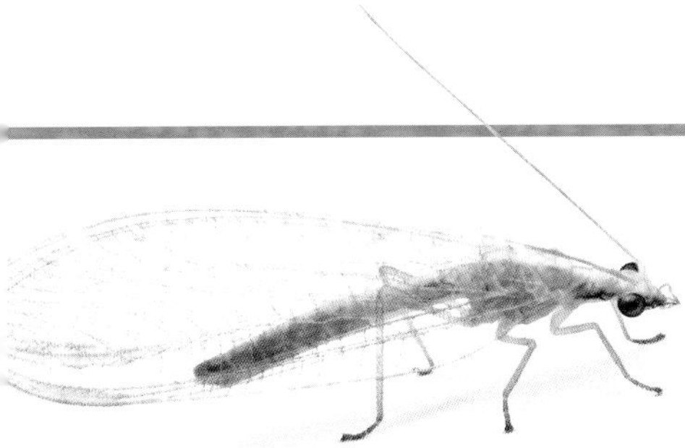

⑩ 这种昆虫翅膀上的翅脉使其看起来像一种精致的织物。

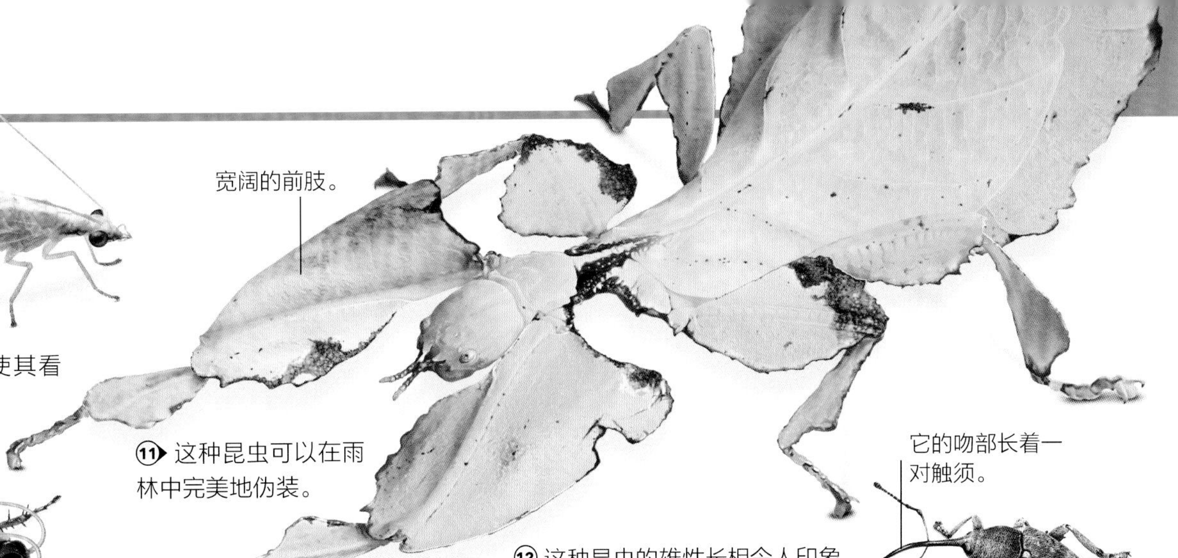

⑪ 这种昆虫可以在雨林中完美地伪装。

它的触须很长。

⑬ 这种臭名昭著的害虫可长到4.4厘米。从食物残渣到肥皂，它几乎无所不吃。

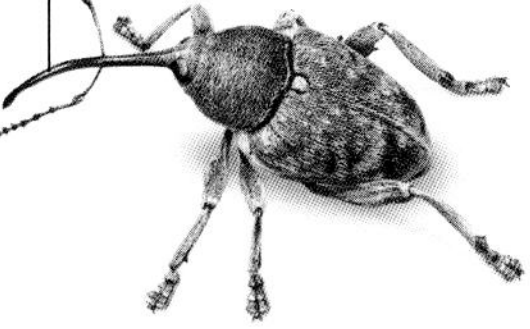

它的吻部长着一对触须。

⑫ 这种昆虫的雄性长相令人印象深刻。它的上颚长得像鹿角，可用来对抗其他雄性对手。

⑮ 这种甲虫可以用它独特的长吻在作物果实上钻洞产卵。

它只有一对翅膀。

⑭ 这种昆虫身上的条纹状警告图案只是虚张声势，其实它是一种无害的食蜜昆虫。

它的翅膀藏在鞘翅之下。
钩状爪子。

⑯ 这种长着斑点的甲虫喜欢吃蚜虫，这使它成了园丁的好朋友。

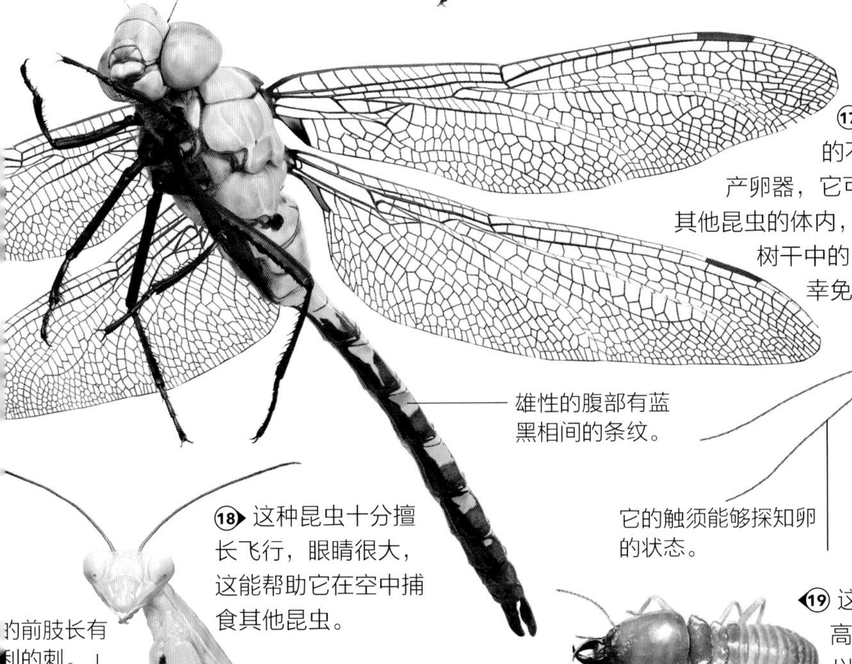

雄性的腹部有蓝黑相间的条纹。

⑱ 这种昆虫十分擅长飞行，眼睛很大，这能帮助它在空中捕食其他昆虫。

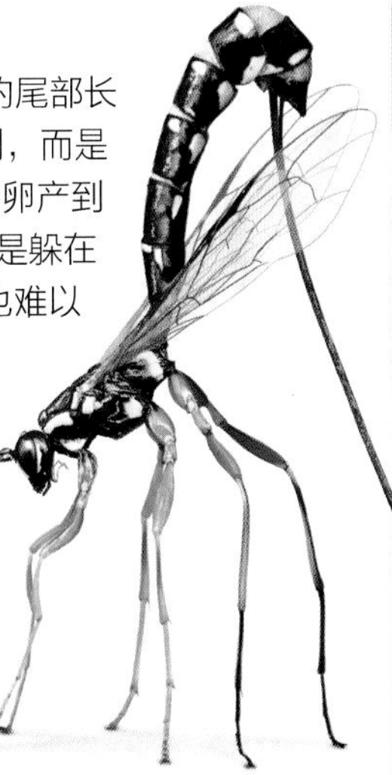

它的触须能够探知卵的状态。

⑰ 它的尾部长的不是刺，而是产卵器，它可以将卵产到其他昆虫的体内，即使是躲在树干中的昆虫也难以幸免。

⑲ 这名昆虫界的建筑师建造了高耸的土丘。在土丘里，数以百万计的同类昆虫生活在一起。

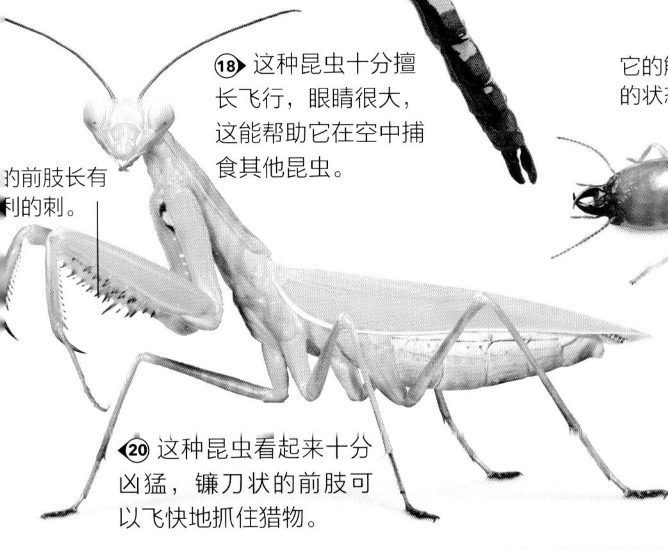

⑳ 这种昆虫看起来十分凶猛，镰刀状的前肢可以飞快地抓住猎物。

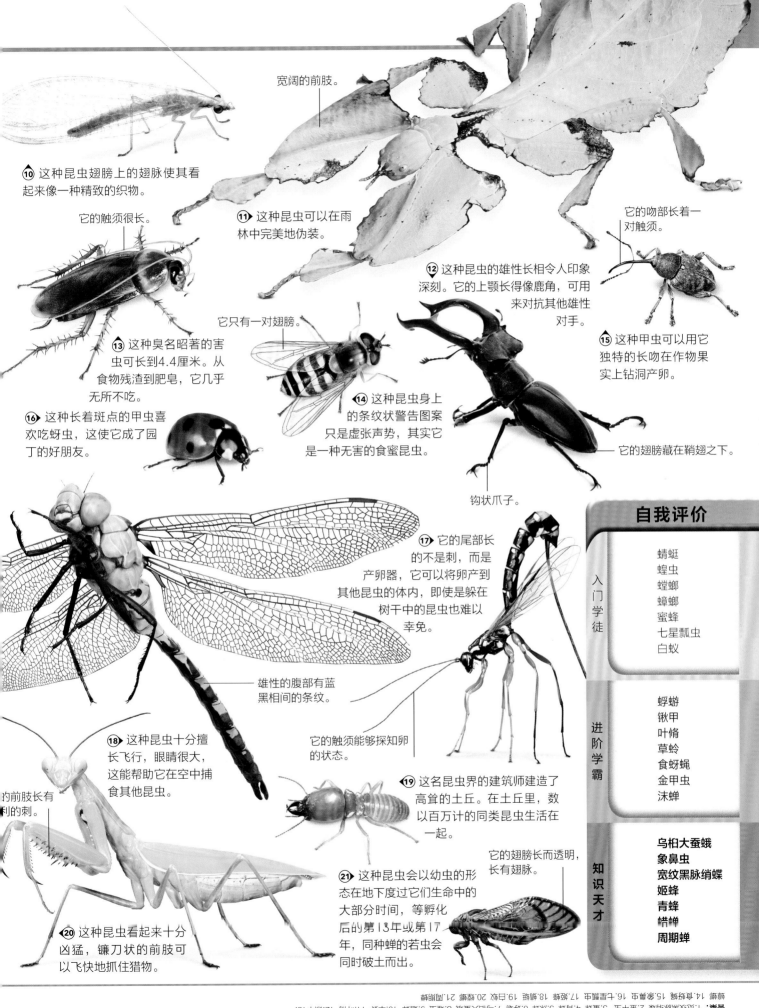

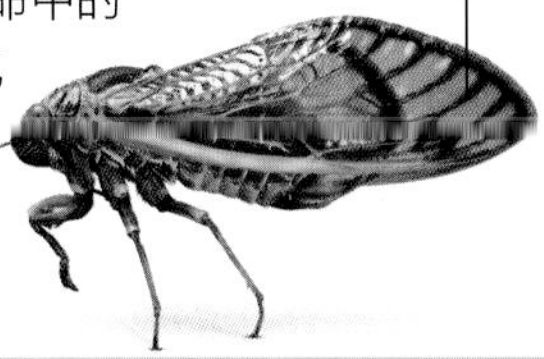

它的翅膀长而透明，长有翅脉。

㉑ 这种昆虫会以幼虫的形态在地下度过它们生命中的大部分时间，等孵化后的第13年或第17年，同种蝉的若虫会同时破土而出。

自我评价

入门学徒

- 蜻蜓
- 蝗虫
- 螳螂
- 蟑螂
- 蜜蜂
- 七星瓢虫
- 白蚁

进阶学霸

- 蜉蝣
- 锹甲
- 叶脩
- 草蛉
- 食蚜蝇
- 金甲虫
- 沫蝉

知识天才

- **乌桕大蚕蛾**
- **象鼻虫**
- **宽纹黑脉绡蝶**
- **姬蜂**
- **青蜂**
- **蜡蝉**
- **周期蝉**

答案： 1.宽纹黑脉绡蝶 2.金甲虫 3.蜜蜂 4.青蜂 5.沫蝉 6.蜉蝣 7.乌桕大蚕蛾 8.蝗虫 9.蜡蝉 10.草蛉 11.叶脩 12.锹甲13.蟑螂 14.食蚜蝇 15.象鼻虫 16.七星瓢虫 17.姬蜂 18.蜻蜓 19.白蚁 20.螳螂 21.周期蝉

海底世界

在海边的浅滩里，你会发现很多奇怪的生物。再往深处走，你会发现在海洋深处生活的动物种类居然比陆地上的还要多，而且大多是无脊椎动物，形状和颜色都很独特。

①这种动物的身体颜色以深红为主，点缀着白色斑点。它们在水中通过挥动触手来捕捉微小的猎物。

②这种色彩斑斓的动物身体薄如纸，游动时形若涟漪。

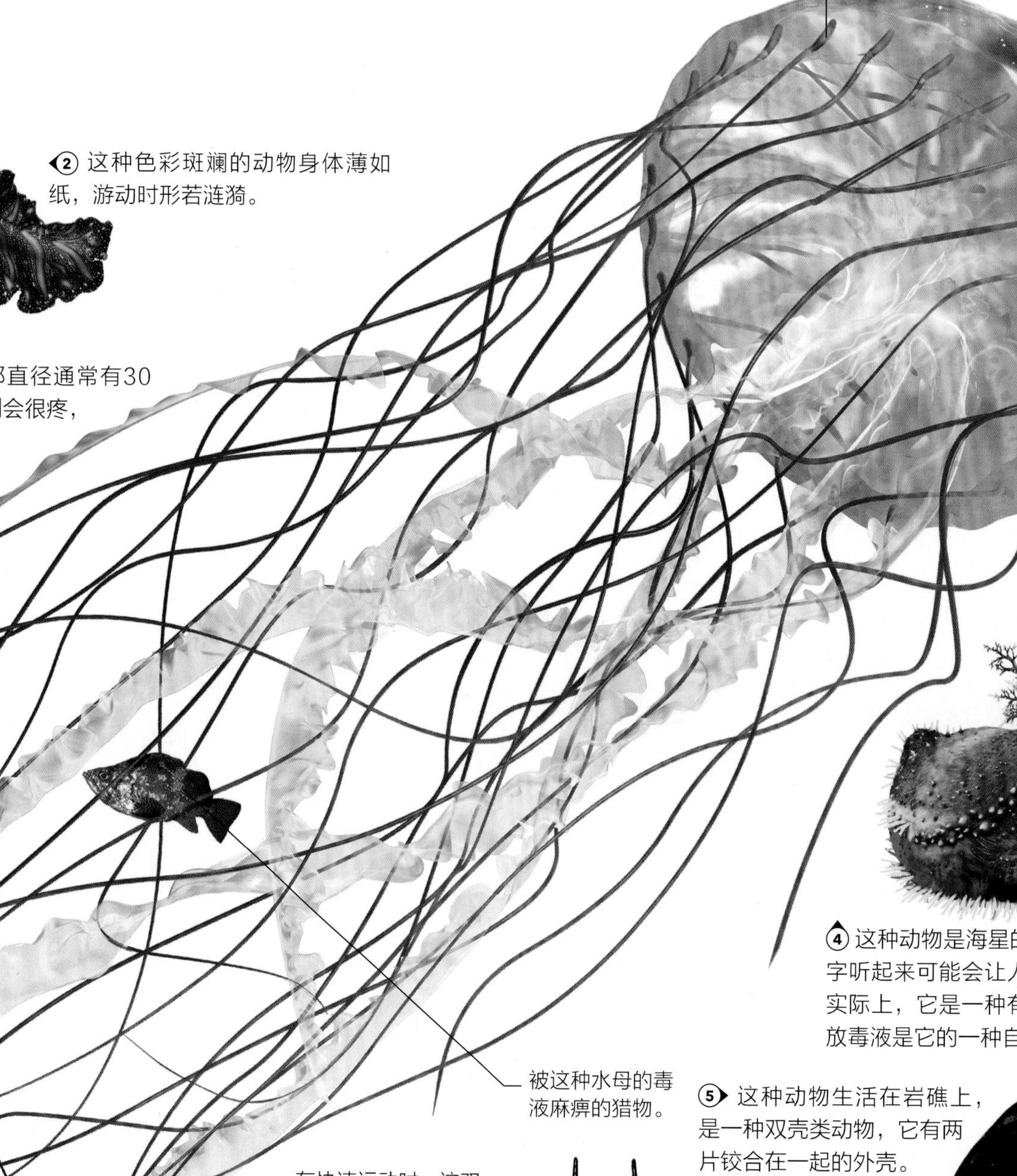

收缩外壳，挤压内腔，喷出腔内的水，进而移动。

③这种水母的伞部直径通常有30厘米。虽然被它刺到会很疼，但是没有生命危险。

被这种水母的毒液麻痹的猎物。

④这种动物是海星的近亲，它的名字听起来可能会让人很有食欲，但实际上，它是一种有毒的动物，释放毒液是它的一种自我保护措施。

⑤这种动物生活在岩礁上，是一种双壳类动物，它有两片铰合在一起的外壳。

它可以通过触手附着在岩石上。

在快速运动时，这双大眼睛能帮助它看清周围的东西。

⑥这种动物的外壳颜色与细沙相似，所以它在沙滩上移动时很难被发现。

答案：1.北美草莓海葵 2.海扁虫 3.太平洋海刺水母 4.海苹果 5.紫壳菜蛤 6.角眼沙蟹 7.蓝环章鱼 8.大旋鳃虫 9.鹦鹉螺 10.海鳗 11.西班牙披肩海蛞蝓 12.石鳖 13.蘑菇珊瑚 14.红海星 15.雀尾螳螂虾

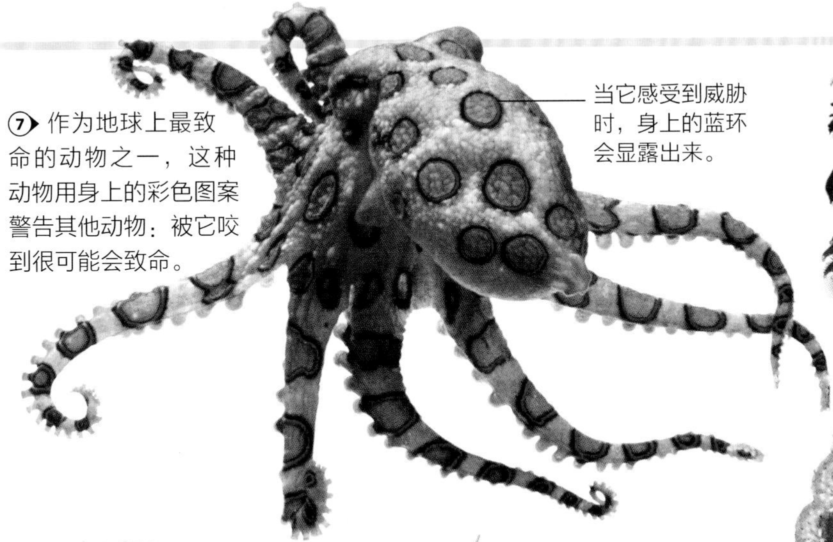

7 作为地球上最致命的动物之一，这种动物用身上的彩色图案警告其他动物：被它咬到很可能会致命。

当它感受到威胁时，身上的蓝环会显露出来。

8 这些羽毛状的鳃羽可能看起来有点像圣诞树，但它们其实是用来捕捉猎物的。

这个螺旋结构有助于吸收氧气。

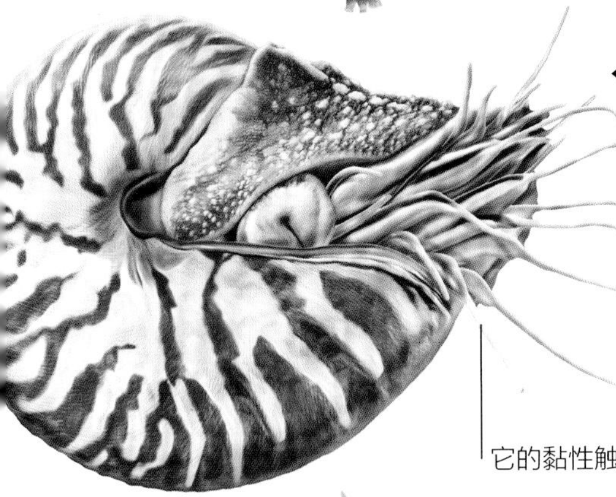

9 与它的亲戚乌贼和章鱼不同，这种会游泳的动物生活在一个可移动的壳里。

它的黏性触手多达90条。

10 它是由一群微小的无脊椎动物聚积在一起形成的。

自我评价

入门学徒

紫壳菜蛤
红海星
蓝环章鱼
角眼沙蟹
蘑菇珊瑚

进阶学霸

北美草莓海葵
鹦鹉螺
海扁虫
太平洋海刺水母
雀尾螳螂虾

知识天才

石鳖
大旋鳃虫
海鳃
海苹果
西班牙披肩海蛞蝓

11 这种海蛞蝓是海葵的天敌，它不仅吃海葵，还会偷取海葵的刺细胞，并将其转化为自己的武器。

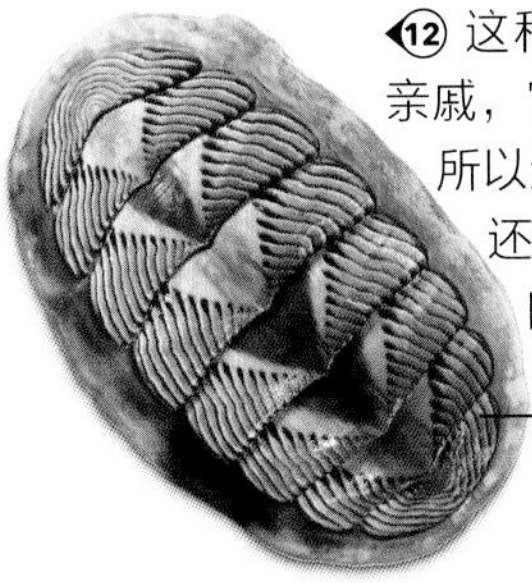

12 这种动物是蜗牛的亲戚，它的外壳分节，所以运动十分灵活，还可以卷起来保护自己。

由8块壳板组成的外壳。

13 这种动物虽然看起来有点像蘑菇，但它会移动，并且能在松软的沙地上滑行。

14 这种动物的形状各异，失去腕足后还能再生。

管足能增强抓力，帮助它移动。

它腹部中央的口可以用来吞噬猎物。

15 这种甲壳类动物有两只锤子般的前螯，可以瞬间把猎物击成碎片。

前螯。

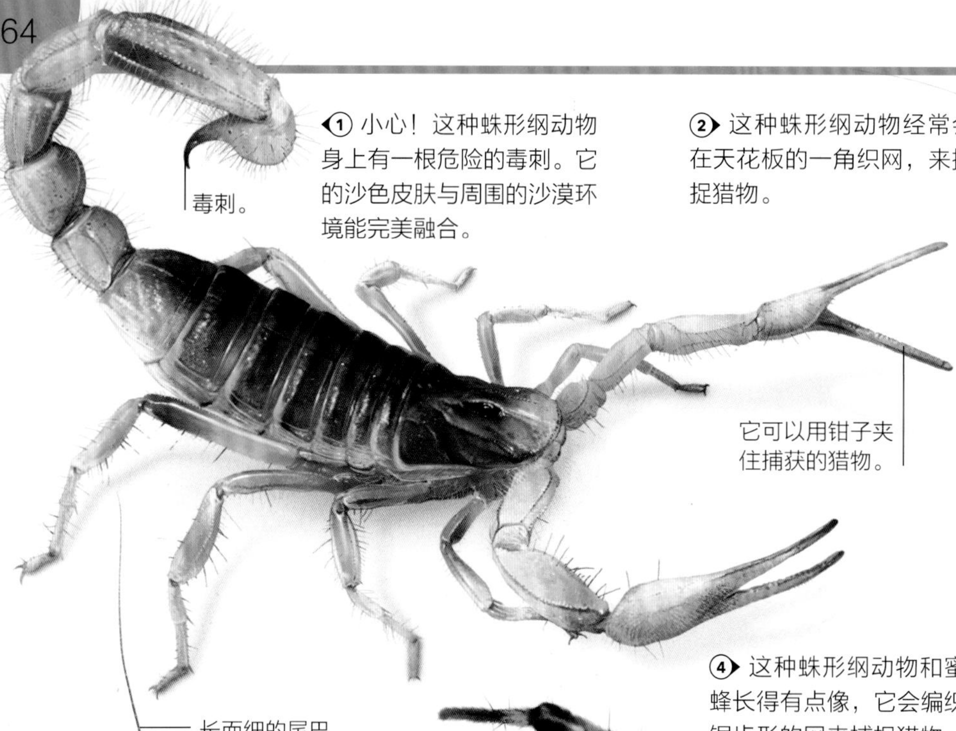

毒刺。

① 小心！这种蛛形纲动物身上有一根危险的毒刺。它的沙色皮肤与周围的沙漠环境能完美融合。

它可以用钳子夹住捕获的猎物。

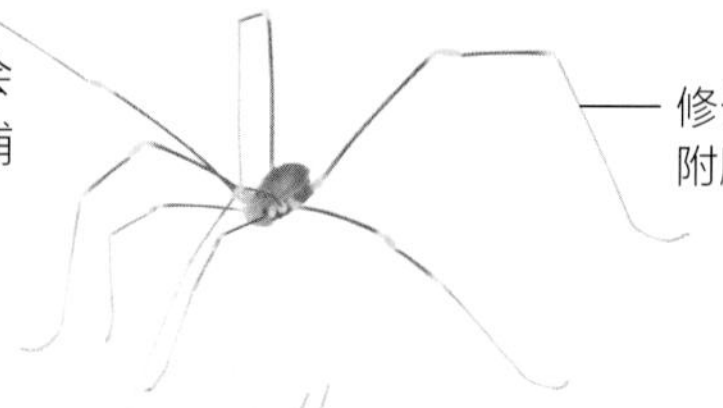

② 这种蛛形纲动物经常会在天花板的一角织网，来捕捉猎物。

修长的附肢。

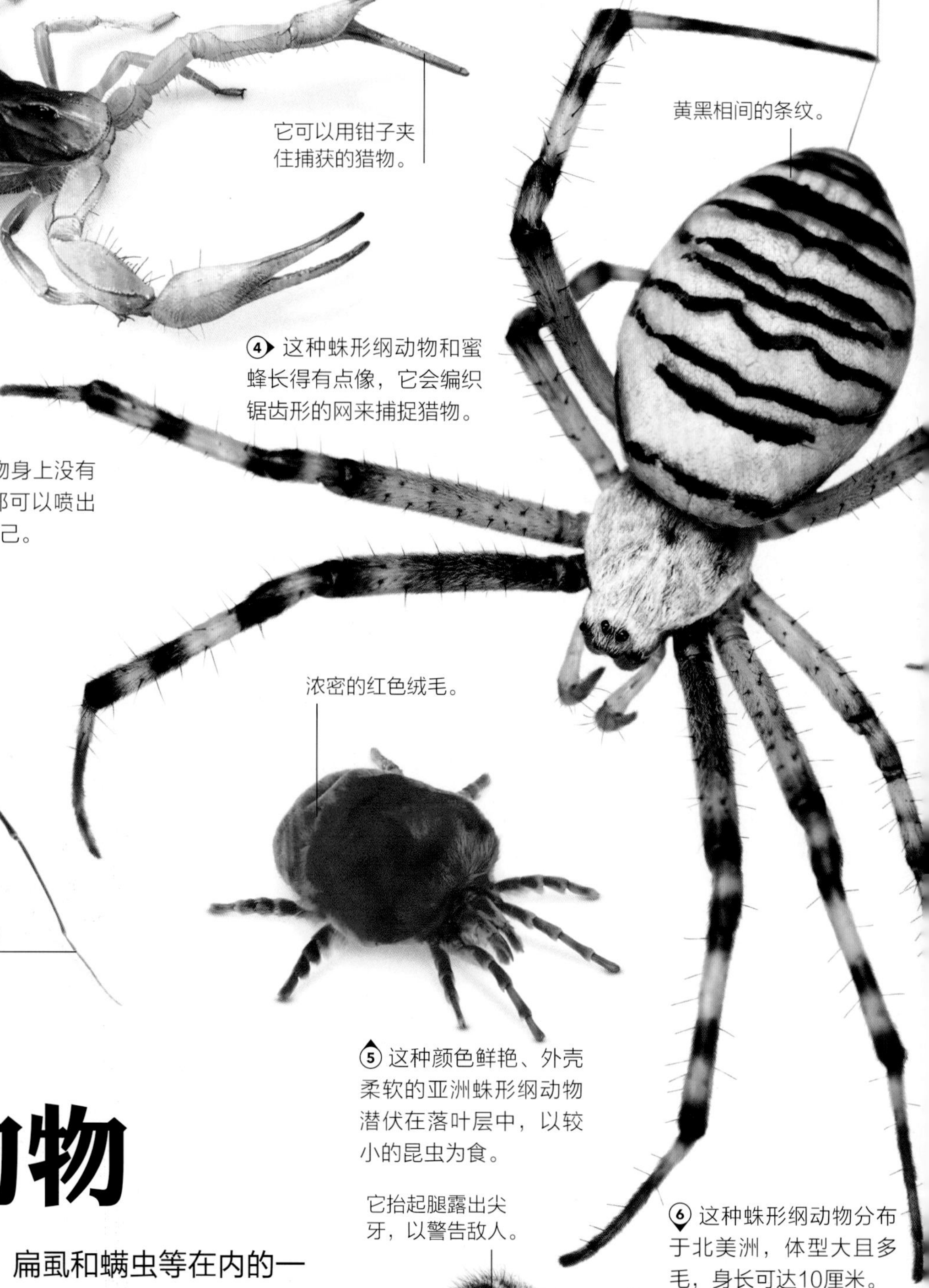

黄黑相间的条纹。

④ 这种蛛形纲动物和蜜蜂长得有点像，它会编织锯齿形的网来捕捉猎物。

长而细的尾巴。

③ 虽然这种蛛形纲动物身上没有长刺，但它的尾巴根部可以喷出一种酸性物质来保护自己。

它长而细的前腿有助于在夜间感知猎物。

浓密的红色绒毛。

⑤ 这种颜色鲜艳、外壳柔软的亚洲蛛形纲动物潜伏在落叶层中，以较小的昆虫为食。

蛛形纲动物

蛛形纲动物是包括蜘蛛、蝎子、扁虱和螨虫等在内的一类无脊椎动物。这些动物有的长着带有剧毒的尖牙，有的长着带有尖刺的尾巴，它们的捕猎方法都很聪明。让我们一起来看一看这些八条腿的小动物吧！

它抬起腿露出尖牙，以警告敌人。

⑥ 这种蛛形纲动物分布于北美洲，体型大且多毛，身长可达10厘米。

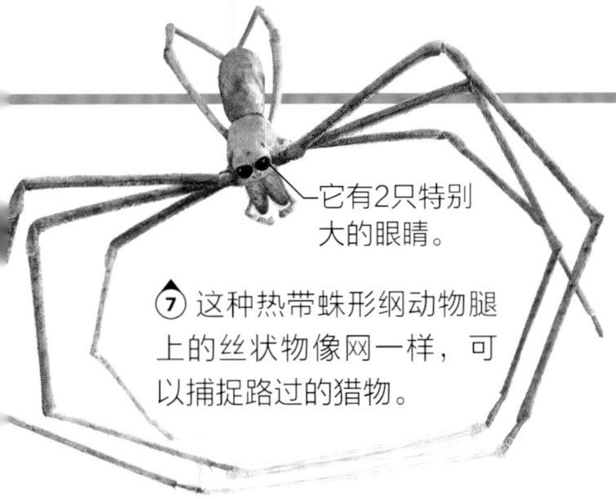

它有2只特别大的眼睛。

⑦ 这种热带蛛形纲动物腿上的丝状物像网一样，可以捕捉路过的猎物。

⑧ 这种蛛形纲动物会冒险去水下捕捉猎物，当它潜入水中时，身体周围会形成气泡，使它能够呼吸到空气。

它身体周围的气泡。

毒针。

这种动物能在非洲雨林中完美地伪装。

⑨ 这是蛛形纲动物中最大的一种，身长可达20厘米。这种蛛形纲动物长着大钳子，可以撕裂蜥蜴和老鼠等猎物。

它钳子中的肌肉强劲有力。

⑩ 这种蛛形纲动物喜欢在室内闲逛。它会筑起像隧道一样的网，然后把猎物拖到网中享用。

它有条纹腿和斑驳的身体。

前肢长得很像触须。

⑪ 由于没有毒液，这种热带蛛形纲动物只能依靠边缘带刺的长鞭状前肢来捕捉猎物。

它的钳子中有毒腺，在受到攻击时会释放毒液。

⑫ 这种蛛形纲动物身体扁平，长有钳子，虽然长得像蝎子，却没有蝎子那种带刺的尾巴。

长在头上的8只眼睛有助于准确判断猎物与它之间的距离。

⑬ 这种来自北美洲的大眼睛蛛形纲动物一旦开始行动，便很少会错失目标。它可以一跃跳出超过自身体长六倍的距离去捕捉猎物。

⑭ 这种蛛形纲动物能将自身的体色由白变黄，并潜伏在与其颜色一致的花朵中，捕捉毫无戒备的小昆虫。

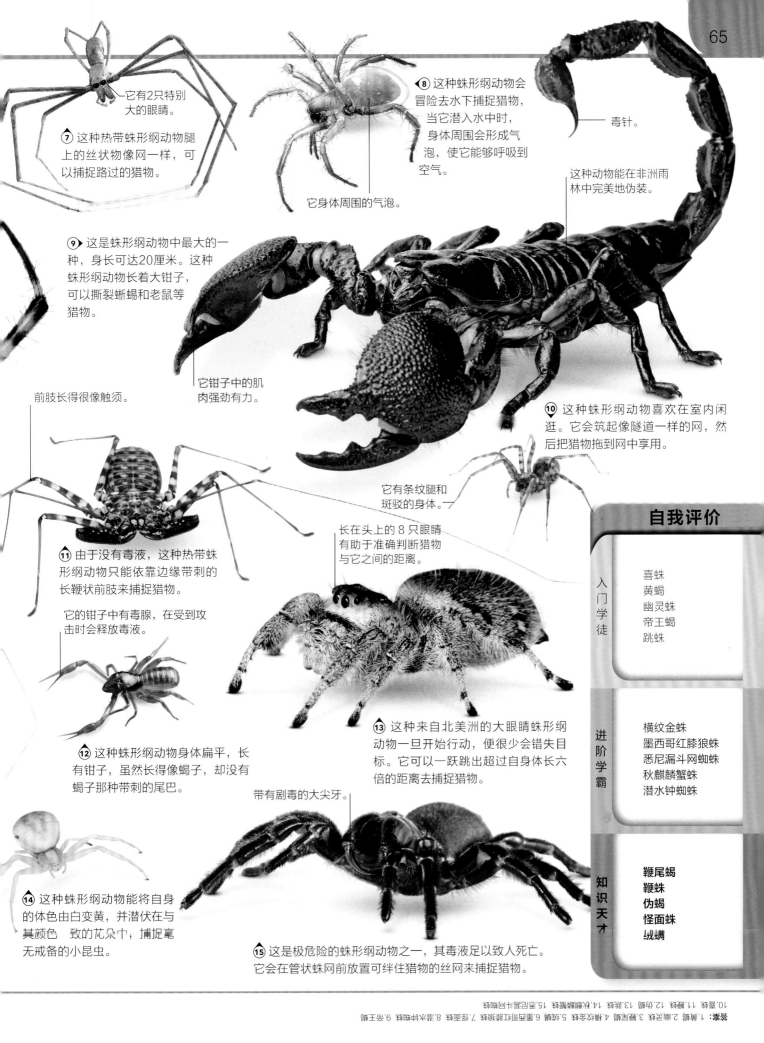

带有剧毒的大尖牙。

⑮ 这是极危险的蛛形纲动物之一，其毒液足以致人死亡。它会在管状蛛网前放置可绊住猎物的丝网来捕捉猎物。

自我评价

入门学徒

喜蛛
黄蝎
幽灵蛛
帝王蝎
跳蛛

进阶学霸

横纹金蛛
墨西哥红膝狼蛛
悉尼漏斗网蜘蛛
秋麒麟蟹蛛
潜水钟蜘蛛

知识天才

鞭尾蝎
鞭蛛
伪蝎
怪面蛛
绒螨

答案：1.黄蝎 2.幽灵蛛 3.鞭尾蝎 4.横纹金蛛 5.绒螨 6.墨西哥红膝狼蛛 7.怪面蛛 8.潜水钟蜘蛛 9.帝王蝎 10.喜蛛 11.鞭蛛 12.伪蝎 13.跳蛛 14.秋麒麟蟹蛛 15.悉尼漏斗网蜘蛛

忙碌的鸟类

地球上生活着1万多种鸟类，它们栖息在湿地、荒原、海岸、森林和城市中。鸟类的生活十分忙碌，飞行会消耗大量能量，所以需要不停地进食来补充能量。

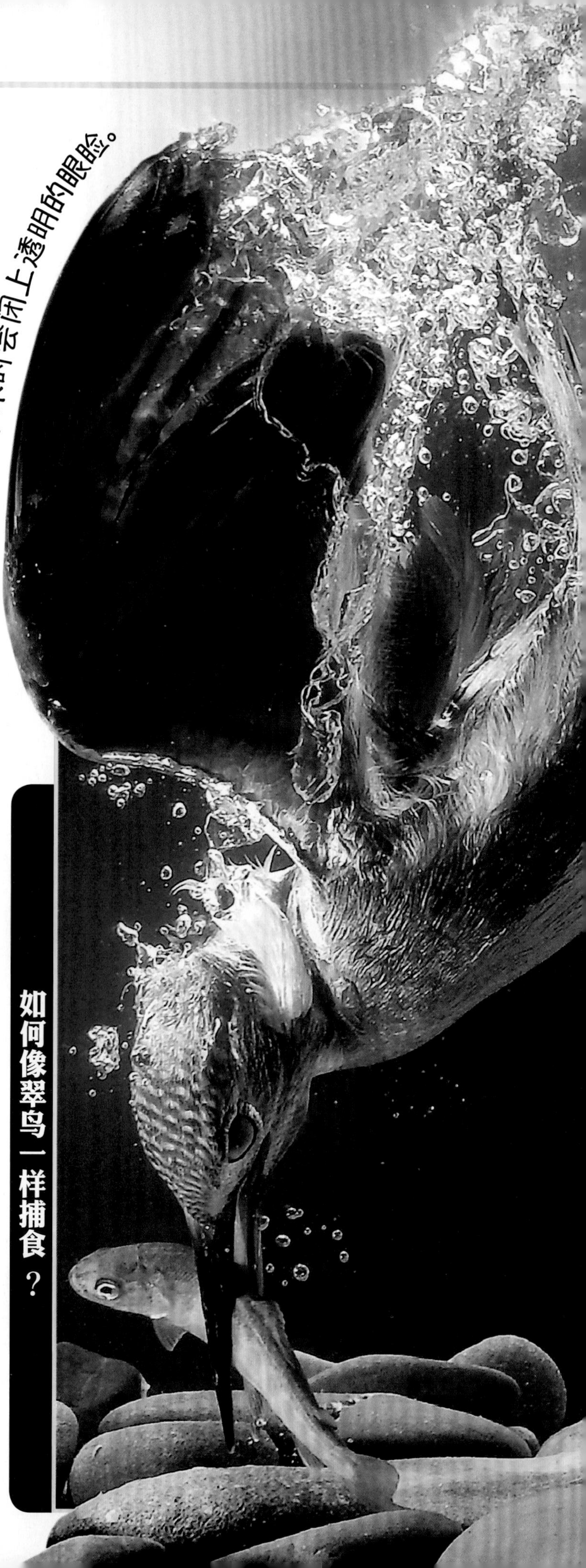
如何像翠鸟一样捕食？

翠鸟在下水时会闭上透明的眼睑。

什么是鸟类？

羽毛：所有鸟类的体表都覆盖有羽毛，大多只有腿和足是裸露的。
脊椎动物：鸟类是脊椎动物，它的颈椎骨数量比大多数脊椎动物都要多。
翼：鸟类的前肢进化成翼，但并不是所有鸟都会飞。
卵生：鸟蛋为成长中的胚胎提供保护和营养。

你知道吗？

1956年，人们给一只名叫“智慧”的5岁信天翁戴上了脚环，以追寻它的行踪。到2017年，人们发现这只鸟竟然还活着，它已经66岁了。

最小的鸟

世界上最小的鸟是吸蜜蜂鸟，目前只在加勒比海的古巴岛上发现了这种鸟类的踪迹。雄性吸蜜蜂鸟比雌性小，平均身长只有5.5厘米，体重也只有1.9克。

美丽的羽毛

鸟类的羽毛由角蛋白构成，动物的毛发、趾甲和爬行动物的鳞片中也含有这种物质。为了保暖，有些羽毛是蓬松的，但为了保持身体呈流线型便于飞行，大多数外层羽毛是扁平且坚硬的。

翎：鸟翅膀及尾巴上都长有长而硬的羽毛。

羽片：尖端有细钩的羽纤支将羽小支连接起来，构成了扁平的羽片。

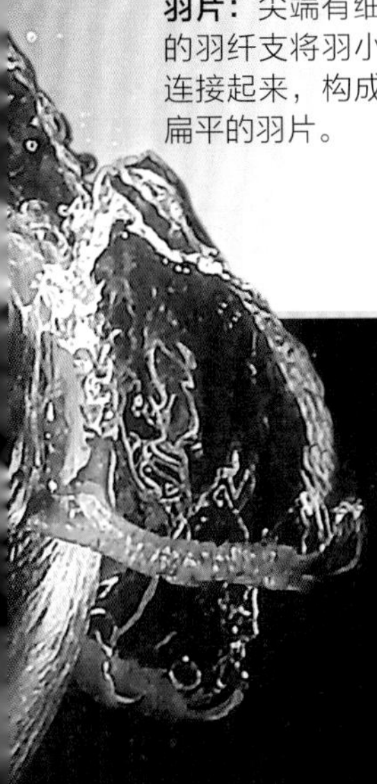

1. 先在水面上找好栖木，再在栖木上观察鱼的动静，并做好潜水的准备。

2. 当看见鱼游过时，迅速扎进水里，并将双翼向后收拢，使身体呈流线型。

3. 紧紧咬住鱼，然后钻出水面，回到栖木上就可以安心地享用美食了。

鸟类趣闻

- 这种来自南美洲的油鸱白天在洞穴里休息，晚上则和蝙蝠一样利用回声定位飞行。
- 鸟类的喙中有一种对地球磁场很敏感的矿物质，能帮它们在迁徙中导航。
- 一种名为斑尾塍鹬的鸟在迁徙途中创造了目前已知的最长鸟类直线飞行距离，达到了11 500千米。
- 信天翁的翼展可达3.65米，是所有鸟类中最长的。

会使用工具的鸟

有些聪明的鸟会使用工具来寻找食物。新喀鸦甚至会把树枝折成钩子的形状，以捕捉藏在树干中的昆虫幼虫。

奇怪的喙

鲸头鹳：这是一种生活在非洲沼泽地区的大型涉禽，它的喙很锋利，捕捉大鱼时能直接把鱼头咬下来。

琵鹭：这种鸟会将勺子状的喙放在水中左右扫动，以捕捉昆虫和虾类。

蜂鸟：这是一种小巧的南美洲鸟类，它的喙又细又长，喙里长而有褶的舌头能帮它吸取花朵中的汁液。

② 这种鸟通过在树枝上跳舞来炫耀它美丽的羽毛，并以此来吸引异性。

③ 这种鸟生活在中美洲，它的绿色长尾羽可长到1米，人们会用它的尾羽做祭祀时戴的头饰。

④ 这种水鸟因其深红色的羽毛而闻名，它会用长长的喙在泥土中啄食昆虫。

⑤ 这种鸟的喙很大，是它们捕鱼的好工具。

鸟类

① 这种鸟生活在亚马孙雨林中，它们只吃树叶。

欢迎来到鸟类的奇妙世界！大多数鸟类都善于飞行，它们自由地翱翔在陆地和海面上的广阔天空。除了鸟类，地球上现存的其他动物都没有羽毛。鸟类的外形都独具特色，你能认出这些鸟吗？

它的尾巴长得像竖琴。

⑥ 这种鸟以能模仿各种声音而闻名。从其他鸟的鸣叫声到汽车的鸣笛声，它都可以模仿。

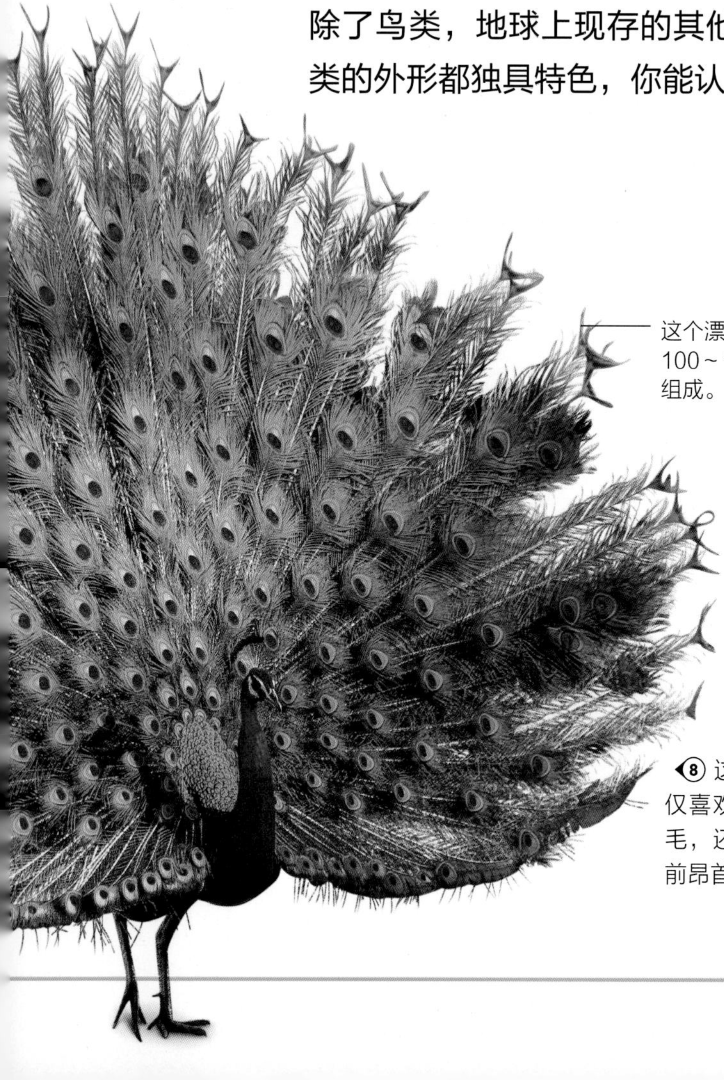

这个漂亮的尾屏由100～150根羽毛组成。

⑧ 这种鸟的雄性不仅喜欢炫耀自己的羽毛，还喜欢在雌性面前昂首阔步。

⑦ 这种不会飞的大鸟生活在新几内亚的热带雨林中。

⑨ 这种鸟因为捕食水中的虾类和浮游生物而使羽毛变成了粉红色。

这种鸟的头顶上方长着个巨大的盔突，并此得名。这个盔突外壳坚硬，内部空，有助于提高声。

⑪ 这种鸟的喙不仅色彩鲜艳，而且十分巨大，虽然看起来很笨重，但能帮助它们啄取浆果。

⑫ 这种鸟长着色彩斑斓的羽毛，十分锋利的爪子有助于它们攀爬树枝和抓捕猎物。

它的翼展可达104～114厘米。

自我评价

入门学徒

丹顶鹤
鸵鸟
火烈鸟
蓝孔雀
巨嘴鸟
鹈鹕

进阶学霸

葵花凤头鹦鹉
黄蓝金刚鹦鹉
几维鸟
鸸鹋
极乐鸟
华丽琴鸟

知识天才

美洲红鹮
南方鹤鸵
麝雉
凤尾绿咬鹃
双角犀鸟
灰冠鹤

⑬ 这种鸟在中国和日本家喻户晓，它们在求偶时会打鸣，甚至还会起舞。

⑭ 这种世界上体型第二大的鸟生活在澳大利亚内陆。

⑮ 这是一只来自澳大利亚的白色鹦鹉，它是一种很受欢迎的宠物，如果你不介意它的叫声很大，也可以养一只。

⑯ 它是世界上现存体型最大的鸟，也是用两条腿奔跑速度最快的动物，可达70千米/时。

它的翅膀虽大，力气却不足，所以飞不起来。

⑰ 这种鸟的名字源于它身上那一簇坚硬、呈扇状的金色羽毛。

红色的喉囊。

暗褐色的羽毛。

⑱ 这种鸟是新西兰的国鸟。它的喙尖且长有鼻孔，可以感知蠕虫的位置。

答案： 1.麝雉 2.极乐鸟 3.凤尾绿咬鹃 4.美洲红鹮 5.鹈鹕 6.华丽琴鸟 7.南方鹤鸵 8.蓝孔雀 9.火烈鸟 10.双角犀鸟 11.巨嘴鸟 12.黄蓝金刚鹦鹉 13.丹顶鹤 14.鸸鹋 15.葵花凤头鹦鹉 16.鸵鸟 17.灰冠鹤 18.几维鸟

① 楔形尾是这种鸟的标志性特征，可以帮助它在飞行时转弯。

② 这种鸟的翼和鹰翼相似，末端尖尖的。它生活在寒冷的针叶林中，能够在大雪中狩猎。

它的翼展可达1.8米。

④ 鱼的体表很滑，但是这种鸟的爪子尖利且带有弯钩，可以将鱼牢牢抓住。

③ 这种亚洲鸟体型很小，以昆虫和小鸟等小型动物为食。

猛禽

它们是空中的顶级猎手。这些长着羽毛的猎手都喜欢吃肉，有些喜欢吃已经腐烂的动物尸体（即腐肉），但大多数更喜欢活着的猎物，它们会用锋利的爪子和喙捕杀猎物。

⑥ 这种鸟的爪子大而有力，可以捕食亚马孙雨林中的树懒和猴子。

⑤ 作为体型较大的飞行鸟类之一，这种鸟可以在南美洲最长的山脉上空翱翔。

它的翼展可达3米多。

自我评价

入门学徒

黑白兀鹫
白头海雕
游隼
鱼鹰

进阶学霸

安第斯神鹫
蛇鹫
角雕
仓鸮

知识天才

红鸢
白腿小隼
雕鸮
猛鸮

⑦ 这种鸟的速度比任何其他动物都要快，在空中俯冲时的速度可达320千米/时。

它有长而柔软的耳状簇羽。

⑧ 这种鸟的体长约为75厘米，它最喜欢的猎物是兔子。它长着一双大大的眼睛，敏锐度是人眼的3倍，可以快速锁定猎物并进行抓捕。

它头部的羽毛是引人注目的白色。

它强壮的爪子可以抓鱼。

⑨ 美国的国徽和军徽上都有这种鸟。

心形脸。

⑩ 这种面庞白色的鸟听觉十分灵敏，能在黑暗中追踪老鼠和田鼠。

它强有力的钩状喙可以很容易地将肉撕下以及咬碎骨头。

⑪ 这种鸟的脖子是裸露的，非常适合直接伸进已经死亡的动物尸体里享用美食，根本不用担心弄脏羽毛。

这种长腿鸟身高可达120厘米。

⑫ 鸟类是如何捕蛇的？它们会像这只非洲鸟一样，用强有力的爪子直接将蛇踩死。

答案：1.红鸢 2.猛鸮 3.白腿小隼 4.鱼鹰 5.安第斯神鹫 6.角雕 7.游隼 8.雕鸮 9.白头海雕 10.仓鸮 11.黑白兀鹫 12.蛇鹫

爬行动物

爬行动物的皮肤坚硬，有鳞或甲，体温会受到外界温度的影响，是一种独特的动物。它们大多生活在热带森林和炎热干燥的沙漠中，但也有一些能适应气候较冷的栖息地，还有一些甚至能适应海里的环境，比如海龟和海蛇。

爬行动物的种类

鳄目动物

图中的恒河鳄体长可达7米，它是陆地上体型较大的爬行动物之一。

有鳞目动物

这类动物是爬行动物中最兴盛的群体，其种类主要包括有腿蜥蜴、无腿蜥蜴和蛇。

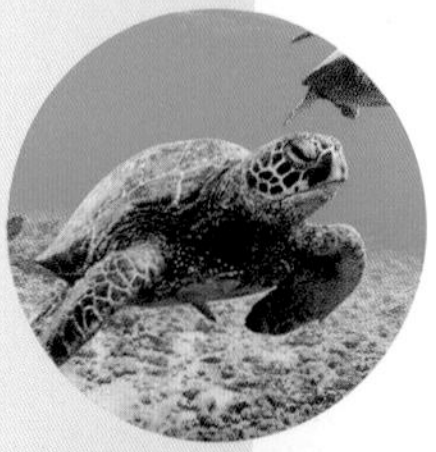

龟鳖目动物

海龟和陆龟这类龟鳖目动物都长有一个盾状的壳。

大蜥蜴

生活在新西兰的大蜥蜴是目前已知的恐龙时代唯一存活下来的爬行动物。

什么是爬行动物？

脊椎动物：所有的爬行动物都有脊柱和坚硬的骨骼。

冷血动物：爬行动物的体温取决于周围的环境。

卵生：大多数爬行动物都是卵生的，极少数是胎生的。

鳞片：坚硬的鳞片可以保护它们的身体。

鳄鱼身上长有骨板。

如何像鳄鱼一样捕猎？

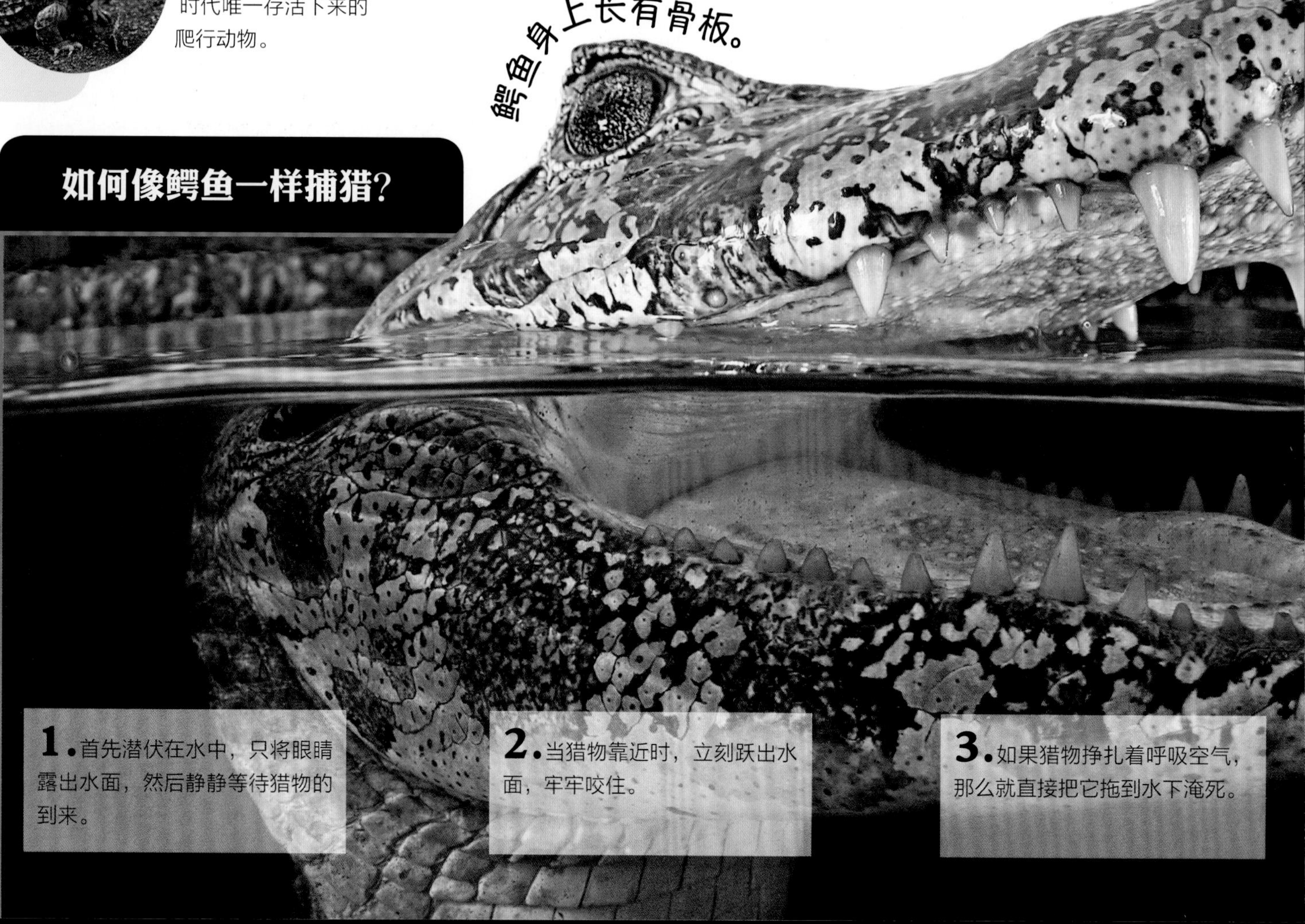

1. 首先潜伏在水中，只将眼睛露出水面，然后静静等待猎物的到来。

2. 当猎物靠近时，立刻跃出水面，牢牢咬住。

3. 如果猎物挣扎着呼吸空气，那么就直接把它拖到水下淹死。

防御策略

许多爬行动物会通过逃跑来躲避危险。生活在澳大利亚的伞蜥在躲避危险方面就有一个十分聪明的技巧。当遇到危险时，它会打开宽大的颈伞，使自己看起来更大，如果这还不能吓走入侵者，它就会立刻逃跑。

蜕皮

爬行动物的外层皮肤会随着时间的流逝而逐渐磨损，所以必须定期蜕皮，即脱去旧皮肤，长出新皮肤。蜥蜴的皮肤通常是一小块一小块地脱落，大多数蛇的皮肤则是整块脱落。

蛇通过摩擦粗糙的物体表面帮助自己蜕皮。

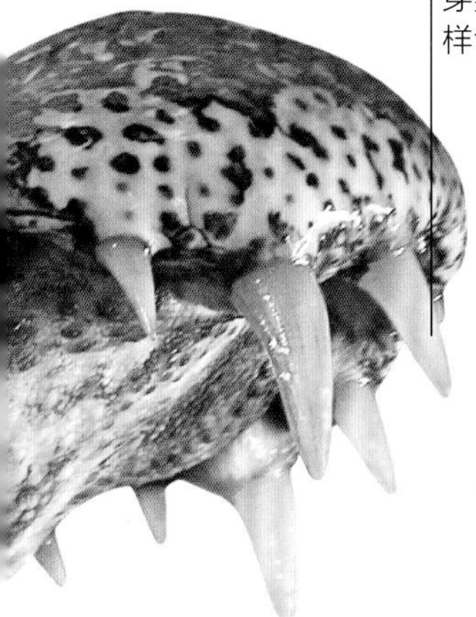

鳄鱼在捕食时牙齿是直接刺穿猎物的，而并不是像刀一样切割猎物。

防脱水功能

爬行动物的鳞片不仅可以保护皮肤免受伤害，还有助于阻止身体的水分流失。

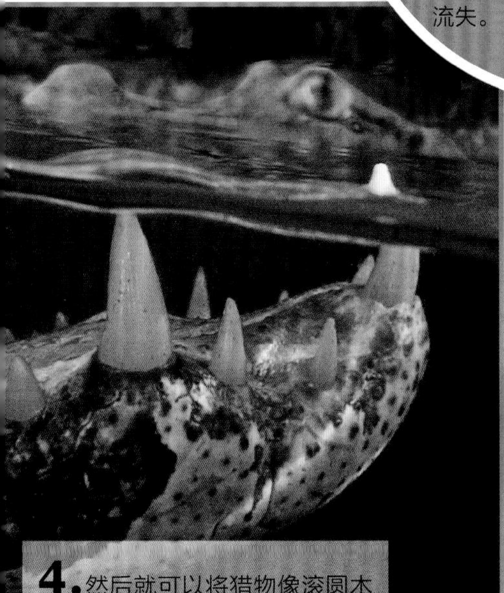

4. 然后就可以将猎物像滚圆木一样旋转一圈又一圈，直到把肉块撕扯下来。

你知道吗？

有些石龙子（一种蜥蜴）的血液是绿色的，这使得它们的心脏、骨头和舌头都是绿色的。

用数据说话

16 000牛顿

这是湾鳄的咬合力，足以咬碎人的头骨。

1 000米

这是棱皮龟所创造的最深潜水纪录。

9.5千米

这是科莫多巨蜥可以嗅到猎物气味的距离。

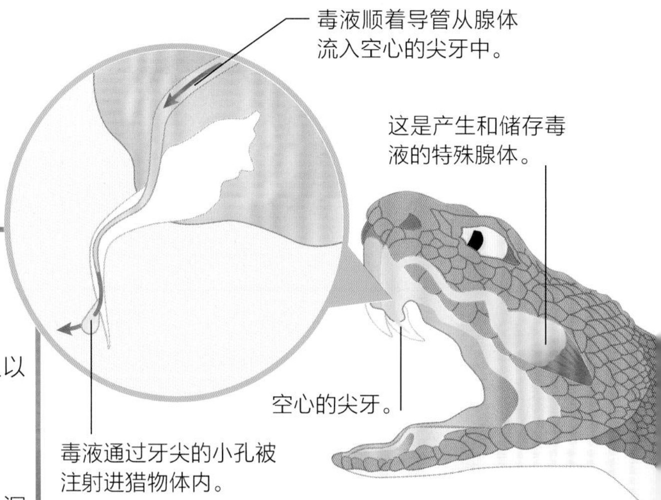

毒液顺着导管从腺体流入空心的尖牙中。
这是产生和储存毒液的特殊腺体。
空心的尖牙。
毒液通过牙尖的小孔被注射进猎物体内。

蛇是如何产生毒液的？

所有蛇类都是肉食性动物，它们大多都用毒液来杀死猎物。毒蛇把毒液储存在眼睛后面的腺体中，然后通过中空的毒牙将毒液释放出来。当毒蛇咬住猎物后，它们就会立刻把毒液注入猎物体内。

肌肉发达的尾巴能帮它攀缘树枝。

①虽然这种蜥蜴天生行动迟缓，但它长长的舌头轻轻一伸就能捕捉到昆虫。

这是它爬树用的长爪子。

②这种蜥蜴身上的绿色皮肤能让它完美地隐藏在南美洲的森林中。

③这种肉食性动物十分有耐心，它的舌头上有一种蠕虫状的肉质突起，能帮它把鱼引诱到张开的嘴里，然后它就会合上嘴享用美食。

粉色的诱饵。

④这种披着铠甲的蜥蜴能咬住尾巴，滚成一个带尖刺的球，并以此来抵御捕食者。

⑤这是世界上最大的蜥蜴，体长可达3米。它生活在印度尼西亚的小岛上，是那里的顶级掠食者。它们能猎捕大型动物。

匍匐前进

鳞片状的皮肤可能使爬行动物看起来像一种古老、稀有的动物，但事实上，它们的足迹遍布地球，并且大多数爬行动物是水陆两栖的。作为冷血动物，它们需要依靠温暖的阳光来使体温升高，然后才能自由地活动。

⑥这种蜥蜴的抓地力很好。它的指趾扁平，下方覆有黏性绒毛，有助于它攀爬和依附在光滑的表面上，比如天花板。

⑦这种巨兽来自亚洲，它的长颚里长着110颗锋利的牙齿，非常适合捕食鱼类。

尾巴可以帮助它在水中游动。

⑧这种蜥蜴生活在美国和墨西哥，是目前已知的两种有毒蜥蜴之一。它一旦咬住猎物，就绝不会松口。

⑨ 这种爬行动物生活在澳大利亚干燥的沙漠中，布满尖刺的皮肤是这种食蚁蜥蜴抵御捕食者的武器。

⑪ 这种大型水栖龟类生活在南美洲的河流中，它的鼻子呈管状，能帮助它在水下呼吸。

⑩ 这种看起来像史前动物的蜥蜴生活在新西兰。

它用锋利的爪子挖掘栖身的洞穴。

它的牙齿多达68颗。

⑫ 这种非洲爬行动物十分凶猛，它可以在水下捕食与斑马体型相近的大型猎物。

分叉的舌头能探测到猎物的气味。

⑬ 这种动物生活在科隆群岛上，是唯一一种以海藻为食的蜥蜴。它的体表颜色通常为黑色，但在繁殖季节，雄性的体表颜色会变成鲜艳的绿色或粉红色。

⑭ 这种动物以藻类为食，因此它体内脂肪的颜色与藻类的颜色相近。它的肢是鳍状的，可以帮助它在海中快速游动。

⑮ 这种爬行动物生活在马达加斯加岛上，它的名字源于它壳上独特的图案。

感觉无路可逃时，它就会自断尾巴，以分散捕食者的注意力。

自我评价

入门学徒

射纹龟
绿海龟
尼罗鳄
大壁虎
科莫多巨蜥

进阶学霸

恒河鳄
绿鬣蜥
海鬣蜥
豹变色龙
大鳄龟

知识天才

吉拉毒蜥
枯叶龟
澳洲刺角蜥
楔齿蜥
南非犰狳蜥

答案： 1.豹变色龙 2.绿鬣蜥 3.大鳄龟 4.南非犰狳蜥 5.科莫多巨蜥 6.大壁虎 7.恒河鳄 8.吉拉毒蜥 9.澳洲刺角蜥 10.楔齿蜥 11.枯叶龟 12.尼罗鳄 13.海鬣蜥 14.绿海龟 15.射纹龟

蛇类

蛇没有腿，但它们可以和其他爬行动物一样行动。蛇类的肌肉非常发达，不仅可以在地上移动，也可以爬树，有些甚至还会游泳。它们捕食其他动物时，会用身体将动物绞杀或用毒液杀死它们。试着辨认这些蛇，看看你能认出多少种。

① 这种美丽的蛇来自南美洲，体表颜色为绿色。大多数蛇类都是卵生，但这种蛇是胎生的。

它强大的颚部肌肉可以将小型哺乳动物和鸟类紧紧地咬住。

微微上翻的吻端帮助它在泥土中搜寻猎物。

② 这条被翻过来的蛇一动不动，身上散发出臭味，让捕食者误以为它已经死了很久，但其实这只是它最常用的诡计。

它身上的斑纹能帮助它在雨林中完美伪装。

④ 这是世界上最重的蛇，体重可达246千克，它生活在亚马孙河流域，大部分时间都待在水里。

这种蛇颈部的外皮能够伸张，这让它的体型看起来更大，从而吓退捕食者。

③ 小心！当这条蛇的颈部外皮伸张开时，就意味着它准备发动攻击了。

⑤ 这是欧洲许多国家生活着的唯一一种毒蛇，它的毒牙在不用时可以收起来。

身上有独特的锯齿形图案。

答案：1.翡翠树蚺 2.东部猪鼻蛇 3.印度眼镜蛇 4.绿水蚺（森蚺） 5.极北蝰 6.加蓬蝰蛇 7.基伍树蝰 8.西部菱斑响尾蛇 9.爪哇瘰鳞蛇 10.黑曼巴蛇 11.金黄珊瑚蛇 12.非洲食卵蛇

⑥ 这种蛇生活在非洲，它的毒牙长达5厘米，是世界上毒牙最长的蛇，分泌的毒液也是所有蛇类中最多的。

这条蛇身上独特的花纹能使它藏匿在落叶中而不被发现。

⑦ 这种毒蛇分布在中非地区，头部和颈部长满了尖尖的鳞片。

身上的鳞片可以让它轻松地爬上芦苇。

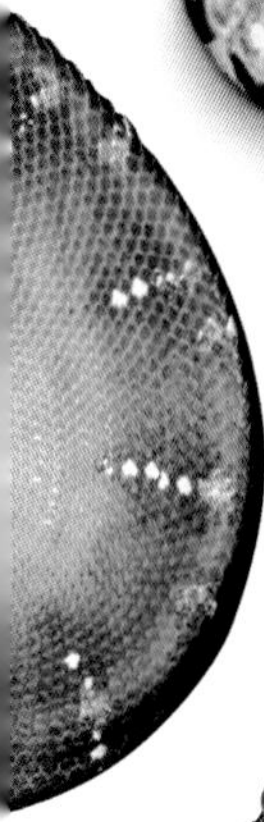

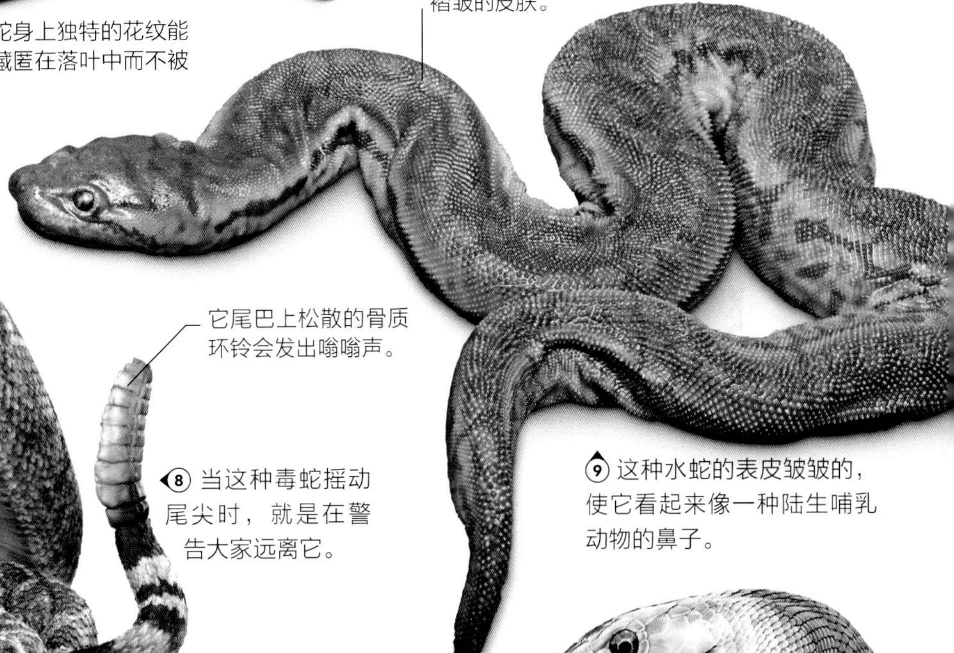

褶皱的皮肤。

它尾巴上松散的骨质环铃会发出嗡嗡声。

⑧ 当这种毒蛇摇动尾尖时，就是在警告大家远离它。

⑨ 这种水蛇的表皮皱皱的，使它看起来像一种陆生哺乳动物的鼻子。

它的名字与它嘴巴的颜色有关。

⑩ 这种生活在非洲的蛇可能是攻击速度最快的蛇类，同时也是一种致命的毒蛇。

它扭动着身体，挤碎蛋壳，然后吃掉蛋黄。

⑪ 这种蛇分布在美国，它的毒液能致命。身上的条纹颜色鲜艳，用来警告入侵者。

⑫ 这种蛇来自非洲，它会先将食物整个吞下，然后在胃里慢慢消化。

自我评价

入门学徒	进阶学霸	知识天才
印度眼镜蛇	极北蝰	**加蓬蝰蛇**
金黄珊瑚蛇	黑曼巴蛇	**翡翠树蚺**
西部菱斑响尾蛇	绿水蚺（森蚺）	**东部猪鼻蛇**
非洲食卵蛇	爪哇瘰鳞蛇	**基伍树蝰**

两栖动物

两栖动物指既可以生活在水中，也可以生活在陆地上的动物。大多数两栖动物的幼体在水中生活，发育成年后就开始两栖生活。大多数两栖动物都喜欢居住在潮湿的地方，因为它们需要把卵产在水中。

蛙类和蟾蜍有什么不同?

蛙

大多数蛙的皮肤都很光滑，后腿也很长，跳跃能力极佳。

蟾蜍

蟾蜍的身体矮胖，通常有粗糙的疣	状皮肤。大多数蟾蜍的腿都比蛙短，而且蟾蜍更喜欢走路而不是跳跃。

两栖动物的种类

蛙和蟾蜍

蛙和蟾蜍占据了两栖动物中的大多数种类。它们的后腿较长，既可以游泳、跳跃，也会挖洞。

蝾螈

这类动物的身体与蜥蜴相似，它们喜欢在地上奔走，有些甚至还会爬树。

蚓螈

这种蚯蚓状的热带无足类动物很擅长在土壤和落叶层中挖洞。

如何像树蛙一样捕猎?

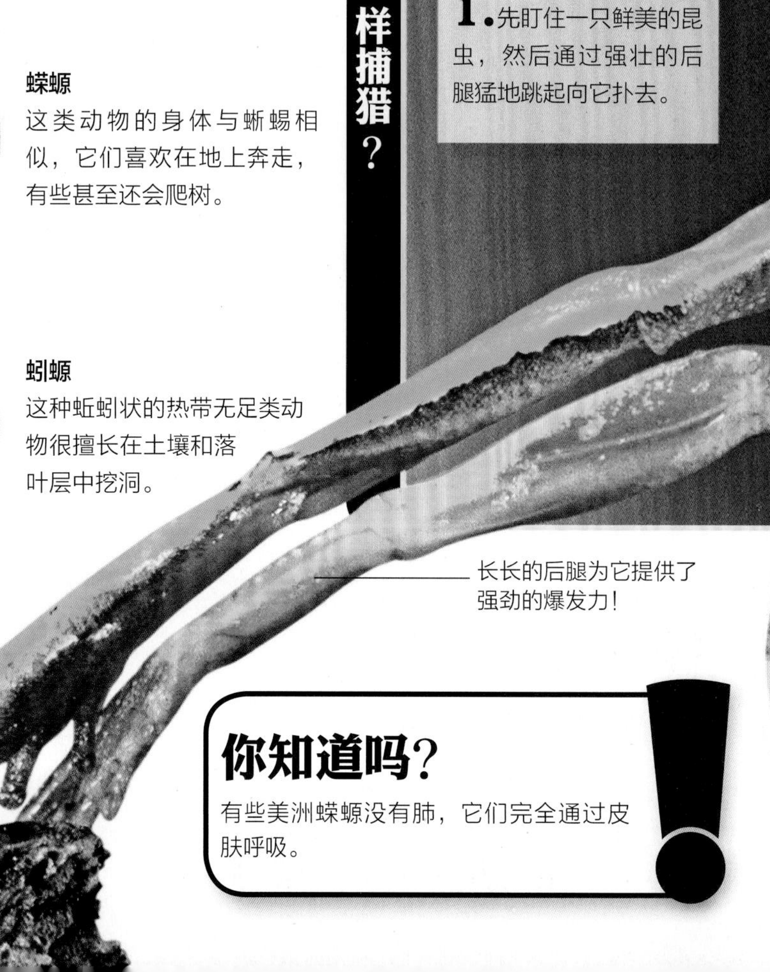

1. 先盯住一只鲜美的昆虫，然后通过强壮的后腿猛地跳起向它扑去。

2. 张开嘴，伸出长舌头捕捉猎物。

长长的后腿为它提供了强劲的爆发力!

你知道吗?

有些美洲蝾螈没有肺，它们完全通过皮肤呼吸。

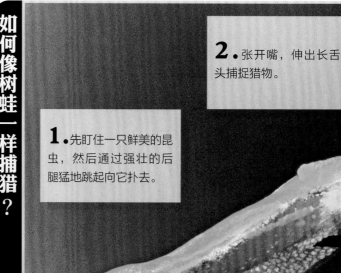

离我远点!

许多两栖动物的皮肤颜色都很鲜艳，这是它们给捕食者的警告，表明它们是有毒的，食用后可能会致命。

蛙类的生命周期

在欧洲和北美洲地区，大多数两栖动物都在水中产卵。而生活在热带雨林的两栖动物则经常在潮湿的地面上产卵。

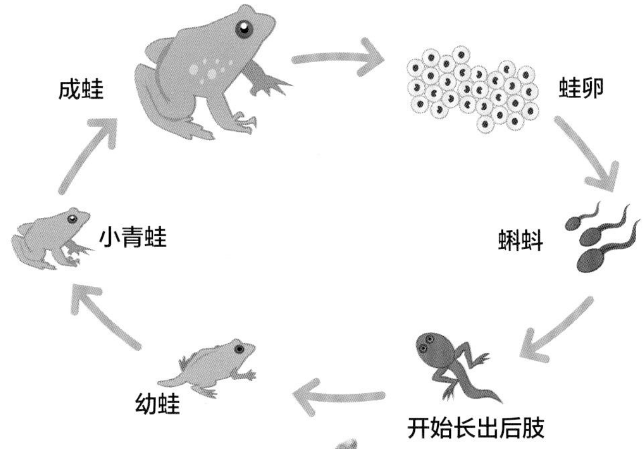

蝌蚪的故事

蛙类和蟾蜍会在水流湍急的河流中产卵，这些卵有特殊的吸盘，能吸附在岩石上不被水流冲走。

生活在南美洲的“矛盾青蛙”的蝌蚪体型比成蛙大很多，这些蝌蚪的体型会随着成长而逐渐变小。

有些箭毒蛙会把产下的卵背在背上。

有些树蛙会用腿打出泡沫，为它们的后代在树枝间筑起泡沫巢，这样可使蛙卵保持湿润。孵化出来的小蝌蚪会直接掉进树下面的池塘里。

3. 舌头上的黏液会将猎物紧紧粘住，然后迅速收回舌头，尽情享用美餐。

断肢再生

和蜥蜴一样，蝾螈的尾巴断掉后也能再长出来，并且蝾螈的再生能力更强。有些蝾螈在失去四肢后，甚至也能再长出来。

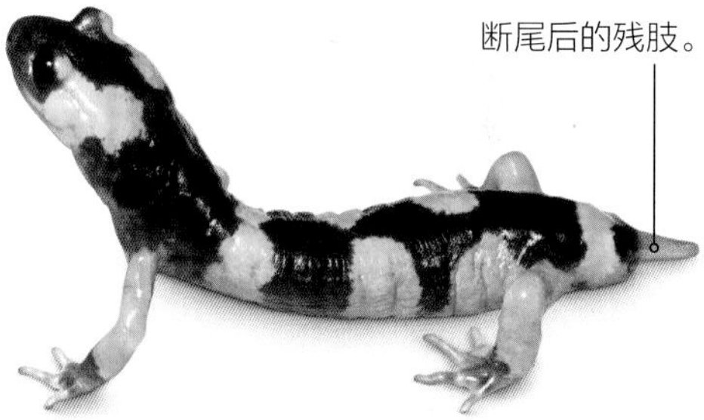

断尾后的残肢。

用数据说话

20 000颗
这是一只普通青蛙在繁殖季节的产卵数。

102只
这是1935年被引进澳大利亚的巨型海蟾蜍数量，现在它们的数量已经达到了数百万只，成为当地主要的“害虫”。

10个月
这是非洲牛箱头蛙在非常干旱的年份可以在地下存活的时间。

玻璃蛙

玻璃蛙分布在美洲热带地区，它的腹部皮肤是透明的，你不仅可以清晰地看到它们的骨骼，甚至还可以看到它们跳动的心脏。

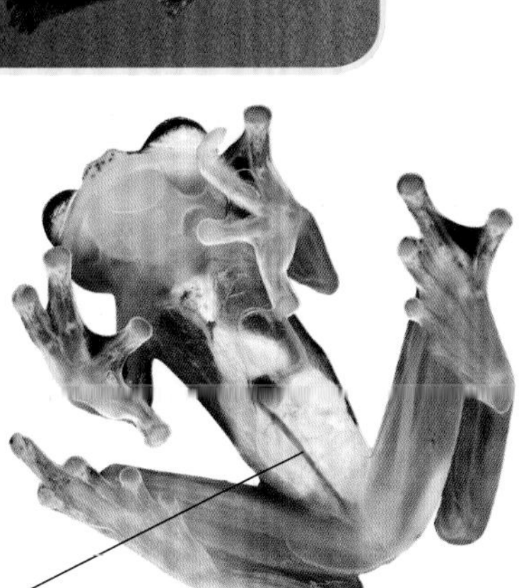

透过透明的腹部皮肤可以看到玻璃蛙红色的血管。

蹼足的作用就像降落伞，能减慢它下落的速度。

① 这种生活在热带雨林中的蛙用蹼足在空中滑翔。它的蹼足不仅可以用来游泳，还可以用来飞行。

头顶的绿色皮肤和
体底部的黄色皮肤
使它能在雨林中完
地伪装自己。

各有所长

两栖动物的皮肤柔软湿润，因此它们更喜欢生活在潮湿的地方。有些两栖动物擅长爬行，有些擅长跳跃，还有些甚至是游泳健将。你能认出哪些两栖动物呢?

② 这种南美洲的两栖动物体表颜色鲜艳，可以用来警告捕食者，它的皮肤中含有致命毒素，不要轻易捕食它。

它皮肤中的一点点毒素就能致人死亡。

它长有六个羽毛状外鳃。

③ 这种蝾螈的身体受伤或被截断后还能再长出新的器官和四肢。它头上的外鳃会保留到成年。

有很多小突起的背部使它看起来像某种巨大的爬行动物。

⑤ 这种亚洲两栖动物背部的橙色突起里含有毒素，遇到天敌时会释放。

橙色的蹼足。

它色彩鲜艳的眼睛一眨，就能将捕食者吓跑。

⑥ 这种中美洲蛙类喜欢爬到热带雨林的树上，它们脚趾上的吸盘可以帮助抓握。

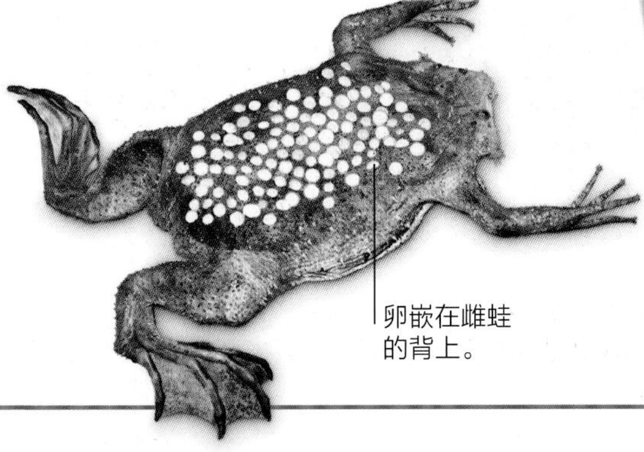

④ 这种南美洲的原始蛙类把卵存放在背部的皮肤上。

卵嵌在雌蛙的背上。

⑧ 这种两栖动物生活在欧洲北部的池塘里，雄性会通过跳舞和扇动尾巴来吸引异性。

它的足趾与蛙类不同，上面没有蹼。

黄色的腹部上长有黑色斑点。

这种褶边通常在它的繁殖季生长出来，且只有雄性才有。

⑦ 这种两栖动物看起来像一条鳗鱼，但它实际上是一条长有细小的腿的蝾螈，它的体长可达1.1米。

它的腿长约为2厘米。

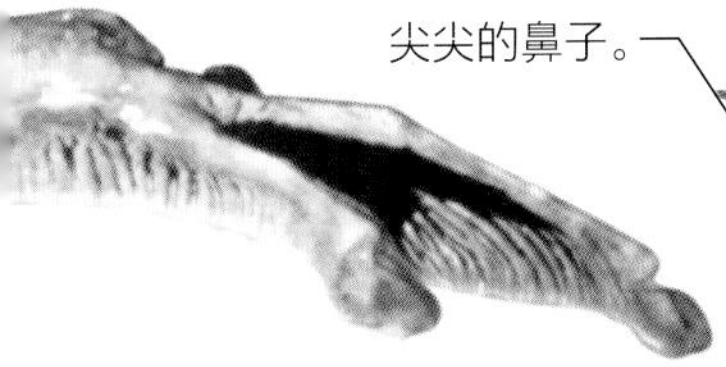

尖尖的鼻子。

⑩ 这种两栖动物长着一个尖尖的棕色脑袋，可以在阴暗的雨林地面完美地隐藏自己。

⑨ 这种两栖动物的嘴很大，能吞下鸟类和小型哺乳动物。

它的皮肤粗糙，长有疣。

它的足趾厚且坚硬。

⑪ 这种两栖动物的腹部有花斑，呈黑色与朱红色（或橘黄色）。这种鲜艳的颜色是在警告捕食者它是有毒的。

它背部的皮肤十分干燥。

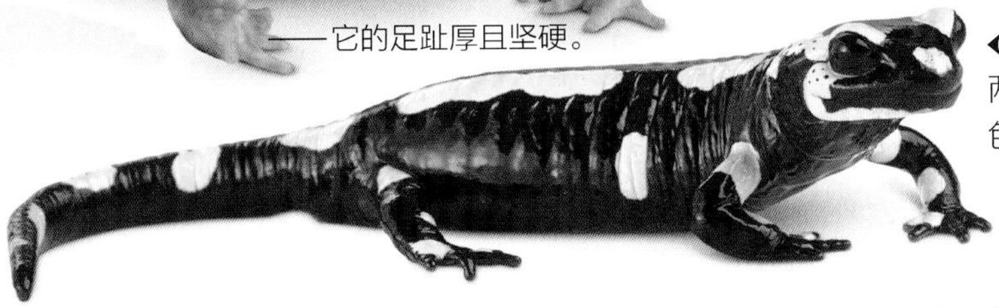

⑫ 这种生活在欧洲森林里的两栖动物长有毒腺，身体呈黑色，夹杂有黄色斑点或条纹。

⑬ 这是世界上体型第二大的两栖动物，它的体长可达1.4米。是生活在中国的体型最大的两栖动物的近亲。

⑭ 这种两栖动物不仅看起来像一条色彩斑斓的蠕虫，而且生活习惯也与蠕虫相似，它会在土里钻洞居住。

它的小触须有助于定位猎物。

⑮ 这种表皮呈血色的北美洲两栖动物没有肺，它完全通过皮肤呼吸。

自我评价

入门学徒

- 日本大鲵
- 东方铃蟾
- 箭毒蛙
- 红眼树蛙
- 黑掌树蛙

进阶学霸

- 美西螈
- 绿红东美螈
- 大冠蝾螈
- 火蝾螈
- 非洲牛箱头蛙

知识天才

- **两栖鲵**
- **三角枯叶蛙**
- **负子蟾**
- **蚓螈**
- **疣螈**

答案：1.黑掌树蛙 2.箭毒蛙 3.美西螈 4.负子蟾 5.疣螈 6.红眼树蛙 7.两栖鲵 8.大冠蝾螈 9.非洲牛箱头蛙 10.三角枯叶蛙 11.东方铃蟾 12.火蝾螈 13.日本大鲵 14.蚓螈 15.绿红东美螈

鱼类

鱼类的身体、鳍和鳃都呈流线型，非常适合在水中生活。有些鱼喜欢在水中游来游去，有些则喜欢潜伏在水底，每种鱼都有自己独特的水下生存方式。

鱼的种类

无颌鱼

世界上有120多种无颌鱼，比如上图的盲鳗。无颌鱼没有下颚，口如吸盘，里面长着一排排小牙齿。

硬骨鱼

大多数鱼类都是硬骨鱼，硬骨鱼的种类超过33 000种，比如上图的鲇鱼。大多数硬骨鱼的体内长有鱼鳔，有助于它们在水中上浮或下沉。

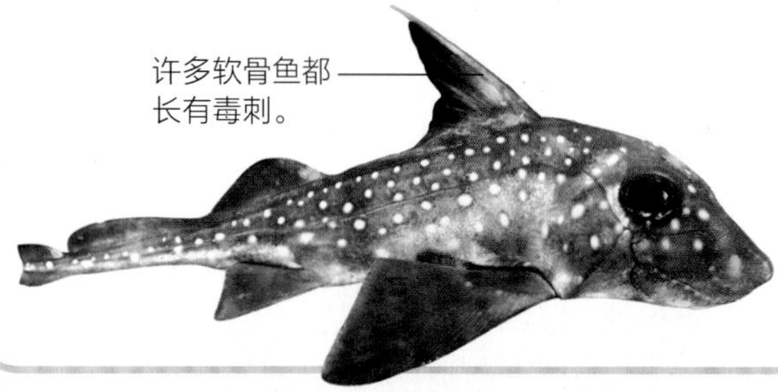

软骨鱼

有些鱼类的骨架由软骨构成，软骨是一种比骨头柔软的结缔组织。软骨鱼有1 200多种，鲨鱼、鳐鱼还有左图的银鲛都属于软骨鱼。

如何形成一个饵球？

1. 当感受到威胁时，同类鱼会互相靠近并向同一个方向游。

2. 然后这些鱼会紧紧靠在一起，从而形成一个大的、旋转的饵球，以此来迷惑捕食者，让捕食者很难找到单独的个体。

绕着饵球游动的鲹鱼和梭鱼。

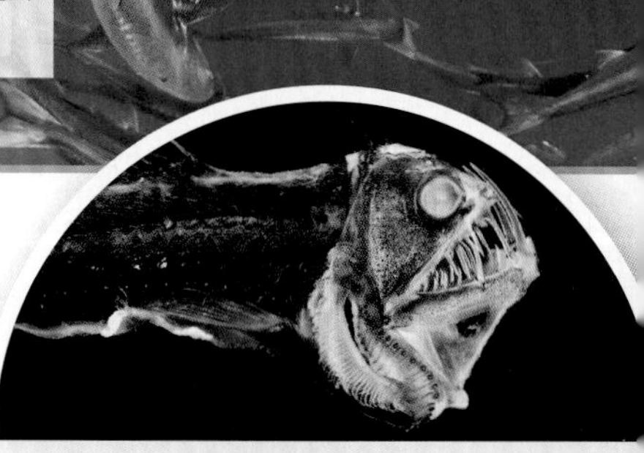

危险的深海

在食物匮乏的深海，蝰鱼长长的毒牙能牢牢地咬住猎物。

3. 继续前进，保持警惕。但鲹鱼是一种意志坚定的鱼类，时刻准备着潜入饵球进行捕食。

用数据说话

3亿颗
这是翻车鲀一次产卵的数量。

110千米/时
旗鱼是海洋中游动速度最快的鱼，这是它可以达到的最快速度。

8毫米
短壮辛氏微体鱼是世界上最小的鱼，这是它的身体长度。

雄鱼会将卵衔在口中30天左右，直到它们孵化成幼鱼。

养育方式

大多数鱼类在水中产下大量的卵后就不管不问了。但有些鱼会保护自己的卵，比如上图这种天竺鲷。

鱼鳞

菱形鱼鳞： 硬鳞鱼的身上长有一层紧密相连的鳞片，可以像盔甲一样保护它们。

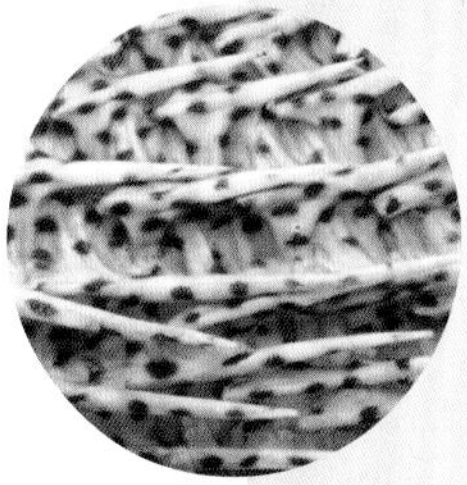

棘状鱼鳞： 刺鲀身上长有很多用于防御的棘，它在遇到危险时会膨胀身体，此时棘就会像小针一样伸出来。

齿状鱼鳞： 鲨鱼身上长着很多细小的齿状鳞片，所以鲨鱼的皮肤像砂纸一样粗糙。

鱼是怎样游动的?

鱼的身体呈流线型，它们大多拥有强健的肌肉，游动时肌肉收缩，拉动脊柱不断左右摆动，从而推动它们在水中前进。

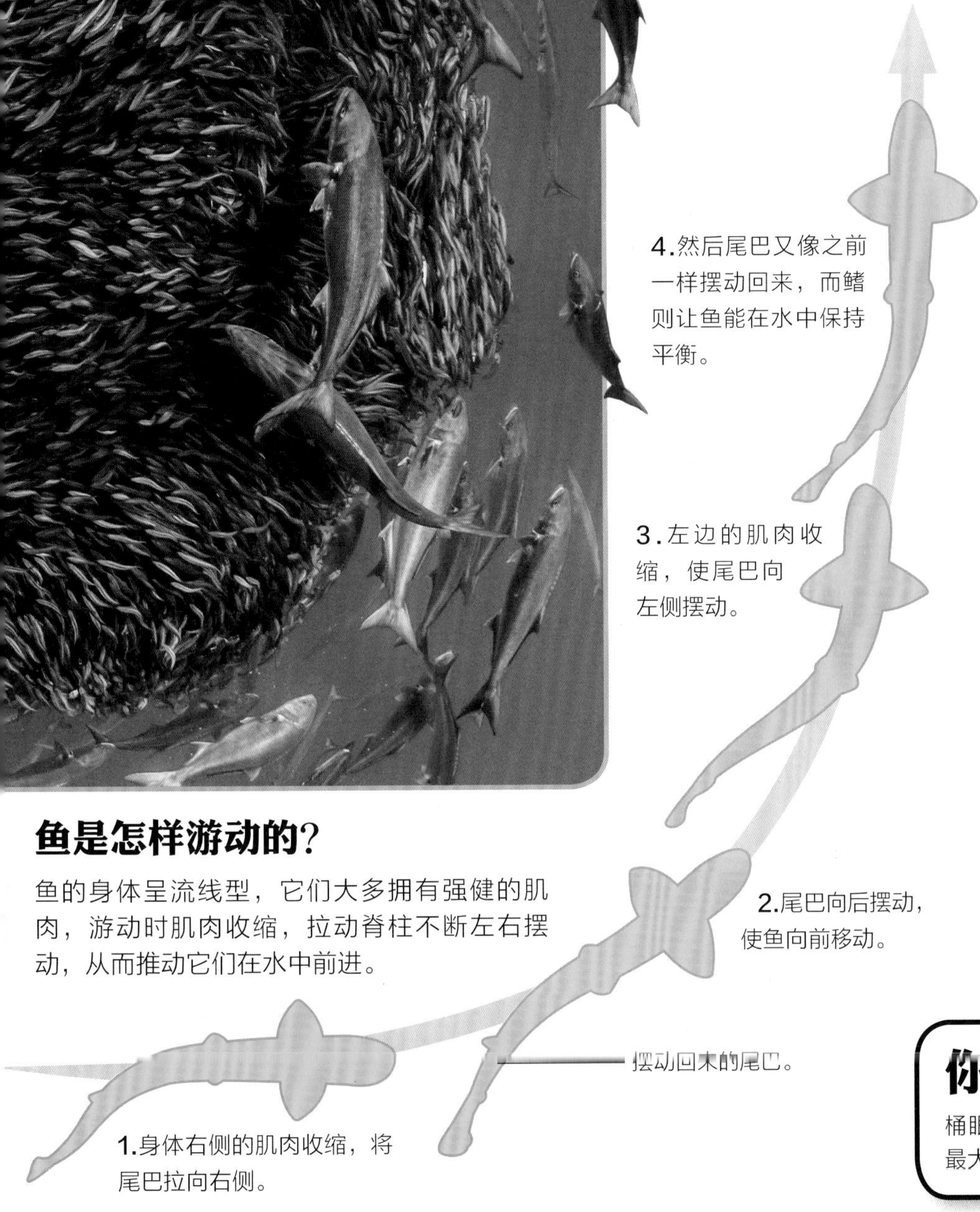

1.身体右侧的肌肉收缩，将尾巴拉向右侧。

2.尾巴向后摆动，使鱼向前移动。

摆动回来的尾巴。

3.左边的肌肉收缩，使尾巴向左侧摆动。

4.然后尾巴又像之前一样摆动回来，而鳍则让鱼能在水中保持平衡。

你知道吗?

桶眼鱼的头部是透明的，它的眼睛可以最大限度地接收光线。

①这种鱼原产于南美洲，又高又扁的体型便于它在水草丛生的水中穿梭。

它有像吸盘一样的嘴。

②这种鱼能像电池一样生成电脉冲，帮助它在浑浊的河流中找到前进的方向。它的吻部很像象鼻。

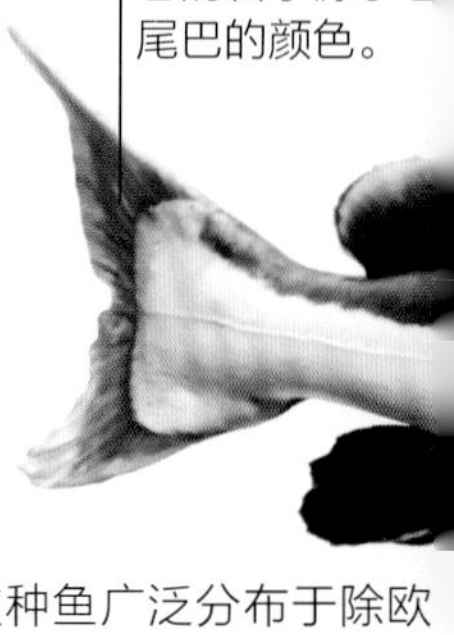

它的名字源于它尾巴的颜色。

呼吸孔。

③这种生活在欧洲的鱼嗅觉灵敏，身体与鳗鱼一样细长。它对血液的气味十分敏感，会用它圆形的、吸盘状的嘴捕食猎物。

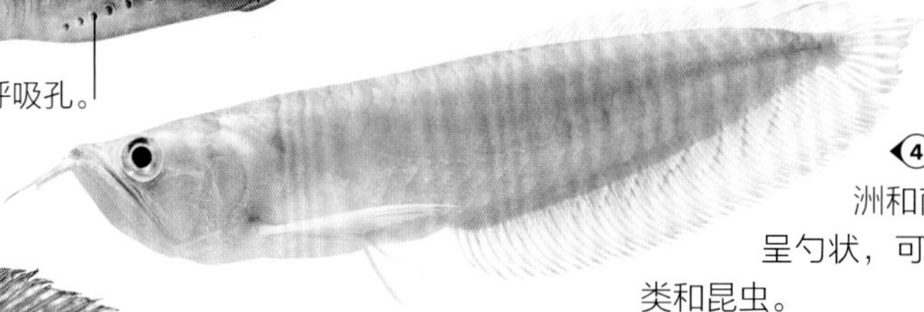

④这种鱼广泛分布于除欧洲和南极洲以外的各大洲，嘴呈勺状，可以跃出水面2米去捕捉鸟类和昆虫。

长长的背鳍。

⑤这种小鱼生活在东南亚的红树林沼泽中，其名字源于黑黄相间的条纹。

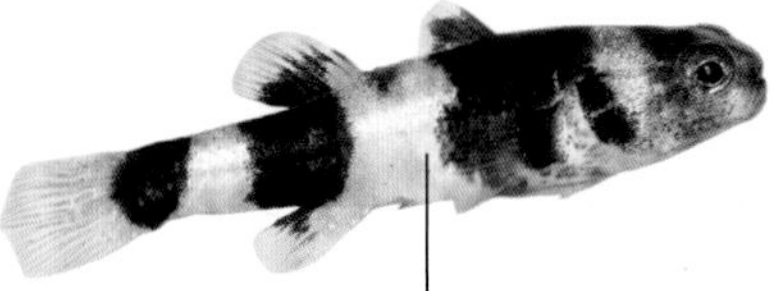

⑥这种非洲鱼的雌性是鱼类中不可多得的称职母亲，它会将卵含在嘴里，直至幼鱼孵化出来。

⑦这种漂亮的观赏鱼最早于19世纪初在日本开始人工培育。

它只有4厘米长。

独特的斑点。

⑧这种刀形鱼的波纹鱼鳍能帮助它向前游动。

淡水鱼

从河流到小溪，再到湖泊和池塘，淡水环境中生存着许多鱼类。有些鱼喜欢居住在流动的河流里，而有些则喜欢在平静的湖泊里生活。淡水鱼种类繁多，你能认出多少种呢？

⑨这种鱼通体为深橄榄色，这有助于它潜藏在水中的芦苇间，然后突然冲出，捕捉猎物。

它的体长可达1.5米。

⑩这种南美洲鱼类牙齿锋利，为了确保自身安全，它们会成群结队地出现在浅滩附近，有时还会一起觅食。

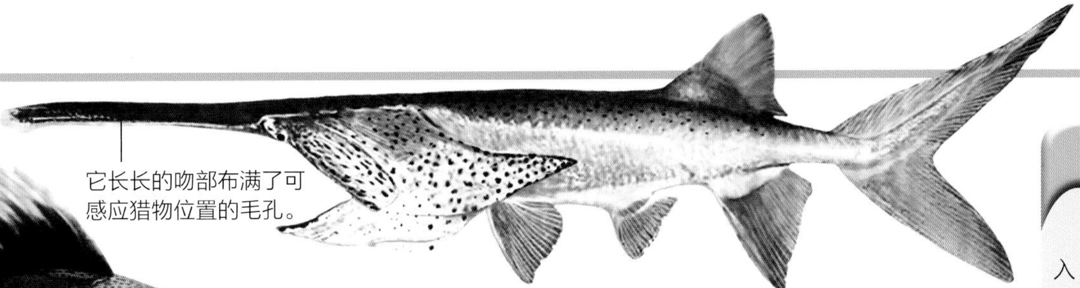

它长长的吻部布满了可感应猎物位置的毛孔。

⑪ 这种鱼目前只生活在北美洲地区，它在游动时会张大嘴巴捕食浮游生物。

⑫ 这种南美洲鱼类依靠触须在浑浊的水中摸索前进。

触须。

⑬ 这种鱼以好斗著称，数百年来一直在亚洲人工繁殖。它的鳍颜色艳丽，既可以用来吸引异性，又可以用来吓跑捕食者。

⑭ 这种北美洲鱼类的质量可达25千克，名字源于其身体上有一条棕红色的线。人们可以通过这条线来辨别它。

它的体长可达2.5米。

⑮ 这种鱼潜伏在亚马孙的沼泽中，它可以瞬间产生足以将人击昏的电流，输出的电压可达300～800伏。

臀鳍一直延伸到尾部。

因其红色的腹部而得名。

这双大眼睛让它能在黑暗的热带水域中看清猎物。

⑯ 这种受欢迎的观赏鱼身上的橙色会随着光线的强度而加深。

它的体长可达1.8米。

⑱ 大多数鱼类都只能在水下用鳃呼吸，但这种鱼在陆地上也可以呼吸。

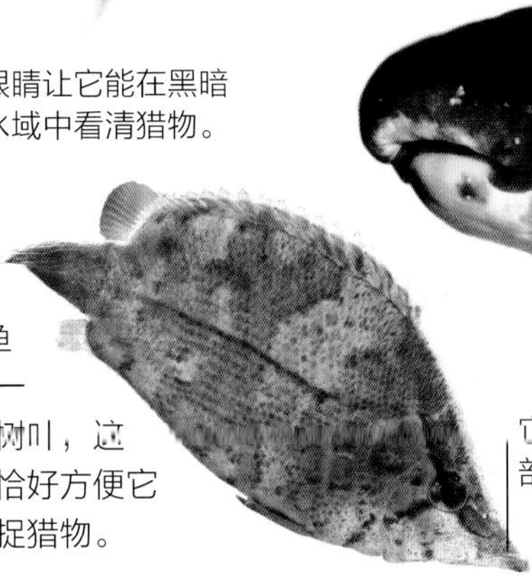

⑰ 这种鱼看起来像一片漂浮的树叶，这样的外表恰好方便它悄悄地捕捉猎物。

它游动时头部朝下。

入门学徒

- 金鱼
- 锦鲤
- 象鼻鱼
- 红腹食人鱼
- 神仙鱼
- 泰国斗鱼

进阶学霸

- 电鳗
- 虹鳟鱼
- 红尾鲇
- 蜜蜂鱼
- 双须骨舌鱼（银龙鱼）
- 叶鱼

知识天才

- **澳洲肺鱼**
- **狗鱼**
- **尼罗罗非鱼**
- **七鳃鳗**
- **匙吻鲟**
- **七星刀鱼**

答案： 1.神仙鱼 2.象鼻鱼 3.七鳃鳗 4.双须骨舌鱼（银龙鱼） 5.蜜蜂鱼 6.尼罗罗非鱼 7.锦鲤 8.七星刀鱼 9.狗鱼 10.红腹食人鱼 11.匙吻鲟 12.红尾鲇 13.泰国斗鱼 14.虹鳟鱼 15.电鳗 16.金鱼 17.叶鱼 18.澳洲肺鱼

① 这是一种身形像鱼雷的肉食性鱼类，它能够突然启动，然后用匕首般锋利的牙齿瞬间捕捉住猎物。

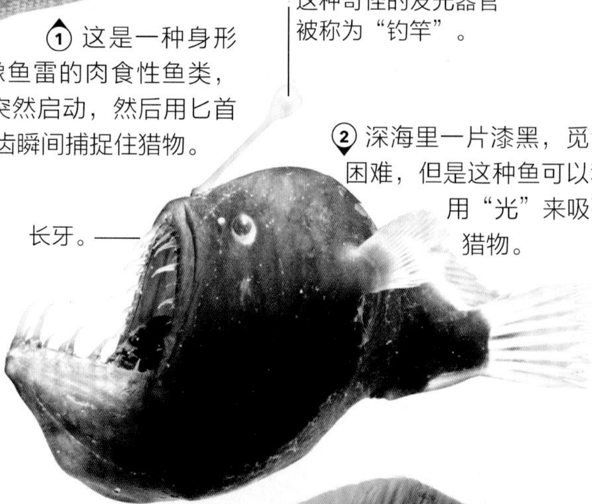

这种奇怪的发光器官被称为“钓竿”。

长牙。

② 深海里一片漆黑，觅食困难，但是这种鱼可以利用“光”来吸引猎物。

体长可达2米。

③ 人们曾认为这种有鳞鱼早在6 500年前就已经灭绝了，但在1938年，科学家们发现了活着的这种鱼。

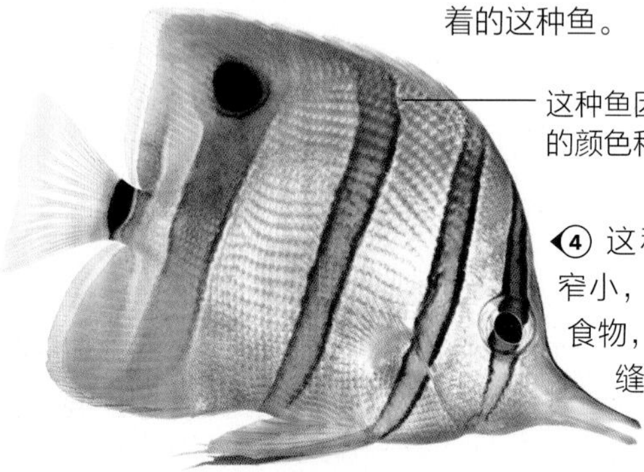

这种鱼因其皮肤上鲜艳的颜色和图案而得名。

④ 这种鱼的嘴巴虽然窄小，只能啃咬很小的食物，但很适合在岩缝中觅食。

它身上的蓝色斑点除了用来警告天敌外，还有着伪装和吸引异性的作用。

⑤ 这种鱼的尾巴上长有一根锋利的刺，可以向攻击者注射毒液。

有毒的刺。

它的嘴巴可以张得很大，这使它能吞下较大的猎物。

⑥ 这种大嘴巴鱼的鳍上长有毒刺。

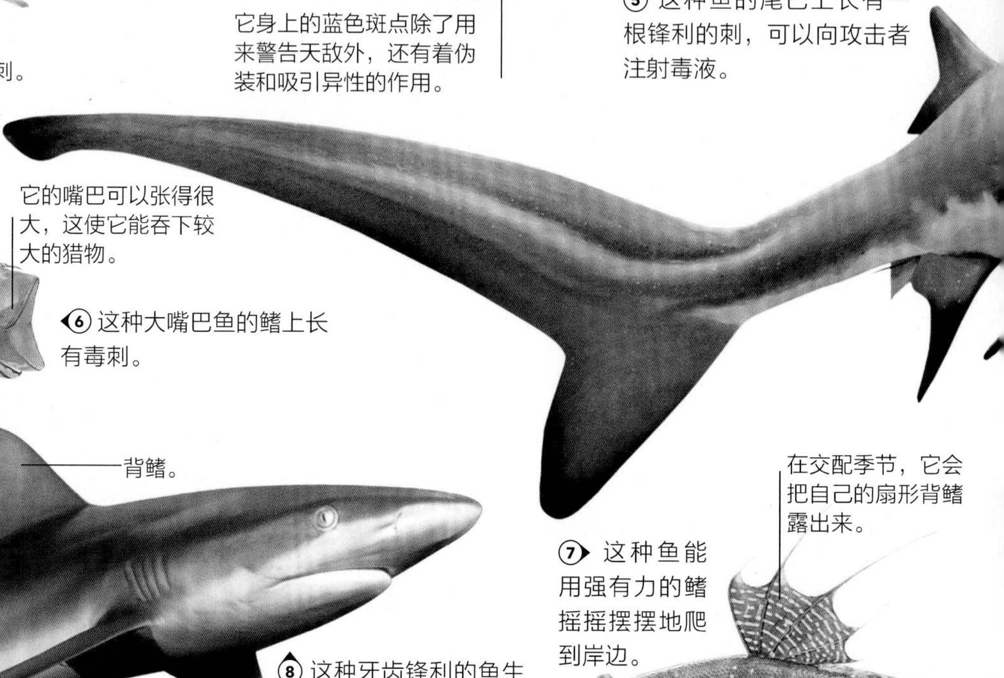

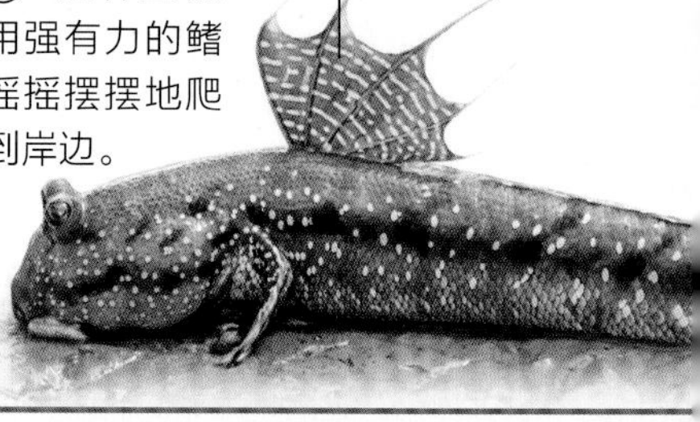

在交配季节，它会把自己的扇形背鳍露出来。

⑦ 这种鱼能用强有力的鳍摇摇摆摆地爬到岸边。

背鳍。

⑧ 这种牙齿锋利的鱼生活在热带珊瑚礁附近，我们可以根据尾鳍边缘的颜色来辨认它。

答案： 1.巴拉金梭鱼 2.深海琵琶鱼 3.腔棘鱼 4.蝴蝶鱼 5.蓝斑条尾魟 6.斑鳍蓑鲉 7.弹涂鱼 8.黑尾真鲨 9.小丑鱼 10.雪海马 11.花斑连鳍䲗 12.双髻鲨 13.鮣鱼 14.刺鲀 15.斑纹蛇鳝

海水鱼

世界上大约有33 500种不同的鱼类，其中大多数生活在海洋中。它们有些生活在黑暗而寒冷的海洋深处，有些生活在阳光能照射到的浅海海域，但大多数鱼类喜欢生活在色彩斑斓的珊瑚礁中。你能认出多少种海水鱼呢?

幼鱼。

⑩ 这种鱼的雄性会将鱼卵存放在自己肚子上的袋子里，直到卵孵化出幼体为止。

有毒的刺。

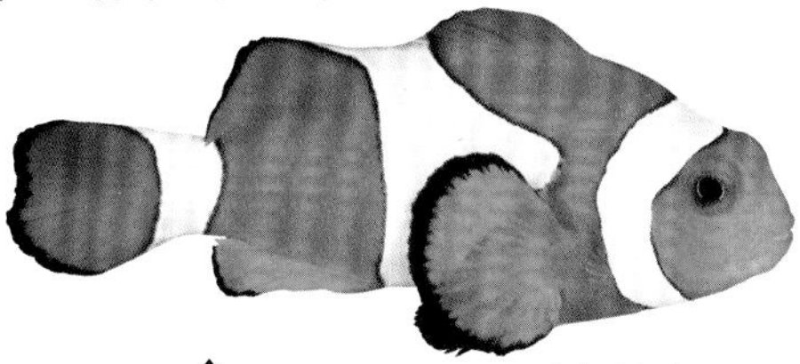

⑨海葵的触须是这种鱼的家园，它们的皮肤上有一层厚厚的黏液，可以保护它们不被海葵的触须刺伤。

⑪ 这种鱼的名字源于其奇特的体色，因其眼部轮廓酷似青蛙，又被称为“青蛙鱼”。

⑫ 这种鱼头部的形状独特，而且头上长满了特殊的传感器，能够探测到埋藏在沙子里的食物。

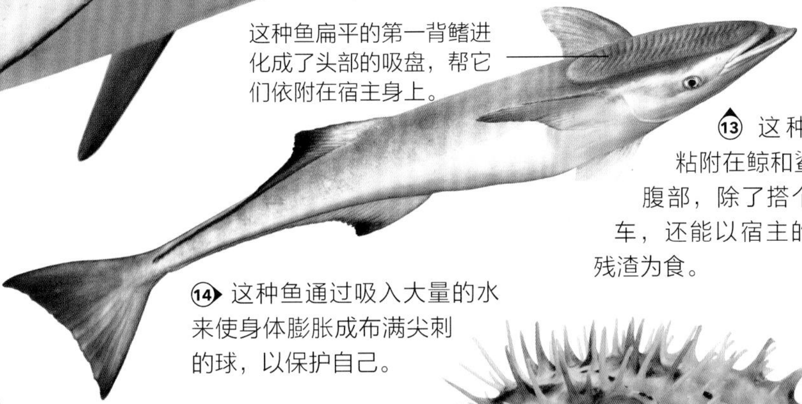
这种鱼扁平的第一背鳍进化成了头部的吸盘，帮它们依附在宿主身上。

⑬ 这种鱼能粘附在鲸和鲨鱼的腹部，除了搭个顺风车，还能以宿主的食物残渣为食。

⑭ 这种鱼通过吸入大量的水来使身体膨胀成布满尖刺的球，以保护自己。

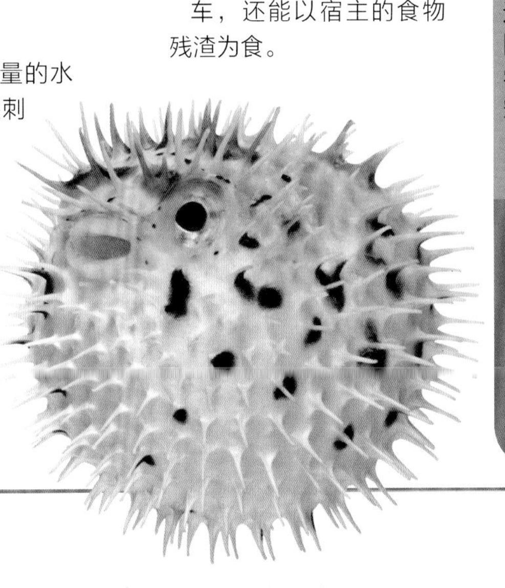

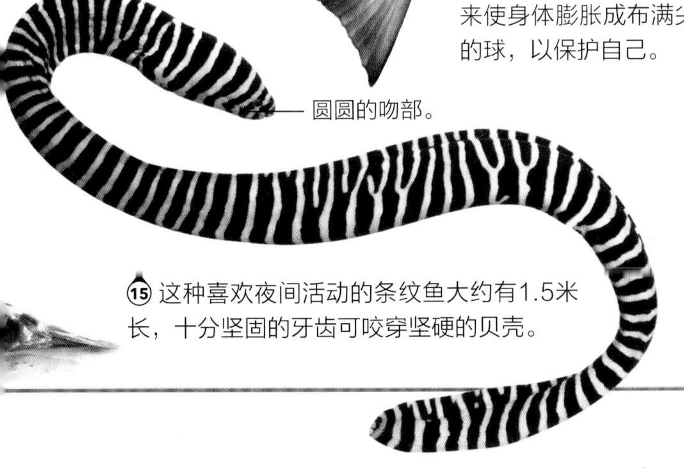
圆圆的吻部。

⑮ 这种喜欢夜间活动的条纹鱼大约有1.5米长，十分坚固的牙齿可咬穿坚硬的贝壳。

入门学徒
- 小丑鱼
- 蝴蝶鱼
- 管海马
- 刺鲀
- 双髻鲨

进阶学霸
- 斑纹蛇鳝
- 花斑连鳍䲗
- 深海琵琶鱼
- 弹涂鱼
- 斑鳍蓑鲉

知识天才
- **鲫鱼**
- **腔棘鱼**
- **蓝斑条尾魟**
- **巴拉金梭鱼**
- **黑尾真鲨**

先天性行为和学习行为

动物的**先天性行为**指的是动物不需要后天学习，生来就有的一种行为。比如，螳螂会本能地用前肢捕捉猎物，但是它从未学习过这种技能。

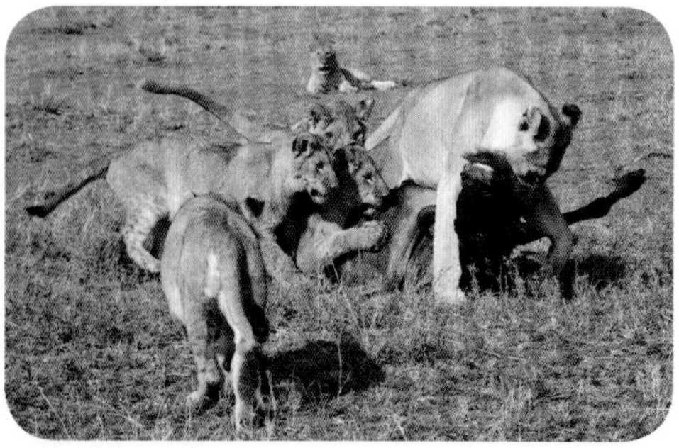

动物的**学习行为**是指动物在成长过程中通过学习建立起来的新行为。比如小狮子天生就有狩猎的本能，但为了获得更好的捕猎技能，必须跟在父母身边学习。

防御战术

动物会运用许多策略来保护自己免受捕食者的攻击。有些动物将它们的某些身体部位当作武器，比如角或爪子等；有些动物则会使用非常独特的自我保护策略，比如臭鼬会利用臭腺释放出一种臭味液体，以阻止捕食者靠近自己。

它身上的黑白条纹是在警告掠食者：我可是会分泌臭气熏天的液体的！

动物的智慧

无论是获取食物、躲避危险还是养育后代，动物的行为各不相同。有时动物会凭直觉行动，但有时它们也会学习。总而言之，所有的动物行为都主要由一个原因驱动，那就是在争斗不断的自然界中生存下去。

到蚁巢的路程有时长达30米。

切叶蚁切割树叶时形成的切口光滑而弯曲。

2. 体型较小的切叶蚁则待在树叶上观察四周的情况，以保护体型中等的切叶蚁在返回巢穴的途中不受捕食者的袭击。

共生

有时，不同的物种之间会互相帮助。牛椋鸟是一种十分特别的鸟，它会帮助斑马清理身上的吸血蜱虫，并在清理的过程中饱餐一顿。动物间的这种协作叫作互利共生。

会使用工具的动物

聪明的动物可以使用工具来帮助它们获取食物。比如这只小黑猩猩就正在学习用小棍子“钓”出多汁的白蚁。

用数据说话

6 000千米
这是一个生活在欧洲的阿根廷蚁群的活动范围。

100个
这是一只名叫亚力克斯的非洲鹦鹉会说的单词数。

20种
这是狐獴可以发出的警报声种类，不同的警报声表示不同的危险程度。

10秒
这是一只欧洲杜鹃在别的鸟类巢中产卵所需要的时间。

动物中的诡计大师

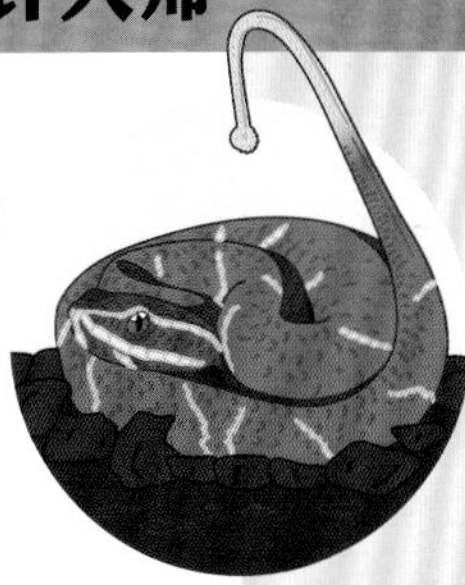

墨西哥蝮蛇：刚出生不久的墨西哥蝮蛇会摇动它们类似蠕虫的彩色尾巴来吸引猎物。

黑鹭：这种鸟在水面上张开翅膀，像伞一样制造出一片阴凉区域，以吸引鱼前来乘凉，然后再把这些鱼叼走。

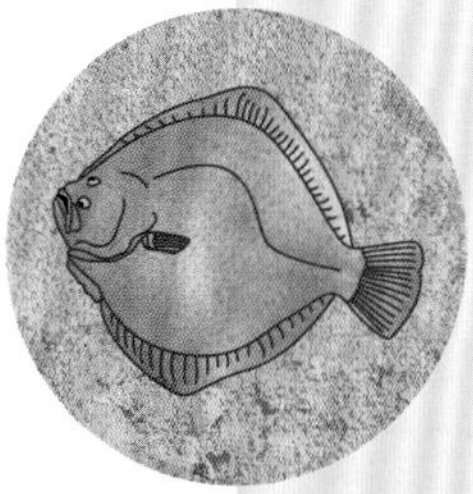

比目鱼：比目鱼能随着海底环境的颜色变化而改变体色，从而隐藏自己，躲避捕食者。

波西亚蜘蛛：这种蜘蛛能把自己伪装成一只被困在网里蠕动的昆虫，以便诱捕其他蜘蛛。

1. 体型中等的切叶蚁会先在森林里寻找适合的树叶，然后把叶子切成它们能携带的大小（切下的叶子质量通常是切叶蚁体重的20倍）。

这只切叶蚁正用强壮的上颚叼着树叶碎片。

3. 最大的切叶蚁守卫在蚁巢中，最小的切叶蚁则负责为用来种植真菌的“培养园”添加树叶碎片。真菌是用来喂养切叶蚁幼虫的。

动物的脚印

看，那里有一只动物，但它是什么呢？许多动物都很神秘，它们小心翼翼地不让自己被发现。但当它们在泥地、沙地或雪中行走时，就不得不留下痕迹。有些痕迹让人很容易就能辨认出是什么动物留下的，但有些痕迹并不好辨认。

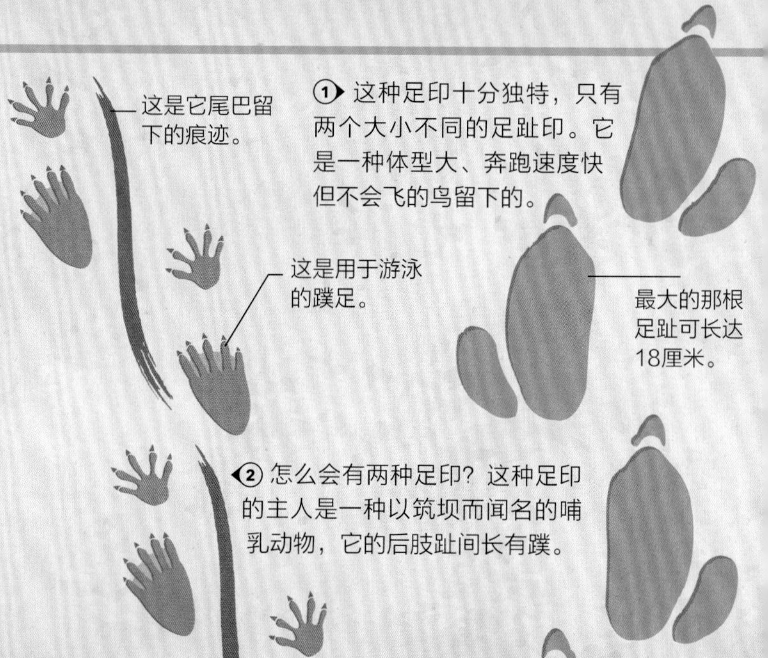

这是它尾巴留下的痕迹。
这是用于游泳的蹼足。
最大的那根足趾可长达18厘米。

① 这种足印十分独特，只有两个大小不同的足趾印。它是一种体型大、奔跑速度快但不会飞的鸟留下的。

② 怎么会有两种足印？这种足印的主人是一种以筑坝而闻名的哺乳动物，它的后肢趾间长有蹼。

这种张开的足趾有利于保持身体平衡。
这种动物足趾间的腺体会留下气味，以便其他同类跟随。
这是大约7厘米长的趾甲留下的踪迹。

它的前足比后足小。
在爬树时，它的后足会用力向后蹬踏。
它走路时爪子也会留下痕迹。

③ 从足印来看，这种动物的蹄状足从中间分开，有两个足趾。

④ 我们在城市中经常能看到这种长着羽毛的动物。它有四根足趾，三根在前，一根在后。它的踪迹很常见。

⑤ 这是谁留下的足印？这些巨大的平足足印属于一种毛茸茸的大型哺乳动物，这种动物在美洲的数量最多。

⑥ 这种树栖啮齿动物在四处寻找坚果和种子等食物时，会留下这些痕迹。

⑦ 虽然这种哺乳动物大部分时间都生活在海里，但它也能在陆地上活动。在陆地上时，它会通过鳍状肢拖动庞大的身体移动。

鳍状肢留下的痕迹。

自我评价

入门学徒	兔 狗 鸽子 老鼠
进阶学霸	熊 响尾蛇 鹿 鸵鸟 松鼠
知识天才	**鳄鱼** **海豹** **企鹅** **海狸**

它尾部末端的角质环会留下独特的痕迹。

⑧ 这种爬行动物在穿越沙漠时，蜿蜒的身体会留下这种波浪形的痕迹。

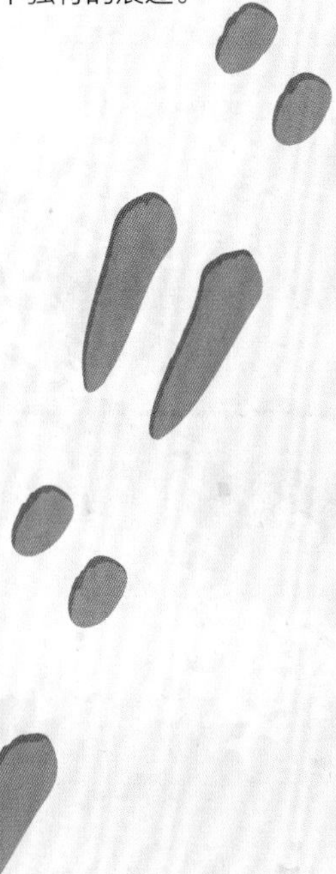

⑨ 这只毛茸茸的小动物一感到危险就会逃跑。它的后腿长而有力，奔跑起来速度很快。

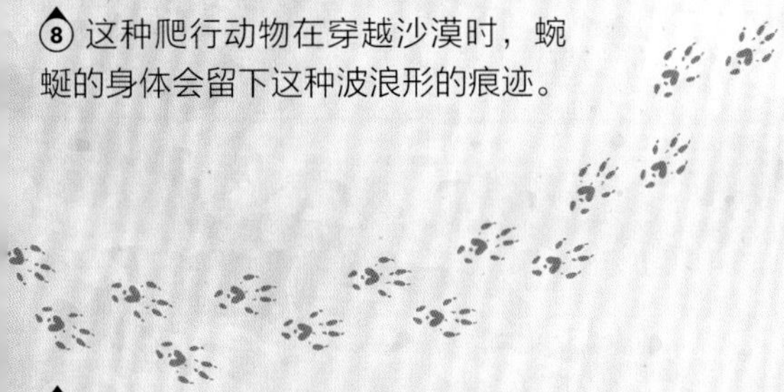

⑩ 这些痕迹属于一种常见的“害虫”。作为偷渡者，这种动物的身影几乎遍布世界。

当这种动物匍匐前进时，就会形成自己独有的痕迹。

⑫ 这种动物是体型较大的爬行动物之一，它在移动时总是拖着一条又长又重的尾巴。

它的后脚趾间长有蹼。

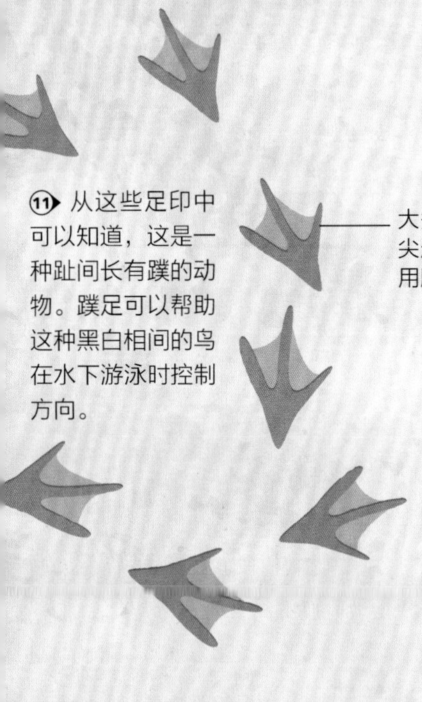

⑪ 从这些足印中可以知道，这是一种趾间长有蹼的动物。蹼足可以帮助这种黑白相间的鸟在水下游泳时控制方向。

大多数鸟类都用足尖走路，但这种鸟用脚掌走路。

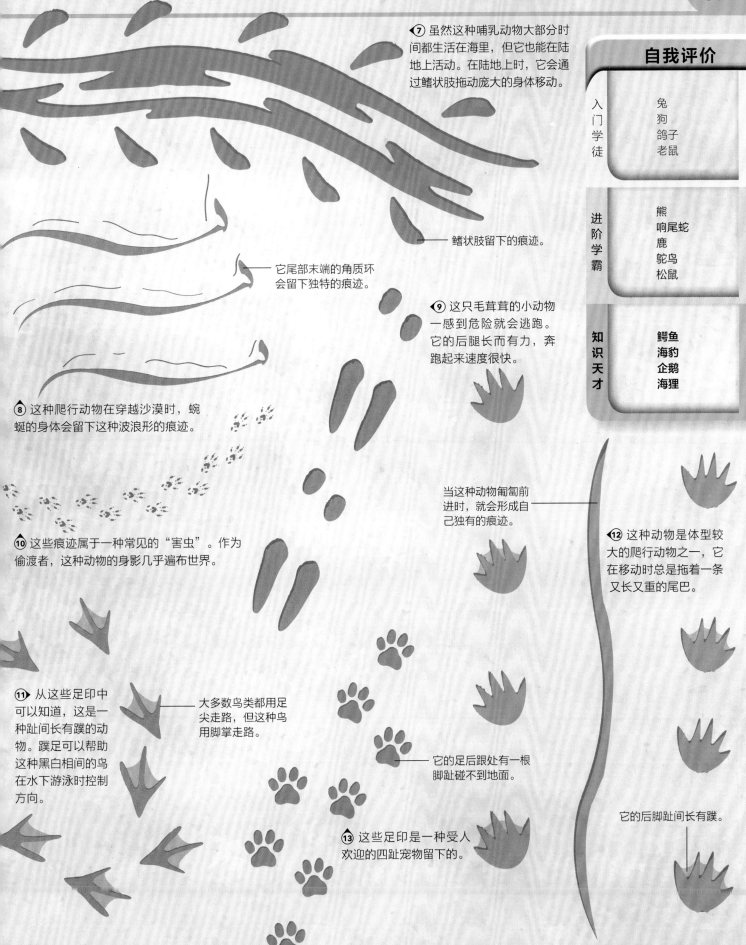

它的足后跟处有一根脚趾碰不到地面。

⑬ 这些足印是一种受人欢迎的四趾宠物留下的。

答案：1.鸵鸟 2.海狸 3.鹿 4.鸽子 5.熊 6.松鼠 7.海豹 8.响尾蛇 9.兔 10.老鼠 11.企鹅 12.鳄鱼 13.狗

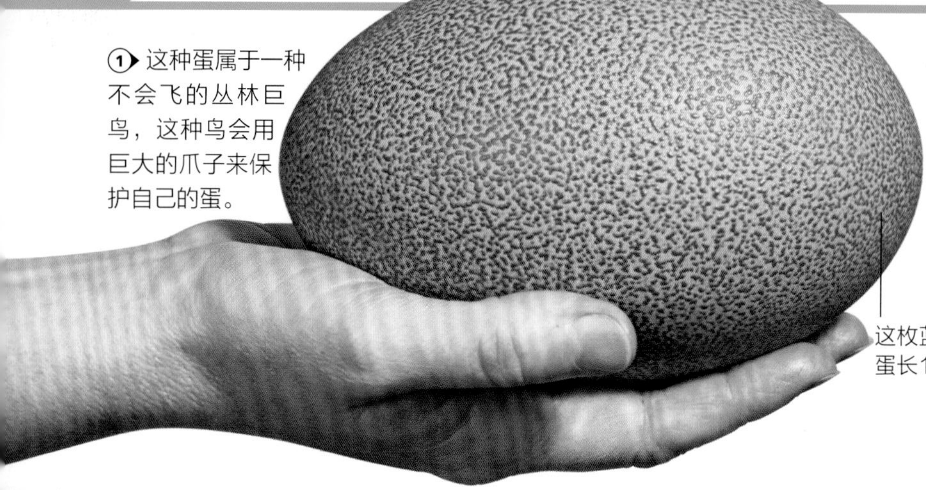

①这种蛋属于一种不会飞的丛林巨鸟，这种鸟会用巨大的爪子来保护自己的蛋。

这枚蓝绿色的蛋长14厘米。

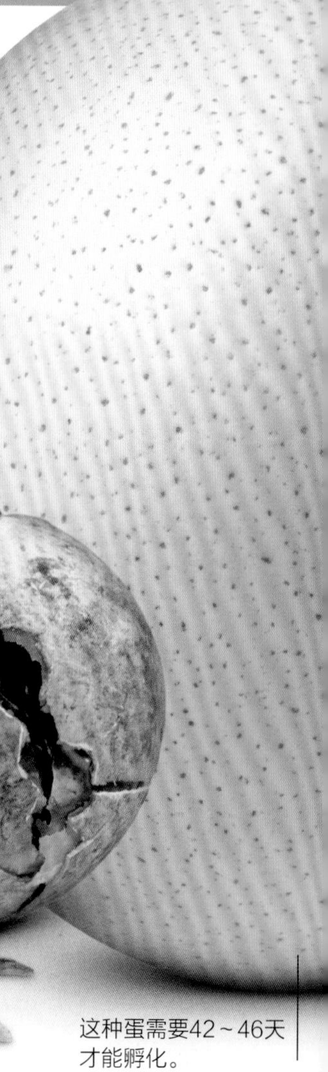

②这种蛋是目前已知世界上现存最大的鸟类产下的，重达1.4千克。

这种蛋需要42～46天才能孵化。

自我评价

入门学徒

鸡
鸵鸟
日本鹌鹑
大杜鹃
七星瓢虫
蛙
恐龙

进阶学霸

虹鳟鱼
鹤鸵
帝企鹅
旅鸫
疣鼻天鹅
豹纹陆龟
玉米锦蛇

知识天才

点纹斑竹鲨
凤头鹈
普通海鸦
豹纹壁虎
鱼鹰
针鼹
庭园蜗牛
欧歌鸫

③这种动物生活在寒冷的南极洲，所以它会把蛋直接产在南极洲周围的岛屿上。

这种蛋的父亲会将蛋放在足上，然后用温热的腹部来加速孵化。

④产下这种蛋的动物以其悦耳的鸣叫声而闻名。

蛋和卵

鸟类产下的蛋外壳坚硬，壳中是一只等待孵化的小动物。当鸟爸爸、鸟妈妈坐在上面孵化它们时，坚硬的外壳可以防止蛋破裂。大多数鱼类、昆虫和爬行动物也产“蛋”，只不过它们产下的“蛋”与带壳的蛋看起来很不一样。

⑤几乎所有会产蛋的动物都是长着毛的非哺乳动物，但这种蛋是一种长着尖刺的哺乳动物产下的。

⑧这种蛋的母亲将蛋产在其他鸟类的巢里，由于看起来和巢中其他的蛋没有区别，所以鸟巢主人不会注意到。

这种蛋以其蓝色的外壳而闻名。

⑥容纳这种蛋的巢由一种胸部羽毛颜色鲜艳的鸟用树枝、草和羽毛搭建。

⑦这种捕食鱼类的猛禽将巨大的巢搭建在高高的树上，然后将它们的蛋产在巢里。

与其他爬行动物的蛋不同，它的蛋壳较薄，壳面相对光滑。

⑨这是南非的一种动物产下的蛋。这种蛋在较高温度下会孵化出雌性幼崽，在较低的温度下则会孵化出雄性幼崽。

答案：1.鹤鸵 2.鸵鸟 3.帝企鹅 4.欧歌鸫 5.针鼹 6.旅鸫 7.鱼鹰 8.大杜鹃 9.豹纹陆龟 10.恐龙 11.疣鼻天鹅 12.豹纹壁虎 13.鸡 14.凤头鹈 15.普通海鸦 16.玉米锦蛇 17.七星瓢虫 18.庭园蜗牛 19.日本鹌鹑 20.点纹斑竹鲨 21.虹鳟鱼 22.蛙

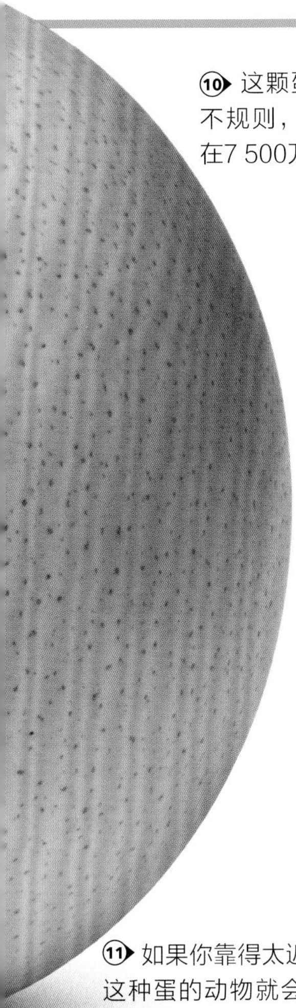

⑩ 这颗蛋的形状很不规则，它已经存在7 500万年了。

水中产卵

生活在水中的动物产下的卵与生活在陆地上的动物产下的卵区别很大。

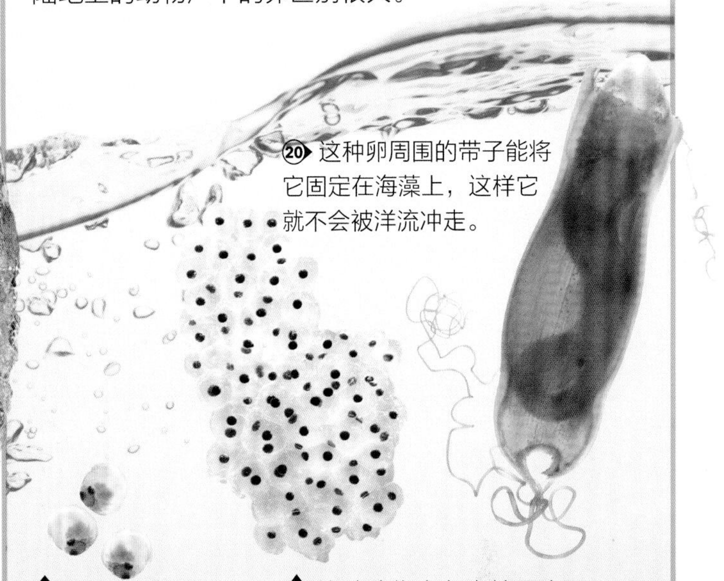

⑳ 这种卵周围的带子能将它固定在海藻上，这样它就不会被洋流冲走。

㉑ 这种动物的雌性会将成千上万的卵产在水塘的砾石上，然后任其自生自灭。

㉒ 这种动物会在水塘里产下大量果冻状的卵，然后这些卵会孵化成会游泳的幼体，最后发育成会跳跃的两栖动物。

⑪ 如果你靠得太近，产下这种蛋的动物就会扇动巨大的翅膀攻击你。

⑫ 从这颗蛋中孵化出来的幼崽身上有条纹，但长大后会变成有斑点的爬行动物。

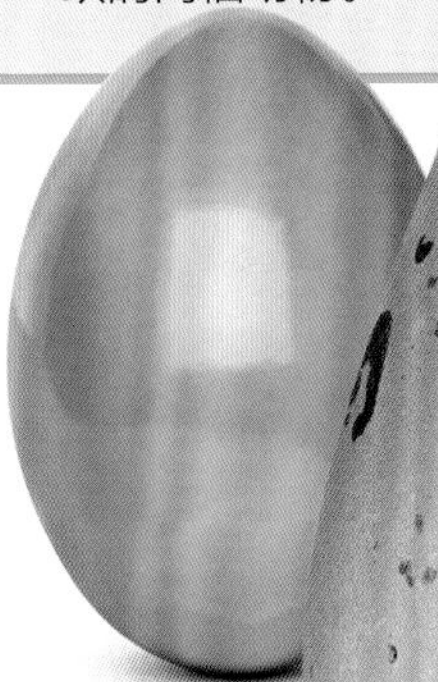

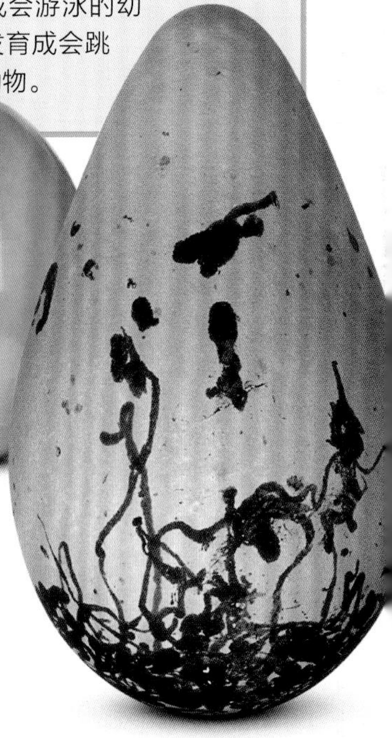

⑭ 这种美丽的绿色蛋产自一种南美洲的鸟，其外壳十分光滑。

⑬ 全世界的人们都会吃这种蛋，对人类来说，它是一种重要的食物。

⑮ 这种海鸟产下的蛋尖尖的，能防止它从悬崖滚落。

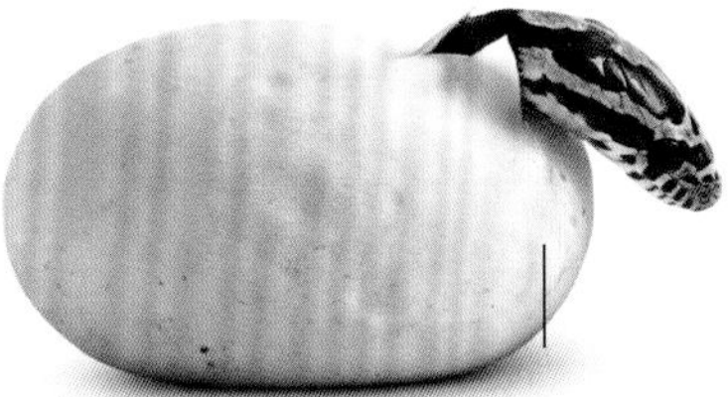

⑯ 这种动物的身材非常苗条，它产下的蛋也很苗条。

被土壤覆盖的蛋。

⑱ 这些蛋由一种行动缓慢的无脊椎动物产下。

⑰ 从这些小蛋中孵出来的幼虫以蚜虫为食，它们长大后则会变成捕食蚜虫的甲虫。

⑲ 这是一种亚洲鸟类产下的蛋，蛋壳上斑驳的图案有助于伪装，从而不被捕食者发现。

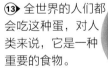

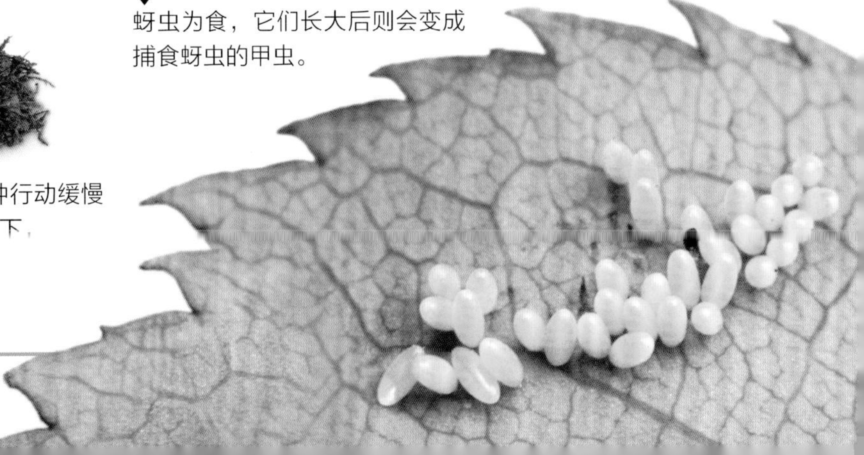

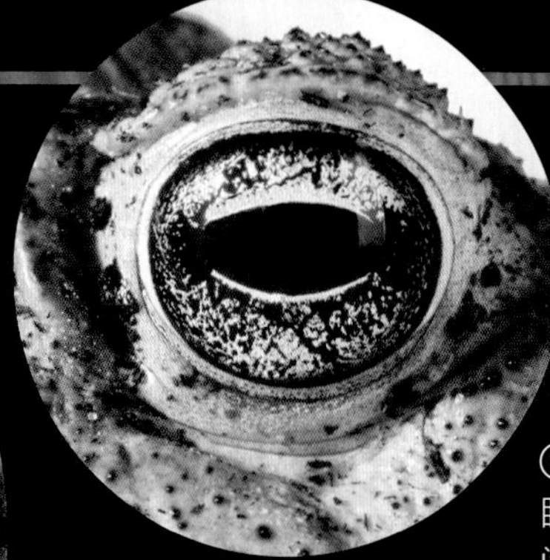

① 这种两栖动物眼睛后面的皮肤上长满了疣，疣上还长有毒腺。

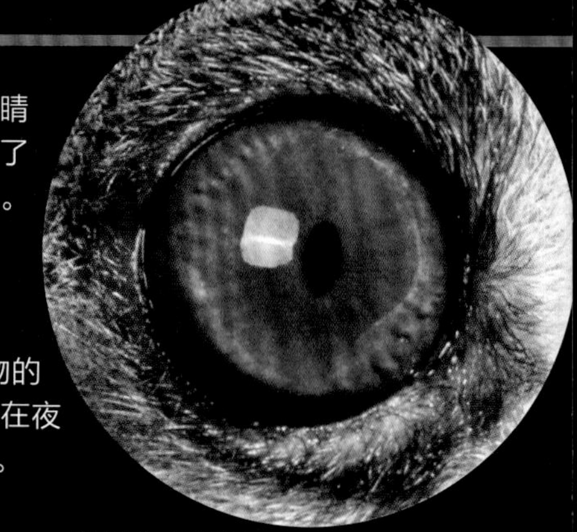

② 这种小型灵长类动物的眼睛巨大，能帮助它们在夜间攀缘树木时清楚视物。

③ 与其他同科动物不同的是，这种长着斑点的爬行动物的眼睑可以闭合。

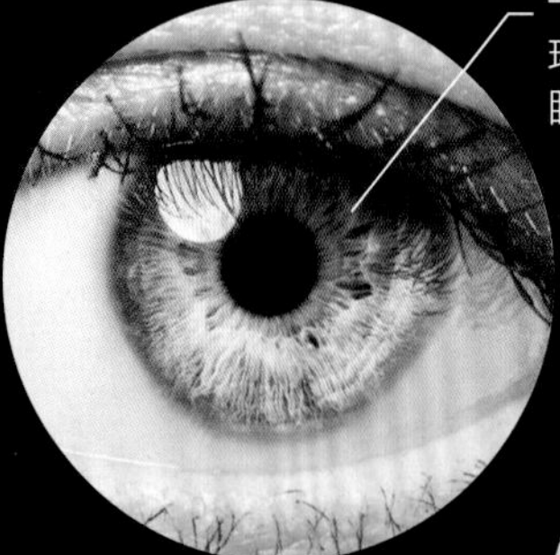

一组叫作虹膜的环状薄膜控制着进入眼睛的光线数量。

④ 在看向这只眼睛时你是否感觉自己在照镜子？几千年前，这种哺乳动物的眼睛都是棕色的，但现在这种眼睛既有蓝色也有黑色。

动物的眼睛

你看，所有动物都有适合自己的眼睛！有些眼睛在水下也能清楚视物，有些眼睛则是为在陆地上更好地生活而准备，还有些眼睛甚至在黑暗中也能清楚视物。这些眼睛都能帮助动物更好地适应周围的环境。你知道这些眼睛分别属于哪种动物吗？

⑥ 复眼（由不定数量的小眼组成）可以帮助这种昆虫看清周围的环境，从而便于它趴到动物身上吮吸血液。

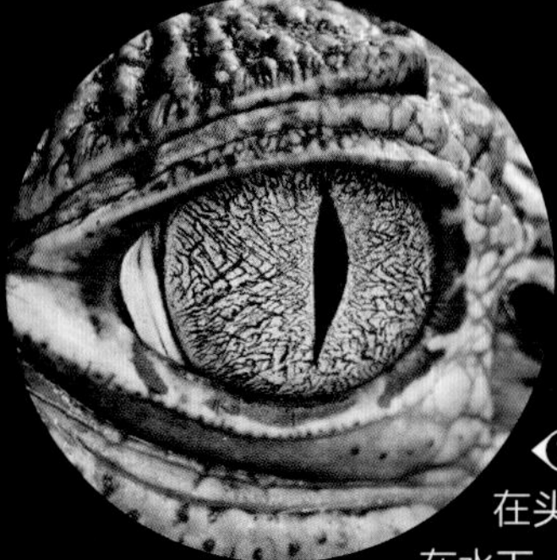

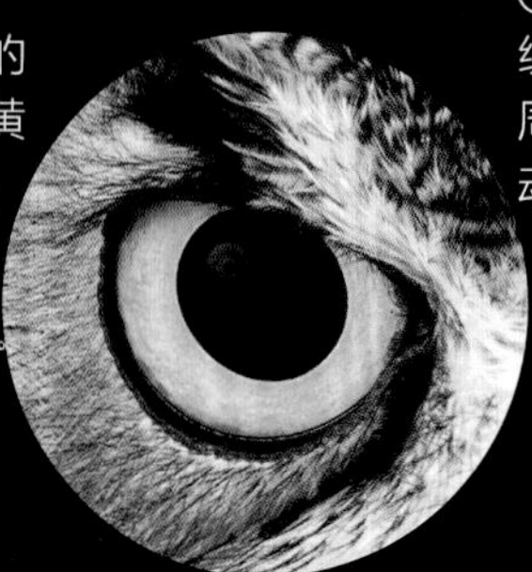

⑤ 这种在夜间捕食的鸟类长着一双明亮的黄色眼睛，但眼球无法转动，它只能转动脖子来查看周围的情况。它的头部可转动270° 左右。

⑦ 这种动物的眼睛长在头顶，这让它能够潜伏在水下，等待经过的猎物。

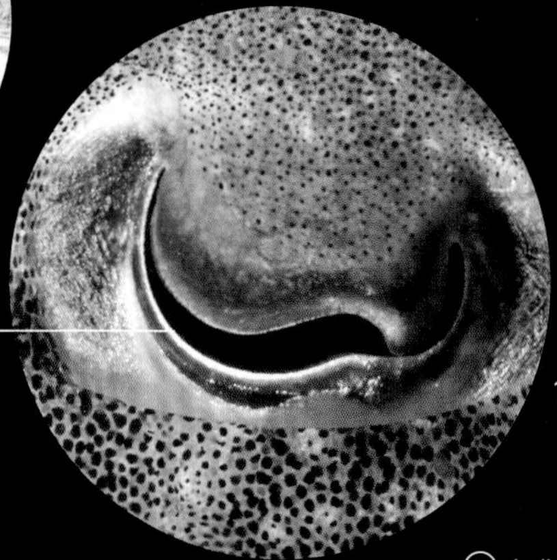

“W”形眼睛有助于它在昏暗的水中看清物体。

⑩ 这种眼睛呈“W”形，瞳孔像裂缝一样，它属于一种能变色的水下生物。

⑧ 这种有鳞类爬行动物的两只眼睛彼此独立，可以同时看向两个方向。

⑨ 这种两栖爬行动物的眼睛凸出，颜色鲜艳，可以恐吓潜在的敌人，为自己争取逃跑的时间。

⑪ 人们受这种在夜间可以反射光线的动物眼睛启发，发明了用于反射汽车前灯光束的道路安全装置。

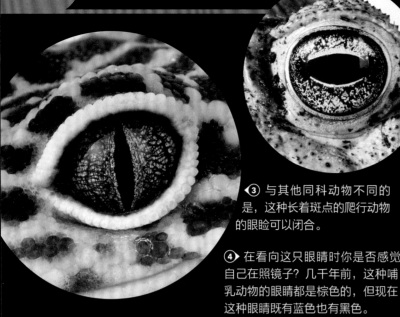

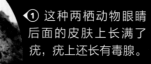

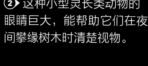

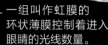

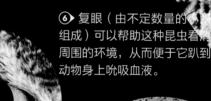

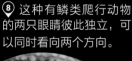

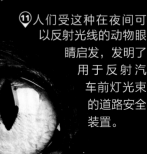

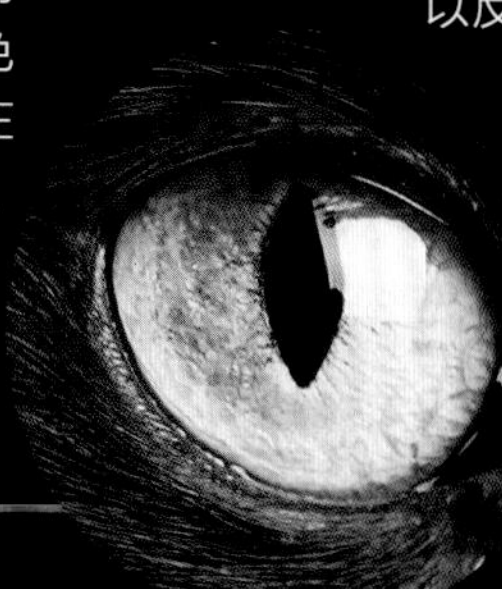

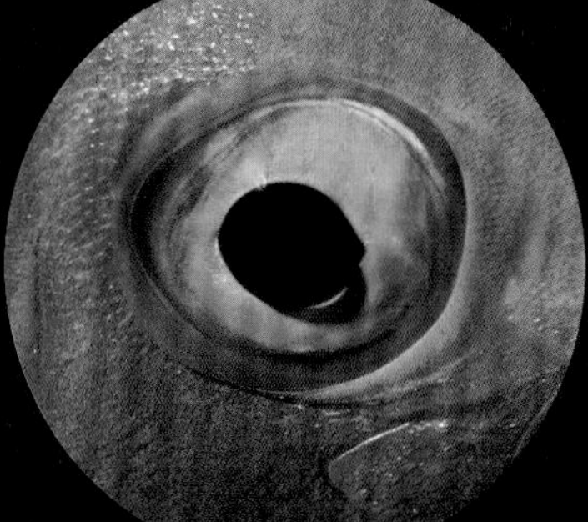

⑫ 超大的眼睛有利于这种海洋动物在夜间捕食。

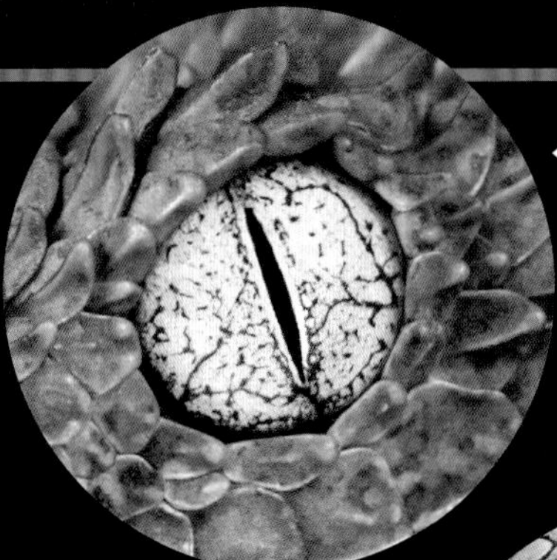

⑬ 瞳孔中垂直的缝隙可以帮助这种长有鳞片的有毒动物找到猎物的准确位置。

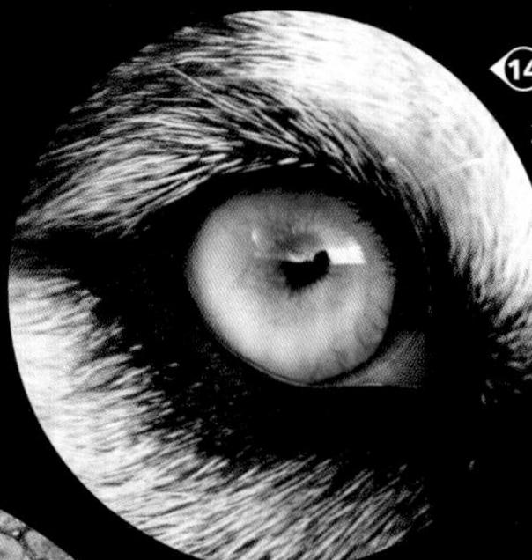

⑭ 这种毛茸茸的动物是狼的后代，有时会被用来拉雪橇。它长着一双冰冷的蓝色眼睛。

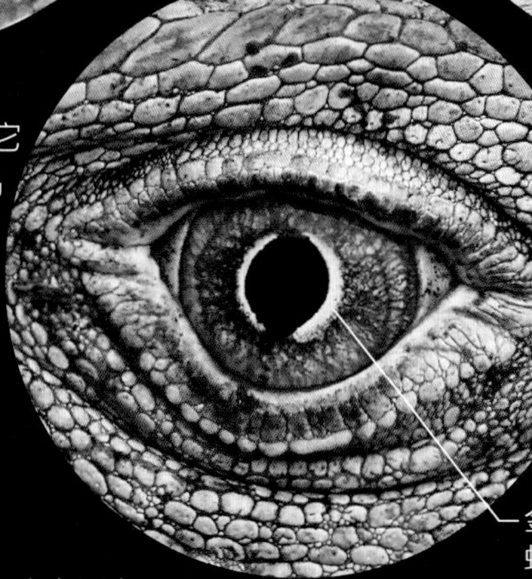

⑮ 这不是恐龙的眼睛，它属于一种生活在大开曼岛上罕见的大型爬树蜥蜴。

金色的虹膜。

它五颜六色的眼睛可以过滤不同颜色的光。

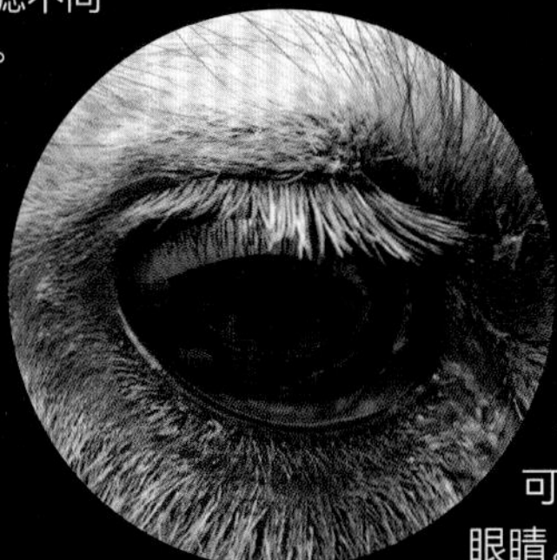

⑯ 这种生活在沙漠中的动物长着长长的睫毛，可以防止沙子进入眼睛。

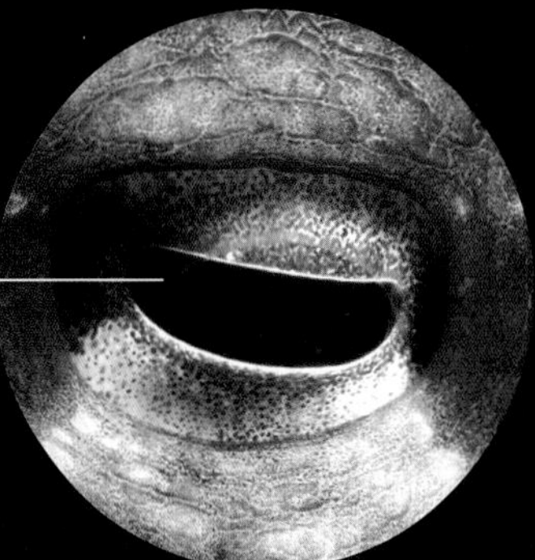

⑰ 这种无脊椎动物的大脑很大，触手多且灵巧。此外，它的视力也很好。

这种瞳孔在白天时会缩成一条缝。

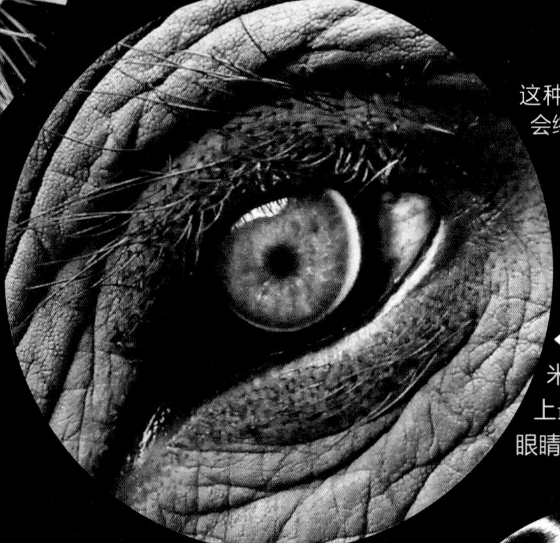

⑱ 这只眼睛直径只有3.8厘米，对于体长可达7.5米，世界上最大的陆地动物来说，这样的眼睛非常小。

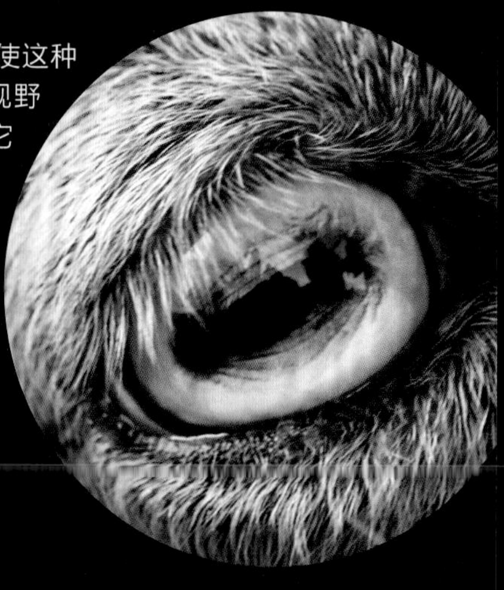

⑲ 水平的矩形瞳孔使这种有蹄类哺乳动物的视野更加开阔，增加了它及时发现捕食者并迅速逃跑的机会。

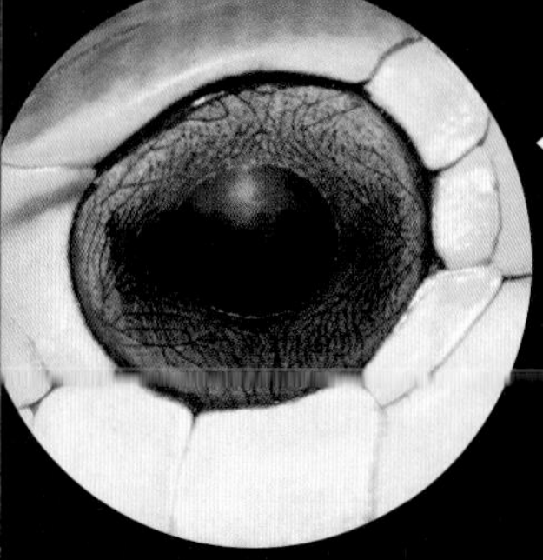

⑳ 这种危险的爬行动物没有眼睑，因此它无法眨眼。

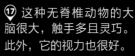

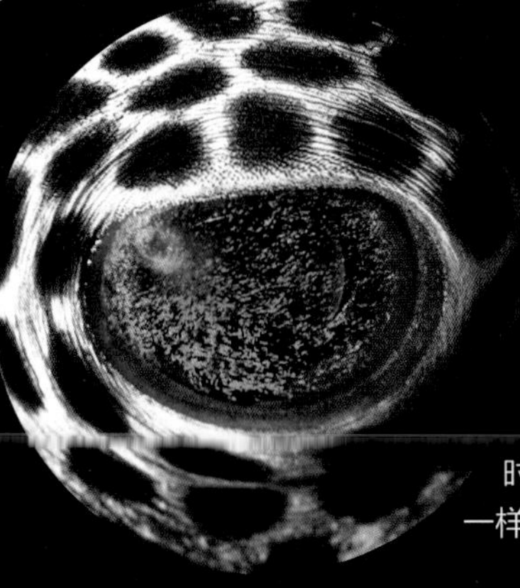

㉑ 这种有毒的海洋动物在受到威胁时，眼睛会像气球一样膨胀起来。

自我评价

入门学徒

- 人类
- 红眼树蛙
- 家猫
- 西伯利亚雪橇犬
- 马蝇
- 骆驼
- 鳄鱼

进阶学霸

- 象
- 山羊
- 豹变色龙
- 太平洋巨型章鱼
- 巨型海蟾蜍
- 大雕鸮（大角猫头鹰）
- 灌丛婴猴

知识天才

- 乌贼
- 河豚
- 蓝岩鬣蜥
- 大眼鲷
- 角蝰
- 豹纹壁虎
- 非洲树蛇

答案：1.巨型海蟾蜍 2.灌丛婴猴 3.豹纹壁虎 4.人类 5.大雕鸮（大角猫头鹰） 6.马蝇 7.鳄鱼 8.豹变色龙 9.红眼树蛙 10.乌贼 11.家猫 12.大眼鲷 13.角蝰 14.西伯利亚雪橇犬 15.蓝岩鬣蜥 16.骆驼 17.太平洋巨型章鱼 18.象 19.山羊 20.非洲树蛇 21.河豚

植物

地球上如果没有了树叶和花朵，就会失去很多色彩。植物的绿叶利用阳光中的能量制造养料，并释放出动物生存所需的氧气。植物也是森林和草原的一部分。人类的生存离不开植物。

植物的种类

无花植物： 这些植物的孢子（尘埃大小的细胞）散落在潮湿的土壤中就会长出新的植物。

有花植物： 授粉后，这些植物的果实中会形成种子，种子落地后，会长出新的植物。

如何捕获苍蝇？

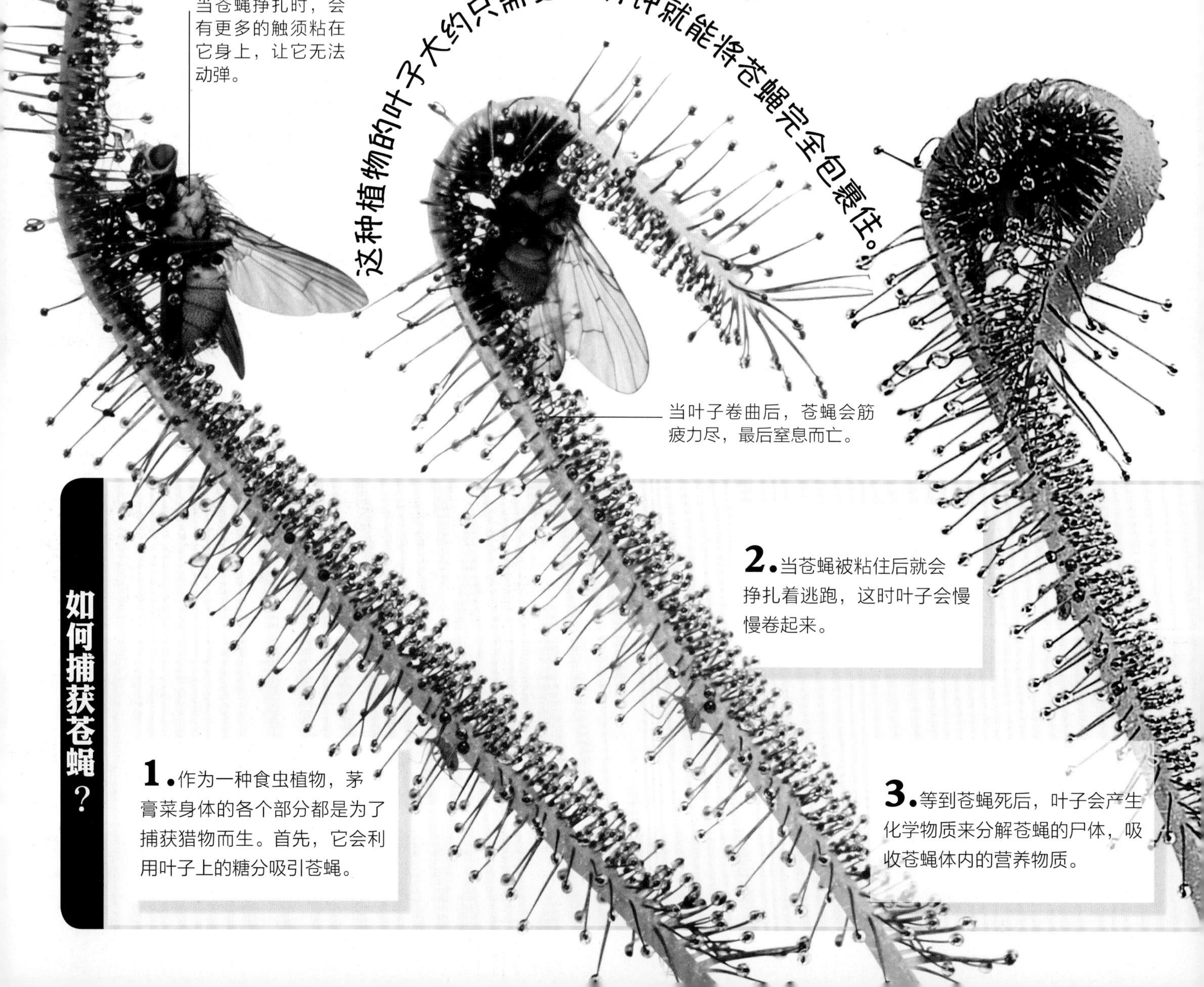

它的红色的触须会分泌像胶水一样黏稠的甜味液体。

当苍蝇挣扎时，会有更多的触须粘在它身上，让它无法动弹。

这种植物的叶子大约只需要30分钟就能将苍蝇完全包裹住。

当叶子卷曲后，苍蝇会筋疲力尽，最后窒息而亡。

1. 作为一种食虫植物，茅膏菜身体的各个部分都是为了捕获猎物而生。首先，它会利用叶子上的糖分吸引苍蝇。

2. 当苍蝇被粘住后就会挣扎着逃跑，这时叶子会慢慢卷起来。

3. 等到苍蝇死后，叶子会产生化学物质来分解苍蝇的尸体，吸收苍蝇体内的营养物质。

植物的结构

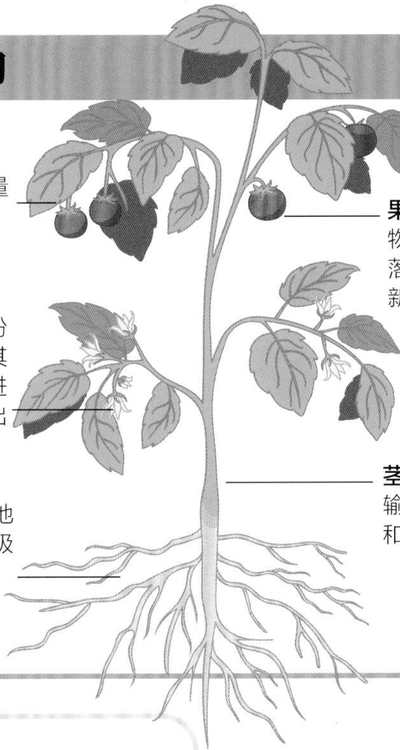

叶利用阳光的能量制造养分。

果实中包含着植物的种子，种子落地后会生长出新的植物。

花产生花粉，花粉被昆虫或风带到其他花朵或植株上进行授粉，从而结出果实和种子。

茎把水和矿物质输送到叶、果实和花中。

根可以将植物牢牢地固定，并从土壤中吸收水分和矿物质。

那些破纪录的神奇大树！

- 世界上最高的树亥伯龙神是美国加利福尼亚海岸的一株红杉树，高115.92米。
- 在美国西部山区发现的狐尾松不仅是世界上最古老的树，也是世界上较古老的生物之一，它5 000多年前就已经存在了。
- 圭亚那栗树开出的花序可达66厘米，是所有开花树木中花序最长的。
- 椰树的种子是所有植物中最大的，海椰子树种子的质量可超过30多千克。

一名科学家正在研究一株75米高的大红杉。

用数据说话

600万千克
这是对生长在美国犹他州一片颤杨林总质量的估算值。这片树林拥有一个共同的根系。

32 000年
这是一颗剪秋罗种子的年龄，它是一种小型开花植物，这颗种子现已成活，并生长得很好。

2 000颗
这是一株向日葵中所含种子的数量。

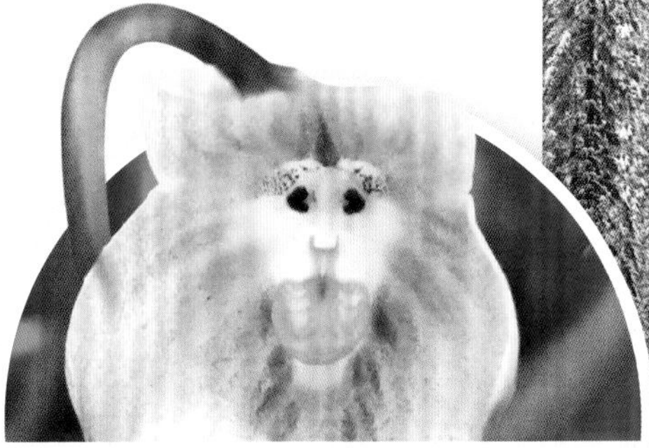

调皮的“猴子”

猴面小龙兰是一种兰花，它的外观十分奇特，花瓣中像长着一张猴子的脸。

巨魔芋：这种植物的穗状花序高达3米，是所有植物中最高的。花序上散发出腐肉的臭味，可以吸引苍蝇帮自己授粉。

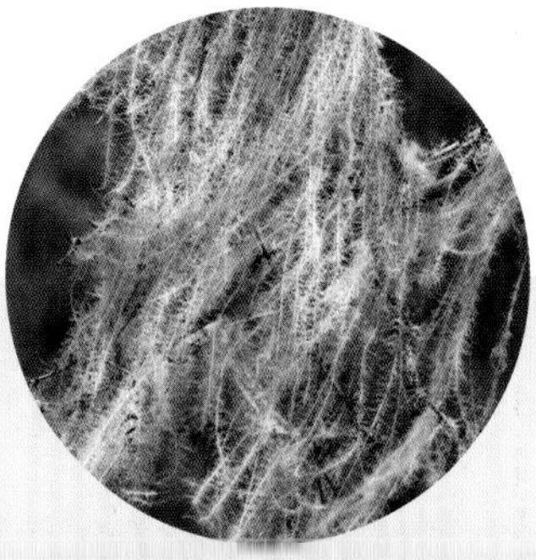

寄生藤：这种开花植物并不是苔藓，它会寄生在树木上并吸收空气中的水分。

王莲：这种水生植物的叶子巨大，直径可达2米。

生石花：这种植物外形像鹅卵石，这种伪装可以防止它被食草动物吃掉。但只要开花便会泄露它的真实身份。

① 这种花长着一个形状像拖鞋的小袋子，用来捕捉昆虫。

② 这种巨大的喇叭状花多产于热带和亚热带地区，人们会用它的花瓣来泡茶。

③ 这种钟形花朵便于蜜蜂吸食花蜜。

这种花朵的开放顺序是自下而上的。

④ 在南亚地区，这种颜色鲜艳的球形花朵经常被用来编织宗教仪式中需要用到的花环。

花朵

花朵是植物的一个重要部分，成功授粉的花朵能长出果实和种子。人人都喜爱花朵，因为它们能装点我们的花园和房间，但花朵的存在主要是为了授粉。花朵的颜色艳丽，有时会散发出浓郁的香味，以吸引昆虫和其他动物将花粉从一株植物传播到另一株植物上，从而完成授粉。

⑤ 这种花的柱头晒干后可制成藏红花（一种中药），藏红花既可作调味品，也可用来给衣服上色。

带黏性的柱头能粘取昆虫携带的花粉。

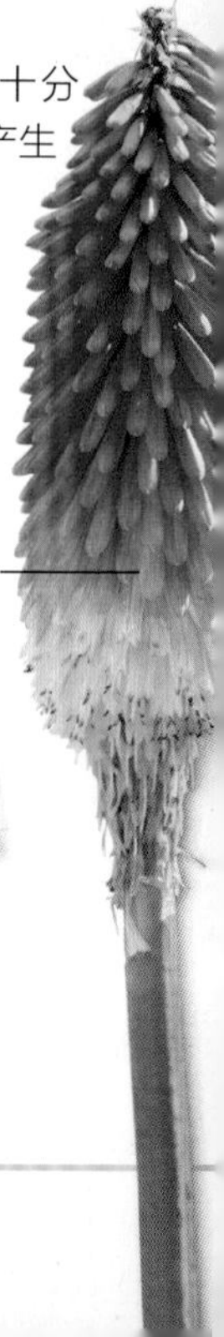

⑥ 这种花朵的红色花头十分引人注目，上面的小花会产生花蜜，以吸引鸟儿和蝴蝶。

它能长到1.5米。

它的每朵花都由许多花瓣组成。

⑦ 这种花生长在亚洲，人们把它当作高洁的象征，它的花朵亮丽多彩。

⑧ 在许多文化中，这种芬芳的花朵是纯洁的象征。它们会产生大量的橙黄色花粉，一不小心就会弄脏手和衣服。

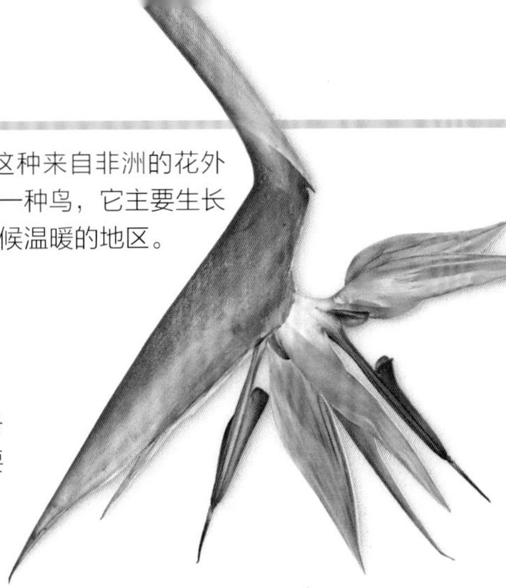

⑩ 这种来自非洲的花外形像一种鸟，它主要生长在气候温暖的地区。

⑪ 虽然这种花最常见的是红色，但它其实还有很多种不同的颜色。它经常作为爱情的象征出现在童话故事里。

⑨ 这种花由于颜色鲜艳而备受人们喜爱，荷兰每年都要栽培数百万株这种花。

⑫ 这种花原产于大洋洲，花色艳红，呈穗状。

⑬ 在欧洲，当这种美丽的喇叭状花朵盛开时，就说明春天已经到来了。

⑭ 这种水生植物的花瓣在亚洲很珍贵。它白天开放，晚上闭合，这样的生理构造也许是为了防止花粉被晨露损坏。

⑮ 用这种花制成的精油不仅可以用来擦拭伤口，还可以用来驱蚊。

它中央的花盘由2 000朵左右的小花组成。

⑯ 这些明亮、硕大的黄色花朵总是朝着太阳的方向，这种花里最高的一株竟然达到了9.17米。

⑰ 这种蓝色的花生长在喜马拉雅山脉，它还有一个开红花的欧洲亲戚。

⑱ 这是南非的国花，它的繁殖方式很特别，需要借助大火燃烧时产生的高温来使果实破裂，从而使果实中的种子喷撒在地上。

自我评价

入门学徒	黄水仙 向日葵 睡莲 菊花 百合 玫瑰
进阶学霸	朱槿 金盏花 郁金香 洋地黄 番红花 薰衣草
知识天才	**绿绒蒿 兜兰 鹤望兰 帝王花 火炬花 红千层**

答案： 1.兜兰 2.朱槿 3.洋地黄 4.金盏花 5.番红花 6.火炬花 7.菊花 8.百合 9.郁金香 10.鹤望兰 11.玫瑰 12.红千层 13.黄水仙 14.睡莲 15.薰衣草 16.向日葵 17.绿绒蒿 18.帝王花

果实

植物的花朵中孕育着果实。果实一般是植物中可食用的部分。植物的果实有很多不同的颜色，它们需要用这些鲜艳的颜色来吸引捕食者，好让这些捕食者在食用果实的同时帮助它们传播种子。

① 这种水果虽然尝起来酸，但它和糖一起煮好后，可用来做糕点和布丁等甜品。

这种水果既有鲜绿色的，也有鲜红色的。

② 这种长在树上的水果成熟之后尝起来就像香甜的奶油，你可以把它涂抹在甜点上。

奶油般的果肉。

闪闪发亮的黑色种子。

这种水果的橙色品种生长在美国夏威夷等温暖地区，它的外表很光滑。

③ 这种水果的种子被包裹在果皮里，它没有成熟时尝起来是酸的。这种水果的紫色品种只有变成棕色且起皱时才能吃。但橙色品种的味道会好很多，成熟后就可以尽情享用。

坚固的果壳。

④ 这种果子主要生长在中亚地区，它成熟后外壳会裂开成两半，并露出脆甜的果肉。

在北美的冬天，农夫会用稻草将这种水果盖住，以防止其冻伤。

⑤ 这些果子可用来做果汁和果酱，它们在圣诞节和感恩节时很受欢迎。

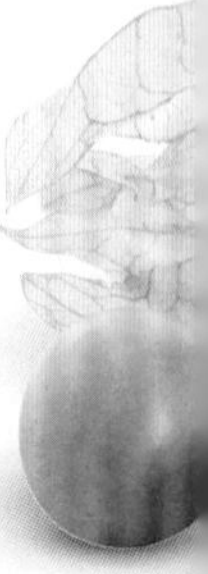

⑦ 这种果实其实是胀大的花托，所以严格来说，它并不是一种水果。这种果实的尾部有一个小孔，蜂类从孔中进入花托内帮助花粉受精。

它们微小的种子嵌在粉红色的果肉中。

⑥ 这种水果原产于东南亚，有“水果之王”的称号，它是世界上较“臭”的水果之一，但其果肉的味道很甜美。

带刺的果皮。

每一颗圆圆的果子里都有一粒种子。

⑧ 对于这种水果，从白色的花朵中长出来的果实最甜美。这种果实要在颜色最深时采摘，但采摘时要注意不要被灌木上的刺伤到。

⑨ 这种果实一般生长在沙漠和其他干燥地带。

尖刺。

这种水果在成熟前呈淡绿色，随着果实越来越成熟，颜色也会变得越来越深。

⑩ 这种水果个头较小，颜色独特且果肉柔软，大多出产于北美洲。

⑪ 这种颜色鲜艳的水果原产于加勒比海地区，人们喜欢食用其美味的果汁。

⑫当切开这种水果红色的果皮后，你会看到很多饱满多汁的红色果粒。

入门学徒	西瓜 核桃 石榴 葡萄柚 蓝莓 桑葚
进阶学霸	无花果 鸡蛋果 松果 榴梿 蔓越莓
知识天才	**榛子** **番荔枝（释迦果）** **仙人果** **黑莓** **灯笼果** **醋栗**

⑭ 这种外壳光滑的坚果又小又圆，是森林里松鼠最喜爱的食物。

⑬ 这种甜甜的水果原产于秘鲁，它长得很像西红柿，果实外面包裹着一层像薄布一样的果萼。

⑮ 这种巨大多汁的水果长在匍匐的藤蔓上，是口渴时的最佳选择。

这种水果的质量甚至能超过90千克。

可食用的种子。

⑯ 这是一种四季常青的树木结出的果实，其中的种子可供食用，但只有20%的种类可作为商品，其余的种子都太小了。

这种浆果，既有黑色也有白色。

⑰ 结出这种美味浆果的树，其叶子还能用于养蚕。

答案：1.醋栗 2.番荔枝（释迦果） 3.鸡蛋果 4.核桃 5.蔓越莓 6.榴梿 7.无花果 8.黑莓 9.仙人果 10.蓝莓 11.葡萄柚 12.石榴 13.灯笼果 14.榛子 15.西瓜 16.松果 17.桑葚

①这种蔬菜的味道很重，每个球茎都可以分成许多瓣儿。

它的根茎有红色的，也有浅粉色或浅绿色的。

②人们喜欢用这种蔬菜的红色茎部来制作甜点。

③这些叶子虽然看起来皱巴巴的，但味道很好且富含维生素。

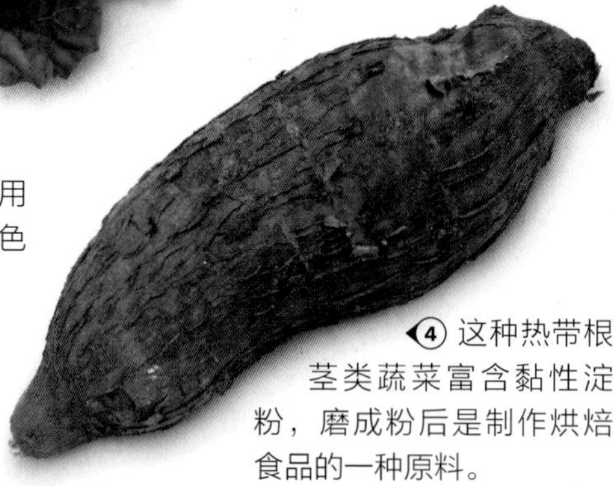

④这种热带根茎类蔬菜富含黏性淀粉，磨成粉后是制作烘焙食品的一种原料。

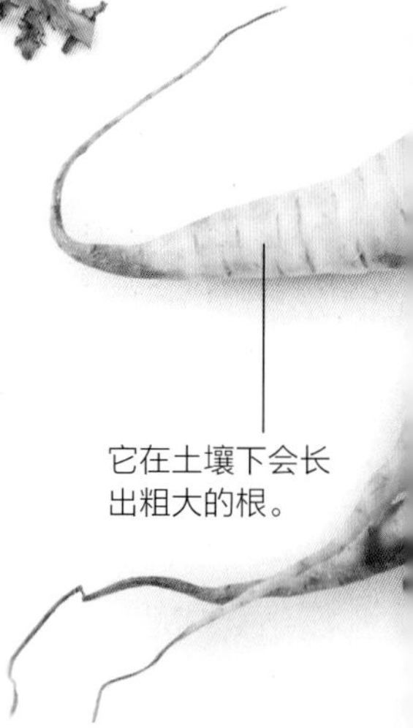

它在土壤下会长出粗大的根。

蔬菜

“蔬菜”并不是一个科学术语，它只是我们给作为食物而种植的植物取的名字。严格来讲，一些含有种子的蔬菜其实是水果，但因为它们可用于开胃，在超市里也被归为蔬菜。蔬菜是农民数千年来学会种植的野生植物的变种。

深红色。

⑦这种蔬菜的颜色和形状跟人体的某个器官很像。它必须浸泡后煮熟才能食用。

它的形状像管子。

⑤这种小叶球状的蔬菜在欧美各国被广泛种植。其味甜浓郁，营养丰富。

它的菜叶一层包着一层。

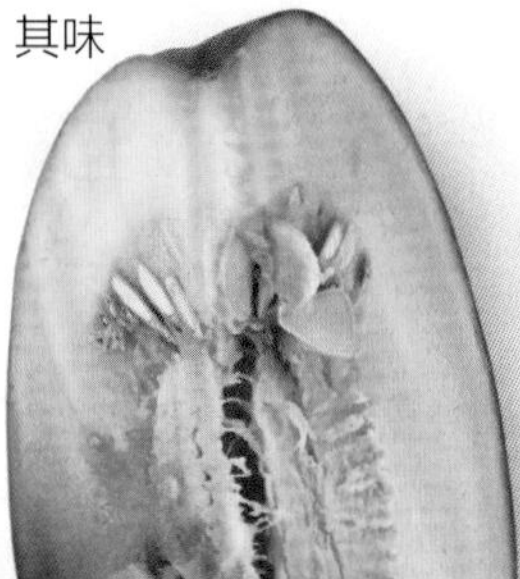

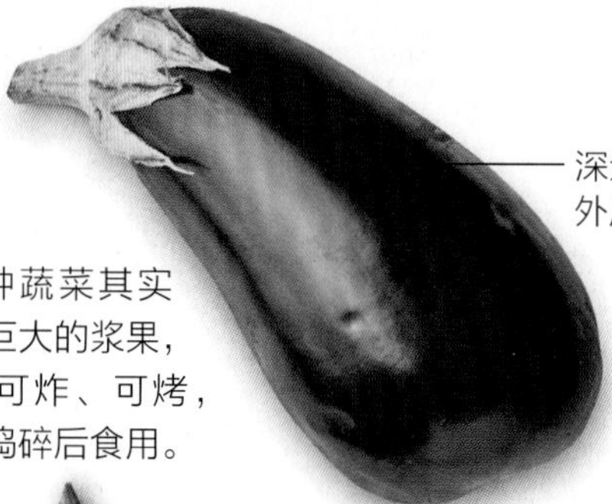

深紫色的外皮。

⑥这种蔬菜其实是一种巨大的浆果，可炖、可炸、可烤，还可以捣碎后食用。

⑩这种根茎类蔬菜生长在地下，营养丰富，原产于安第斯山脉。

⑧在北美洲和欧洲，人们最喜欢用这种蔬菜来庆祝万圣节和感恩节。

⑨这种美味的“长矛”蔬菜其实是刚长出来的幼苗。

⑪ 这种蔬菜为橙红色或黄色，富含可明目的维生素A。

这种蔬菜有许多不同的颜色。

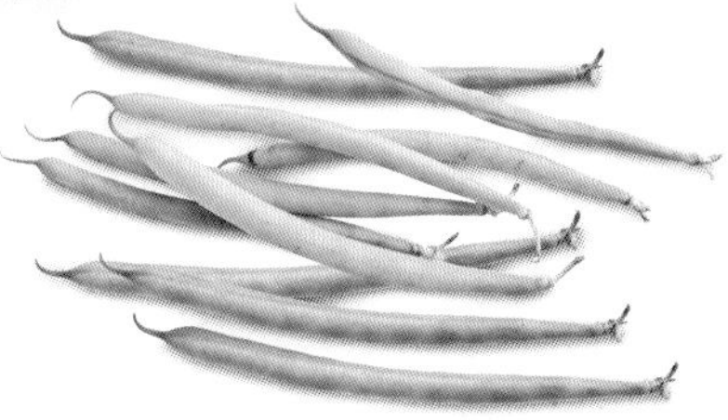

⑫ 这种蔬菜的豆荚很长，味道很好。但要在它成熟变老之前采摘。

⑬ 这种根茎类蔬菜在热带地区生长得最好，有一种独特的甜味。

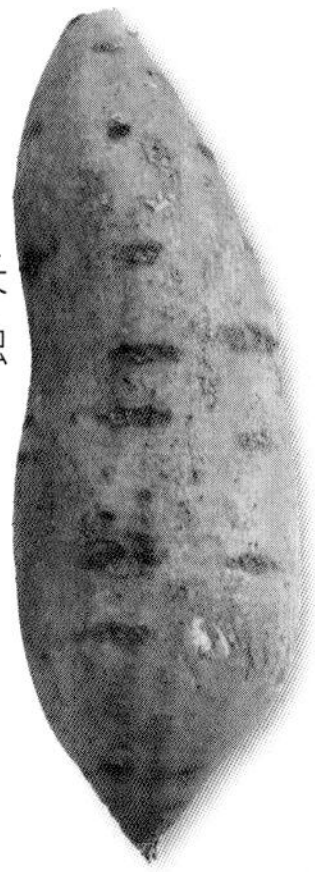

⑭ 这种蔬菜的根脆而辛辣，欧洲人喜欢生吃，而东方人则喜欢煨汤或把它们做成泡菜。

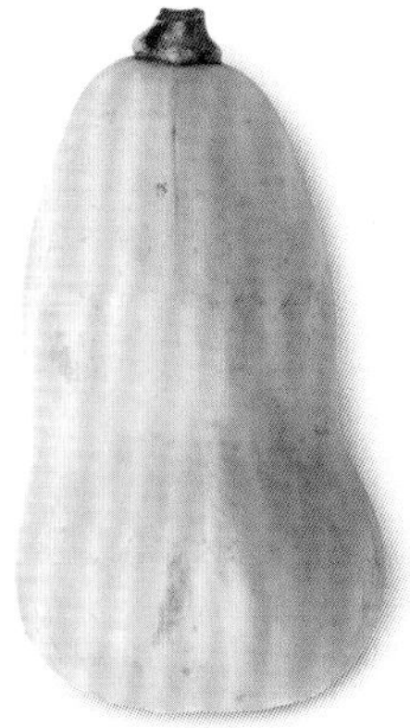

⑮ 这种甜的蔬菜长在藤蔓上，成熟后外皮会变成深橙色。它既可用来做汤，也可用来做糕点或炖菜。

柔软的圆形菜叶。

⑯ 这种蔬菜原产于中国南方，在广东省的产量最大，具有清热解毒等功效。

它通常被制成罐装烘豆。

⑰ 这种食物深受美国海军的喜爱，因此又被称为“海军豆”。

⑱ 这种蔬菜不仅味道鲜美，它的外壳还可以做成经久耐用的容器。

⑲ 这是一种很受欢迎的蔬菜，它生长在水中，茎是中空的，可以漂浮在水面上。

它的每朵小花都像是整颗蔬菜的缩小版。

㉑ 这种花菜原产于意大利，其花蕾可食用。

⑳ 这种黏嫩爽口的根茎类蔬菜原产于亚洲的热带地区。

自我评价

入门学徒

- 大蒜
- 胡萝卜
- 番薯
- 奶白菜
- 南瓜
- 茄子
- 青刀豆

进阶学霸

- 冬南瓜
- 小萝卜
- 红腰豆
- 菜豆
- 葫芦
- 芋头
- 芦笋

知识天才

- **豆瓣菜**
- **食用大黄**
- **抱子甘蓝**
- **羽衣甘蓝**
- **木薯**
- **罗马花椰菜**
- **新西兰山药**

答案： 1.大蒜 2.食用大黄 3.羽衣甘蓝 4.木薯 5.抱子甘蓝 6.茄子 7.红腰豆 8.南瓜 9.芦笋 10.新西兰山药 11.胡萝卜 12.青刀豆 13.番薯 14.小萝卜 15.冬南瓜 16.奶白菜 17.菜豆 18.葫芦 19.豆瓣菜 20.芋头 21.罗马花椰菜

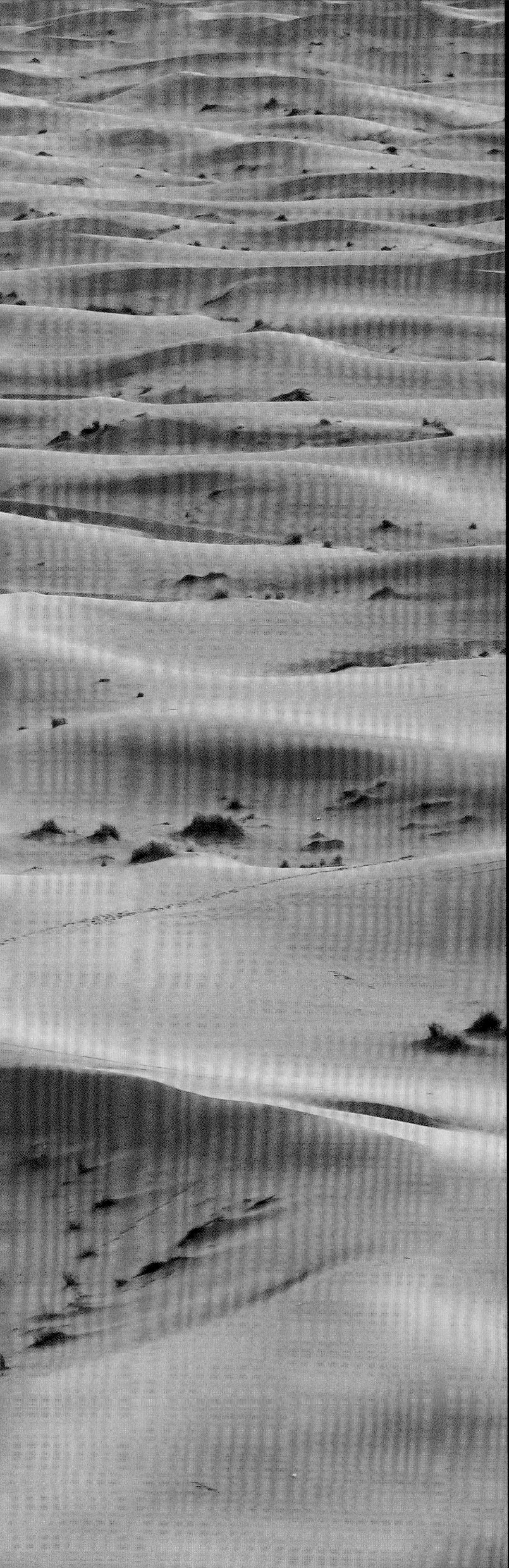

3 世界

找骆驼

世界各地令人叹为观止的自然奇观多到让人难以想象。你能找到图中正在穿越撒哈拉沙漠的骆驼吗？它们可是的的确确在图片中哦！

地球

我们所居住的地球是一个由炽热岩石和金属组成的实心星球，它的外壳厚度不均，被称为地壳。地球外围还有一层混合气体，称为“大气层”。正因为大气层的存在，才使得地球的表面温度刚好能使水呈液态，从而有了海洋。对地球上的生命而言，液态水至关重要。

地球内部是什么？

地球在刚形成时温度很高。密度大的物质逐渐向地心移动，而密度小的物质（岩石等）浮在地球表面，这就形成了一个表面主要由岩石组成的星球。

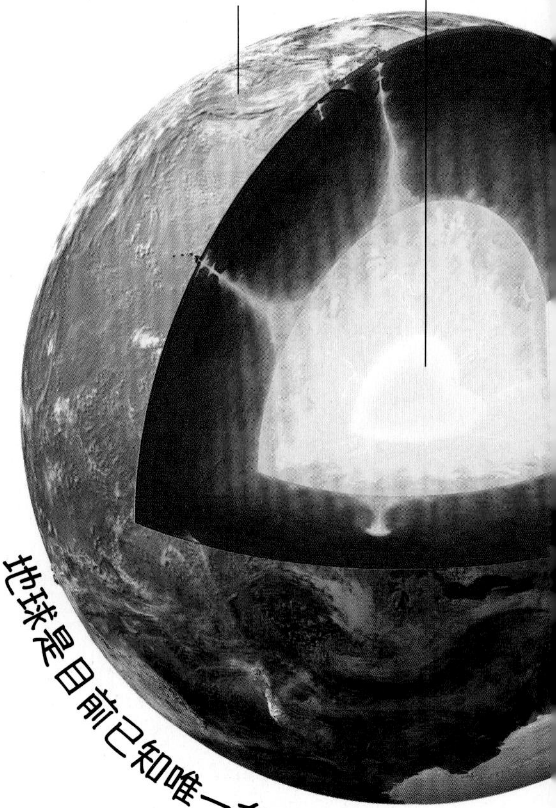

地核：地核的主要成分是铁和镍。
海洋：地表的三分之二以上被海水覆盖。
地球是目前已知唯一有生命存在的星球。

大陆是如何形成的？

1. 地壳分裂成许多板块，板块携带着陆地不断运动。大约在3.35亿年前，地球上的大陆曾经是连在一起的。

2. 这个超级大陆被称为泛大陆，并在大约1.75亿年前开始分裂。

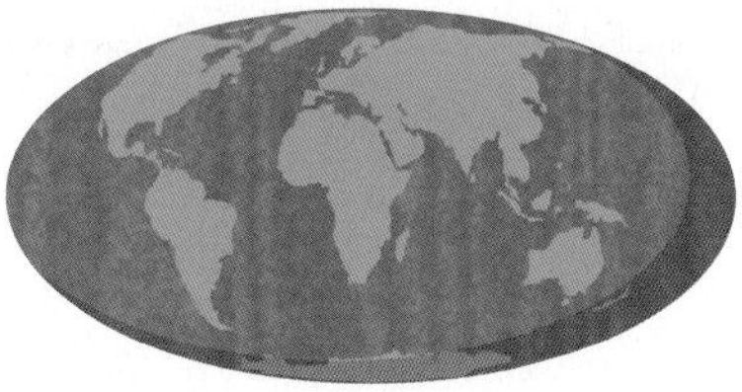

3. 随着板块运动，美洲与亚洲、非洲逐渐分开，印度和澳大利亚向北漂移，最后形成了我们今天的世界版图。

用数据说话

46亿年
这是地球的年龄，而地球最初是由气体和尘埃形成的。

6 371千米
这是从地表到地核的平均距离。

11千米
太平洋中的马里亚纳海沟是世界上最深的地方，这是它的深度。

不同的栖息地

沙漠：沙漠白天十分炎热，夜晚又异常寒冷。它总是非常干燥，少有生命存在。

草原：这里的降水量比沙漠多，但还不足以形成森林。

苔原：在这种靠近极地的地区，生物必须能忍受漫长、黑暗且寒冷的冬天才能生存下来。

极地：几乎所有极地地区的生物都生活在这里的海洋中。

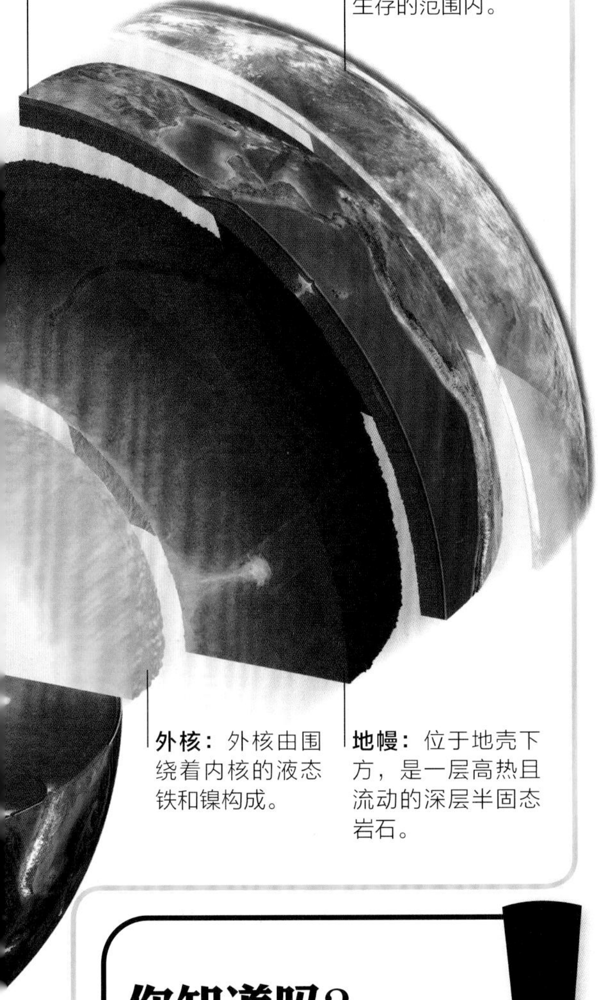
地壳：由岩石组成的固体外壳，海洋下的地壳一般较薄，而大陆的地壳较厚。
大气层：包围地球的气体层，它使地球表面温度保持在适宜生命生存的范围内。
外核：外核由围绕着内核的液态铁和镍构成。
地幔：位于地壳下方，是一层高热且流动的深层半固态岩石。

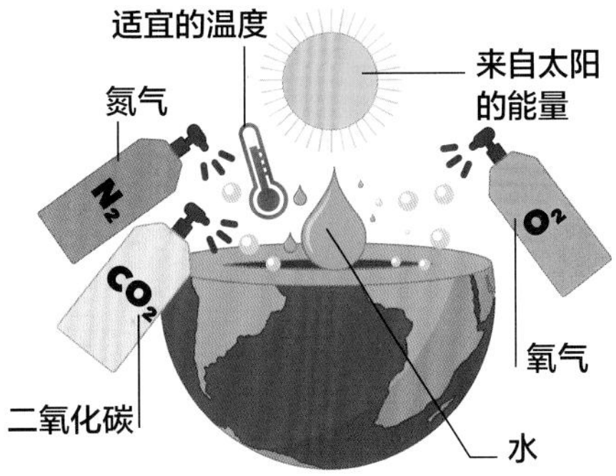
适宜的温度
来自太阳的能量
氮气
N_2
CO_2
O_2
氧气
二氧化碳
水

宜居星球

地球的温度恰到好处，使水主要呈液态，且空气中还有生命生存所必需的混合气体。

水循环

地球上的生命及其活动大部分依赖于水循环。水循环是指水在海洋、空气和陆地之间的循环转换，许多植物和动物都需要依靠水循环创造的降雨来存活。

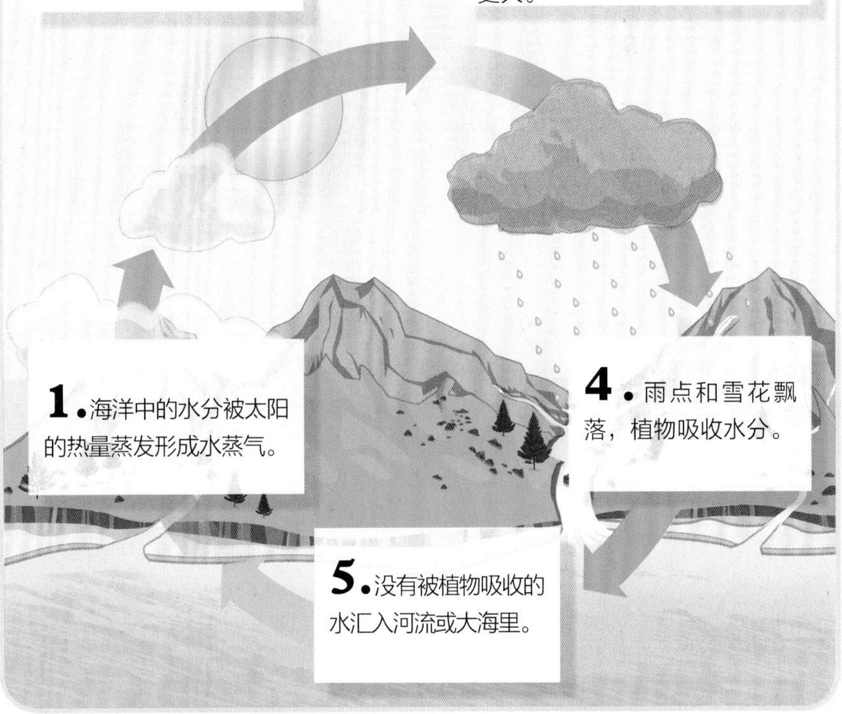
2. 上升的水蒸气变成微小的水滴，然后形成云。
3. 随着云向内陆飘移，它们会不断上升，温度也会随之降低，这使得云层中的水滴变得更大。
1. 海洋中的水分被太阳的热量蒸发形成水蒸气。
4. 雨点和雪花飘落，植物吸收水分。
5. 没有被植物吸收的水汇入河流或大海里。

你知道吗？

地球的自转速度正在减慢。10亿年前，地球上的一天只有20个小时。

高山： 高海拔地区天气寒冷，气候环境与苔原相似。

海洋： 从冰冷的极地海洋到温暖的珊瑚礁，海洋的环境多样，是生命孕育的摇篮。

河流和湿地： 在这种养料充足的地区生活着大量动植物。

森林： 茂密的森林是许多生物的家园。

海洋

地球表面被各大陆地分隔为彼此相通的广大水域，称为“海洋”，海洋的中心部分称作洋，边缘部分称作海。海洋约占地球表面积的71%。此外，还有一些较小的海被陆地包围着。

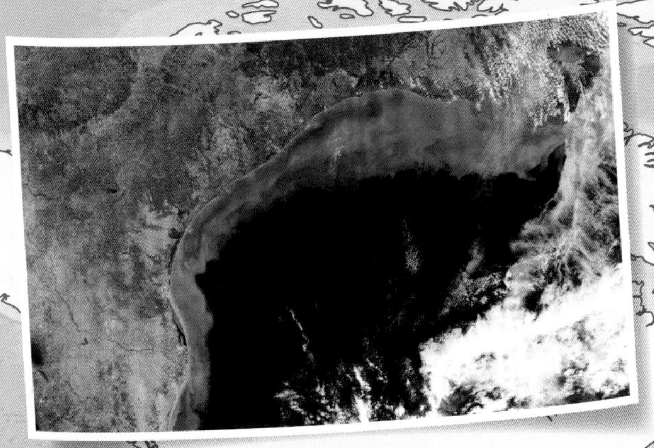

① 这片水域的沼泽海岸分布着许多潟湖和海滩，它们经常受到带有破坏性的飓风袭击。

② 这片寒冷的海域上漂浮着许多来自格陵兰岛的冰山。

③ 这片海洋将美洲与欧洲、非洲分隔开来，是世界上第二大海洋，面积约为10 646万平方千米。

④ 这片热带海域是珊瑚礁的家园，周围大约有7 000个岛屿（比如圣卢西亚岛），这些岛屿把它与其他海域隔绝开来。

⑤ 目前，这片世界上最大的海洋面积约为16 176万平方千米，几乎占了地球表面积的一半。这片海洋的平均深度超过4 000米，是目前世界上最高建筑哈利法塔的4倍多。

⑥ 这片南极海域的名字源于一艘曾航行到这里的英国探险船。这片海域漂浮着冰山，企鹅则栖息在附近寒冷的岛屿上。

自我评价

入门学徒	进阶学霸	知识天才
黄海	北海	**鄂霍次克海**
红海	加勒比海	**波斯湾**
大西洋	里海	**拉布拉多海**
太平洋	黑海	**斯科舍海**
印度洋	阿拉伯海	**珊瑚海**
地中海	墨西哥湾	**拉普捷夫海**
南海	亚得里亚海	**爪哇海**

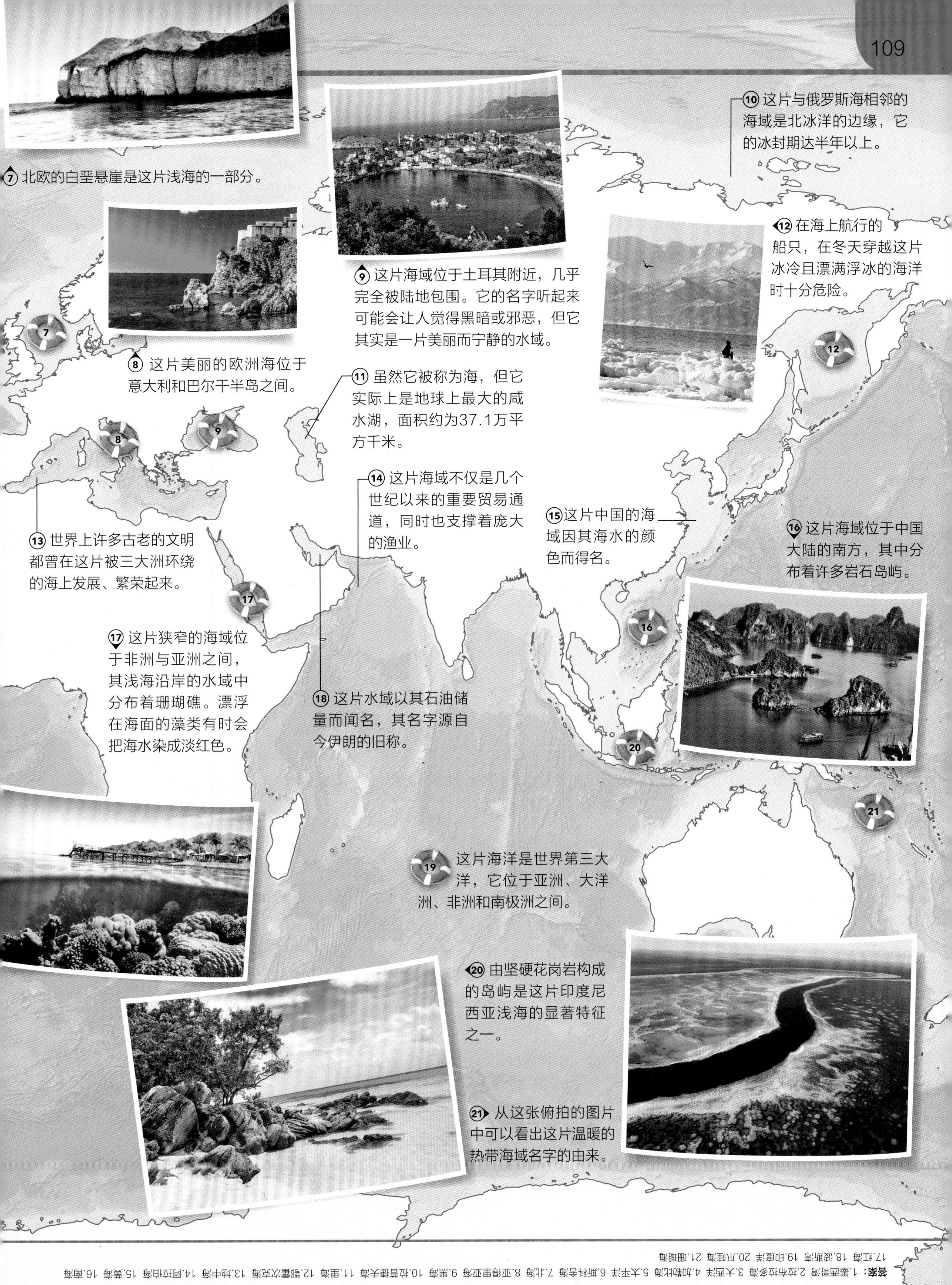

⑦ 北欧的白垩悬崖是这片浅海的一部分。

⑨ 这片海域位于土耳其附近，几乎完全被陆地包围。它的名字听起来可能会让人觉得黑暗或邪恶，但它其实是一片美丽而宁静的水域。

⑩ 这片与俄罗斯海相邻的海域是北冰洋的边缘，它的冰封期达半年以上。

⑧ 这片美丽的欧洲海位于意大利和巴尔干半岛之间。

⑫ 在海上航行的船只，在冬天穿越这片冰冷且漂满浮冰的海洋时十分危险。

⑪ 虽然它被称为海，但它实际上是地球上最大的咸水湖，面积约为37.1万平方千米。

⑭ 这片海域不仅是几个世纪以来的重要贸易通道，同时也支撑着庞大的渔业。

⑮ 这片中国的海域因其海水的颜色而得名。

⑯ 这片海域位于中国大陆的南方，其中分布着许多岩石岛屿。

⑬ 世界上许多古老的文明都曾在这片被三大洲环绕的海上发展、繁荣起来。

⑰ 这片狭窄的海域位于非洲与亚洲之间，其浅海沿岸的水域中分布着珊瑚礁。漂浮在海面的藻类有时会把海水染成淡红色。

⑱ 这片水域以其石油储量而闻名，其名字源自今伊朗的旧称。

⑲ 这片海洋是世界第三大洋，它位于亚洲、大洋洲、非洲和南极洲之间。

⑳ 由坚硬花岗岩构成的岛屿是这片印度尼西亚浅海的显著特征之一。

㉑ 从这张俯拍的图片中可以看出这片温暖的热带海域名字的由来。

答案：1.墨西哥湾 2.拉布拉多海 3.大西洋 4.加勒比海 5.太平洋 6.斯科舍海 7.北海 8.亚得里亚海 9.黑海 10.拉普捷夫海 11.里海 12.鄂霍次克海 13.地中海 14.阿拉伯海 15.黄海 16.南海 17.红海 18.波斯湾 19.印度洋 20.爪哇海 21.珊瑚海

河流

雨水落下后，会从山上流入小溪，然后进入河流，最后汇入大海。这些蜿蜒的河流有些很短，有些很长，你能说出这些河流的名字吗？

⑧ 法国的首都被这条河流一分为二，这条河流还曾经出现在许多艺术家的画板上。

⑦ 这是欧洲较
的河流之一，它
源于瑞士的阿尔
斯山，流经荷兰
最后注入北海。

② 这条大河以在上面航行的汽船而闻名。

① 这条河名字的意思是“白色的河流”，它流经的地区曾是北美较冷的地区之一。

⑤ 这条河蜿蜒穿过了大片热带雨林，是世界上水量最大的河流。

④ 这条热带河流环绕着南美一些古老的山脉，流经委内瑞拉和哥伦比亚。

③ 这条河发源于著名的落基山脉，它的冲刷形成了落基山脉最深的峡谷以及著名的马蹄湾（见左图）。

⑨ 这条河穿过非洲最大的热带雨林，是非洲第二长的河，全长4 670多千米。

⑥ 大型远洋船可以通过这条宽阔的河流到达阿根廷和巴拉圭的城市。

⑮ 这条非洲南部的河拥有壮观的维多利亚瀑布。

答案：1.育空河 2.密西西比河 3.科罗拉多河 4.奥里诺科河 5.亚马孙河 6.巴拉那河 7.莱茵河 8.塞纳河 9.刚果河 10.多瑙河 11.伏尔加河 12.印度河 13.尼罗河 14.幼发拉底河 15.赞比西河 16.长江 17.信浓川 18.勒拿河 19.恒河 20.湄公河 21.墨累河

⑩ 这条位于欧洲的河流流经十个国家后汇入大海。这张照片展示的是它流经匈牙利布达佩斯时的部分景色。

⑯ 中国三分之一的人口居住在这条长约6 300千米的河流附近。

⑱ 这条发源于西伯利亚的河流每年大约有半年的冰封期。

⑪ 这条河向南流经俄罗斯，是欧洲最宽、最长的河。

⑫ 这条河位于巴基斯坦境内。

⑲ 这条河是印度教的圣河，发源于喜马拉雅山脉，最后汇入孟加拉湾。

⑳ 这条河流流经中国、老挝、缅甸、泰国、柬埔寨和越南。

⑰这条河全长367千米，是日本最长、最宽的河。

⑭ 古巴比伦古城就建在这条流经今叙利亚、土耳其和伊拉克的河流沿岸。

⑬ 一白一蓝两条支流在撒哈拉沙漠交汇，形成了这条世界上最长的河，它全长6 695千米。

自我评价

入门学徒	进阶学霸	**知识天才**
长江	多瑙河	**科罗拉多河**
湄公河	莱茵河	**墨累河**
印度河	塞纳河	**信浓川**
亚马孙河	伏尔加河	**勒拿河**
尼罗河	幼发拉底河	**育空河**
密西西比河	赞比西河	**奥里诺科河**
恒河	刚果河	**巴拉那河**

㉑ 这条河发源于雪山，是澳大利亚维多利亚州北部边界的一部分。

① 这座山原名麦金莱山，是北美洲最高的山峰，海拔高达6 190米。

② 这座巨大的活火山位于太平洋海底，经过数次喷发，最终形成了一座火山岛。

④ 这座山峰在阿兹特克语中的意思是“冒烟的山”，它是墨西哥最活跃的火山。

③ 这座壮观的锯齿状山中栖息着熊和美洲狮。

⑥ 这座山耸立在里约热内卢。受风力侵蚀，它的表面变得很光滑。

⑤ 这座山是世界上最长的山脉——安第斯山脉的最高峰，也是南美洲第一高峰，海拔高达6 962米。

⑧ 这座山是非洲南端城市开普敦的一个重要景观。

⑦ 这座山是南极洲的最高峰，直到1958年才被人们发现。

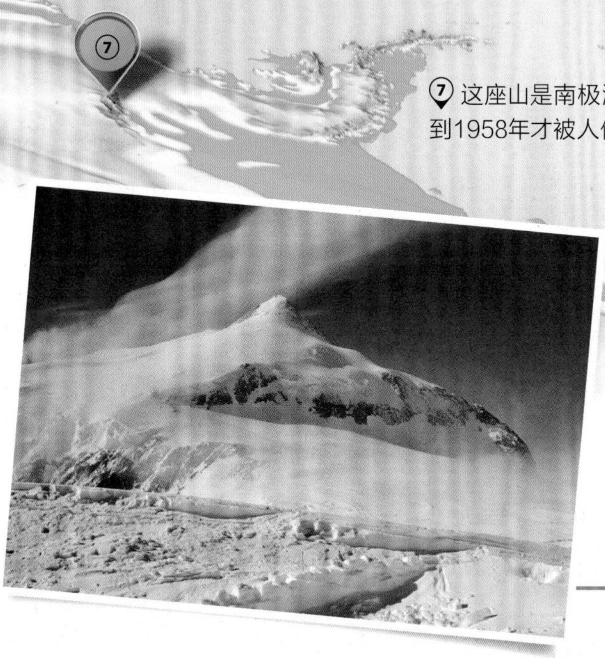

自我评价

入门学徒	进阶学霸	**知识天才**
珠穆朗玛峰	桌山	**波波卡特佩特火山**
莲花峰	冒纳罗亚火山	**亚拉腊山**
富士山	乔戈里峰	**科修斯科山**
乞力马扎罗山	德纳里山	**库克山**
奥林匹斯山	厄尔布鲁士山	**文森峰**
勃朗峰	惠特尼峰	**阿空加瓜峰**
京那巴鲁山	甜面包山	**威廉峰**

山峰

地壳是由巨大的、缓慢移动的岩石板块组成的固体外壳。在某些地区，这些板块互相挤压，使平坦的陆地变成高耸的山脉，比如喜马拉雅山。而在另一些地区，板块碰撞会形成火山，这些火山按其喷发频率可分为死火山和活火山。

⑪ 这座休眠火山位于俄罗斯南部，是欧洲的最高峰，海拔高达5 642米。

这是阿尔卑斯山脉中最高的山峰，它的法文名源于它山峰的颜色。

这座崎岖不平的山峰是古希腊神话中众神的家园。

根据基督教的说法，这座被白雪覆盖的火山是挪亚方舟在大洪水中最后停靠的地方。

这座山峰位于喜马拉雅山脉，海拔高达8848.86米。尽管它是世界上最高的山峰，但迄今已有成千上万的人攀登过它。

这座山的海拔高达8 611米，至今仍沿用着19世纪50年代一位勘测员临时给它起的名字。

⑰ 这座休眠火山是日本的最高峰，几个世纪以来，它一直是日本艺术家和诗人的灵感源泉。

这座由花岗岩构成的山峰海拔高达4 095米，是马来西亚的最高峰。

这是巴布亚新几内亚境内的最高峰。1888年，一位德国登山者曾到过这里。

⑬ 虽然它靠近赤道，但这座休眠的非洲火山实在太高了，以至于它的山顶常年被冰雪覆盖着。

⑯ 这座海拔高达1 864米的山峰是中国壮观的黄山山脉的最高峰。它因外形像一朵莲花而得名。

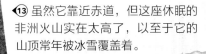

这座山峰是新兰的最高峰，以8世纪一位著名国探险家的名字名。

这是澳大利亚东部雪山的最高峰，它的名字是一位波兰探险家取的。

答案：1.德纳里山 2.冒纳罗亚火山 3.惠特尼峰 4.波波卡特佩特火山 5.阿空加瓜峰 6.甜面包山 7.艾森峰 8.桌山 9.勃朗峰 10.奥林匹斯山 11.厄尔布鲁士山 12.亚拉腊山 13.乞力马扎罗山 14.乔戈里峰 15.珠穆朗玛峰 16.莲花峰 17.富士山 18.京那巴鲁山 19.威廉峰 20.科修斯科山 21.库克山

自然景观

由岩石、冰或水组成的自然景观遍布世界各地。这些壮丽的景观大多是几个世纪以来岩石不断被侵蚀的结果，但也有一些景观是受熔岩或地壳深处沸腾的地热影响而形成的。你对这些奇异的景观了解多少呢？

① 在寒冬季节，这片被冻住的加拿大湖面的冰层下会有沼气从湖床上腐烂的植被中冒出，从而形成了神奇的冰冻气泡。

② 这处景观位于伯利兹，是世界上著名的潜水胜地之一，它由加勒比海珊瑚礁附近的一个洞穴塌陷而成。

③ 这块孤耸的岩石高达348米，它位于澳大利亚，被当地土著奉为圣地。

④ 这片广阔、积满白色晶体的湖泊位于玻利维亚，是地球上最大的盐滩，它由一个古老的盐湖蒸发而成。

⑤ 地下涌出的熔岩带出的黄色硫黄点缀着绿色的硫酸池，使埃塞俄比亚的这片土地看起来像一个外星球的地表。

⑥ 委内瑞拉的这座主要由砂岩构成的山峰顶部平坦，边缘为陡峭的悬崖。

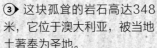

⑦ 阿根廷的这些岩石层数千年来一直饱受风雨侵蚀，最终形成了颜色多样的锯齿状山。

答案：1.亚伯拉罕湖 2.大蓝洞 3.乌卢鲁巨石 4.乌尤尼盐沼 5.达纳吉尔凹地 6.罗赖马山 7.七色山 8.棉花堡 9.史托克间歇泉 10.巨人堤道 11.卡帕多基亚石林 12.尔塔阿雷火山 13.莫雷诺冰川 14.张掖丹霞地貌 15.纪念碑谷

⑧ 这处景观位于土耳其，其白色阶梯状岩石的主要成分为碳酸钙，闪烁着淡蓝色光泽的温泉水中富含矿物质。

⑨ 受地下深处高温岩浆的影响，冰岛的这座温泉频繁喷发，喷泉最高时可达40米。

⑩ 这些岩石呈阶梯状延伸入海。它们最开始其实是大量的火山熔岩，在冷却收缩后分裂成柱状，最后形成了这种奇观。

⑪ 土耳其火成岩的顶部覆盖着硬质岩石，可以保护它们不受雨水的侵蚀。

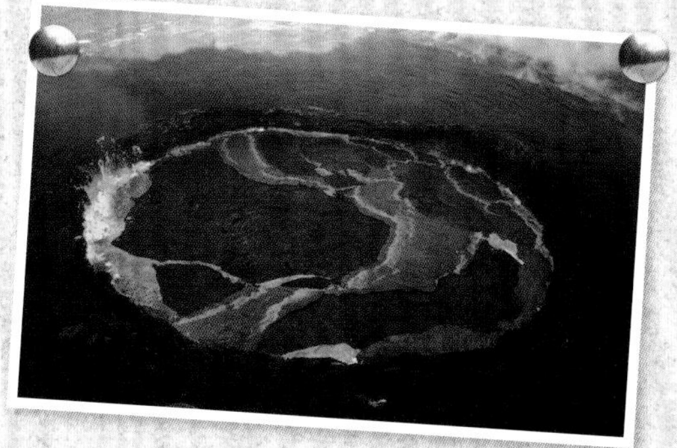

⑫ 这座埃塞俄比亚的火山里有一片炽热的熔岩湖，表面熔岩冷却形成了一层黑色的玄武岩。

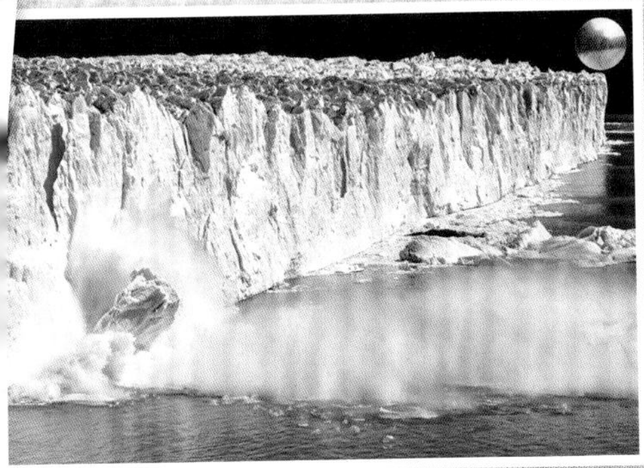

⑬ 这条阿根廷的活冰川从安第斯山脉流入一个湖泊，在那里断裂形成一个高74米、长5千米的陡峭悬崖。

⑭ 这些裸露在中国沙漠地区的彩色岩层经过数百万年的时间才得以形成。

⑮ 这片沙漠景观位于美国一个由砂岩组成的巨型孤峰区域，美国西部相关的电影大多在此拍摄。

自我评价

入门学徒	进阶学霸	**知识天才**
张掖丹霞地貌	巨人堤道	**莫雷诺冰川**
乌卢鲁巨石	乌尤尼盐沼	**岁赖马山**
大蓝洞	亚伯拉罕湖	**尔塔阿雷火山**
纪念碑谷	七色山	**达纳吉尔凹地**
棉花堡	卡帕多基亚石林	**史托克间歇泉**

这个国家的东部区域位于亚洲，面积约占国土总面积的75%，其余国土则分布在欧洲。

① 这是世界上面积最大的国家，横跨两大洲和11个时区，与14个国家接壤。

② 这是世界上唯一一个独占了一个大陆的国家，它被印度洋和太平洋包围着，中部地区大部分是沙漠，大城市均分布在沿海地区。

热带雨林的面积占这个国家国土总面积的三分之一。

③ 这是南美洲面积最大的国家，以热带气候为主，流经该国的亚马孙河是地球上水流量最大的河流。

自我评价

入门学徒

澳大利亚
日本
俄罗斯
英国
意大利
加拿大
希腊
埃及

进阶学霸

新西兰
巴西
马达加斯加
墨西哥
南非
西班牙
挪威
智利

知识天才

沙特阿拉伯
阿尔及利亚
埃塞俄比亚
印度尼西亚
越南
古巴
孟加拉国
巴拿马
伊朗

这个国家的中北部紧靠里海。

④ 这是中东面积第二大的国家，它的旧称为波斯。

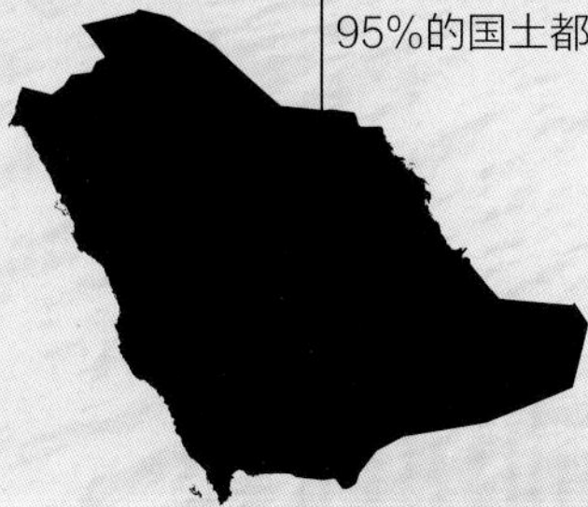

这个国家没有河流，它95%的国土都是沙漠。

⑤ 世界上近四分之一的石油都是这个沙漠国家出产的。

⑥ 这是非洲面积最大的国家，北部紧靠地中海，但它的大部分地区都被撒哈拉沙漠覆盖。

⑦ 这个国家位于南美洲，西临太平洋，是世界上国土分布最狭长的国家，海岸线长达6 000多千米。

⑧ 这个内陆国家被5个东非国家紧紧包围着，是非洲最古老的独立国家。

⑨ 这个岛国位于非洲东海岸，以狐猴等独特的野生动物而闻名。

猜国名

拿起地球仪，掸去地图册上的灰尘，一起来看看世界上的国家吧！截至2017年，联合国会员国共有193个，以下是其中一些国家在地图上的轮廓。利用这些轮廓和文字线索来猜一猜，看看你能认出多少个国家。

栖息着北极熊和北极狐的北冰洋岛屿也是这个国家的一部分。

⑩ 这是世界上湖泊数量最多、国土面积第二大的国家。这个国家针叶林分布广泛。

⑪ 这是中美洲面积最大的国家，也是世界上使用西班牙语人数最多的国家，它以古老的阿兹特克文明和玛雅文明遗址而闻名。

⑫ 这个位于东南亚的热带国家由13 000多个岛屿组成，上面生活着猩猩和科莫多巨蜥等奇异的野生动物。

⑬ 这个富有的国家位于非洲最南端，它的金矿和钻石矿十分丰富。

这个国家与利比亚接壤的西部边界纵向穿过撒哈拉沙漠。

⑭ 这个位于非洲东北部的国家北临地中海，东临红海。

⑮ 这个亚洲国家由大约3 000个岛屿组成，现代化的城市和活火山是这个国家最显著的特征。

⑯ 比利牛斯山脉将这个国家的北部地区与法国分隔开。

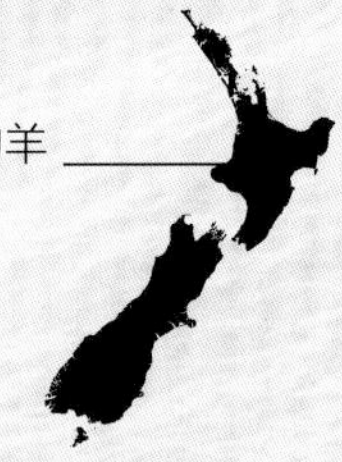

这些火山岛上的羊比人还多。

⑰ 这是太平洋上的一个国家，它由2个主要岛屿组成，该国多火山和温泉。

这个国家的东部与俄罗斯、芬兰和瑞典接壤。

⑱ 这个国家是斯堪的纳维亚半岛上的4个国家之一，它有一条长长的海岸线，海岸线上分布着许多峡湾。

⑲ 这个国家东临南海，与中国、老挝和柬埔寨接壤。

⑳ 这个欧洲国家的轮廓像一只准备将一个小岛踢进地中海的靴子。

㉑ 这个国家位于欧洲最大的岛屿上，国土还包括该岛西边小岛的北部地区。

这个岛的形状像鳄鱼，因此它又有“加勒比海的绿色鳄鱼”的昵称。

㉒ 这个国家位于加勒比海最大的岛屿上，盛产甘蔗，从沙漠到丛林都有人居住。

㉓ 这个欧洲国家被称为“西方文明的摇篮”，它有2 000多个岛屿。

这个国家位于印度东部的孟加拉湾。

㉔ 这个国家的大部分地区属于亚热带季风气候，它因茂盛的植被和作为一种老虎的栖息地而闻名。

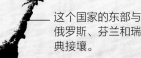

㉕ 这个国家有一条连接大西洋和太平洋的运河。

答案：1.俄罗斯 2.澳大利亚 3.巴西 4.伊朗 5.沙特阿拉伯 6.阿尔及利亚 7.智利 8.埃塞俄比亚 9.马达加斯加 10.加拿大 11.墨西哥 12.印度尼西亚 13.南非 14.埃及 15.日本 16.西班牙 17.新西兰 18.挪威 19.越南 20.意大利 21.英国 22.古巴 23.希腊 24.孟加拉国 25.巴拿马

城市

当今的一些城市始建于数千年前，是当时统治阶级执政基础，也是现代文明的摇篮。现代城市除了为政府和人民提供工作和生活场所外，还为大量的企业提供了经济活动所需的场地。

用数据说话

3 800万
这是日本东京的人口数量，现在它是世界上人口最多的城市。

150米
超过这个高度的建筑才能叫作摩天大楼。

74千米/时
这是世界上最快电梯的速度。该电梯位于高达632米的上海中心大厦。

如何建造一座城市?

1. 首先，选择合适的地点。这个地点必须交通便利，水源供应充足，更重要的是要有足够的空间。

2. 城市需要人口，因此必须规划不同大小和风格的住宅区，以适应不断增长的人口。

3. 城市必须有为企业提供办公地点的场所。如果城市的空间稀缺，那就只能增加建筑的高度。

4. 为了保障交通畅通，必须铺设复杂的道路系统，并充分利用地下空间建造地铁。

5. 不要建造高楼林立，但无树木、无公园的城市，要留出一些空间来建设绿地和进行户外活动的场所。

你知道吗?

在土耳其卡帕多西亚的洞穴中，人们目前已发掘出36座地下城市，其历史可以追溯到几百年前。

城市的地下空间

喧嚣的城市之下，是一套由隧道、电缆和管道等组成的复杂系统。它负责为整座城市提供淡水和能源；清理废物以及运送乘客。

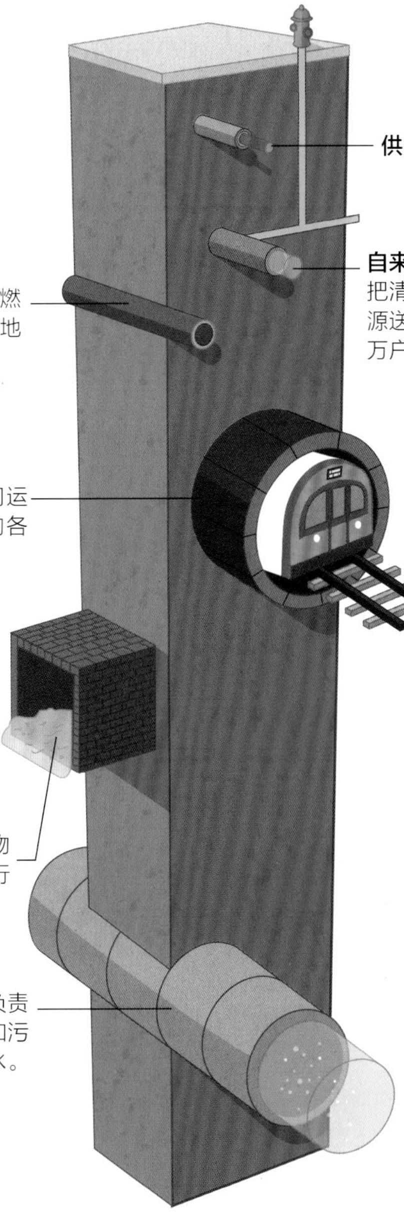

供电电缆。
自来水管道把清洁的水源送入千家万户。
燃气管道把燃气输送给当地的分销商。
地铁将人们运送到城市的各个角落。
下水道把废物收集起来进行处理。
污水深隧负责处理水库和污水中心的水。

极限城市

世界上海拔最高的城市是位于秘鲁安第斯山脉的拉林科纳达，海拔高达5 100米。

世界上海拔最低的城市是位于中东的杰里科，处于海平面以下260米。

利比里亚的蒙罗维亚是世界上最潮湿的城市，平均每年降雨量为4 622毫米。

埃及的阿斯旺是世界上最干旱的城市，它的平均年降雨量仅有1毫米。

水上城市

为了方便贸易和运输，城市往往依水而建。意大利的威尼斯是一座典型的水上城市。

云端之上

迪拜的哈利法塔高828米，有162层，是世界上最高的建筑。它的建造耗资15亿美元，里面有住宅、办公室和酒店。

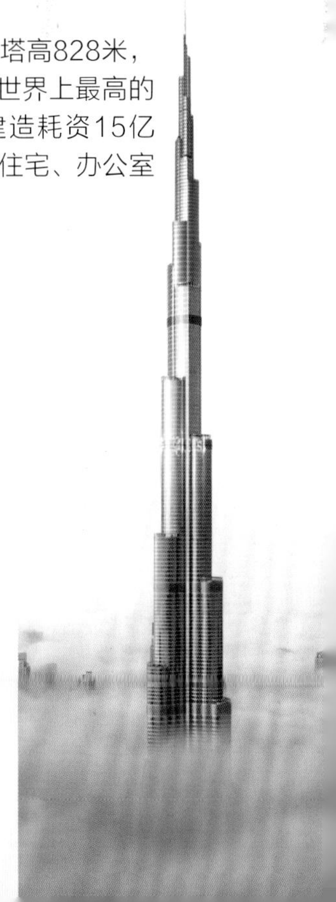

城市规划

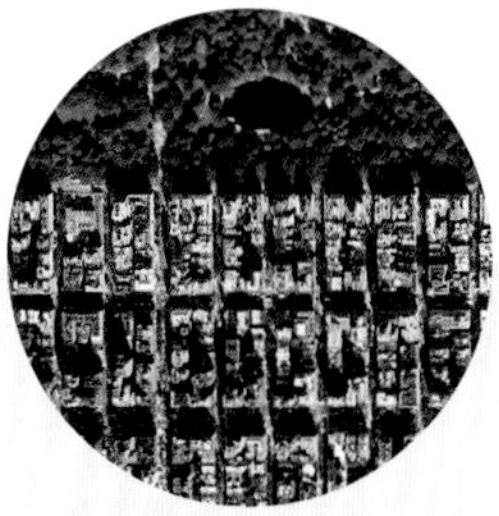

网格状：纽约的街道呈长方形网格状。

放射状：法国首都巴黎的一些街道呈放射状，从市中心向四周延伸。

运河状：建于17世纪的荷兰首都阿姆斯特丹拥有整齐有序的运河网络。

星状：东京是目前世界上人口最多的城市，它的街道从中心向外呈星状展开。

① 这座造型独特的西班牙大教堂建造历史超过了130年，至今仍未完工。

② 这是四个巨大的著名美国总统头像，是人们借助炸药雕刻而成的。

③ 这座建筑的金顶是1994年由约旦国王侯赛因出资修建的，共消耗了24千克金箔。

④ 这座意大利钟楼在建造的过程中就开始向一侧倾斜，但它奇迹般地屹立了600多年。

⑤ 它位于中国北方，总长度21 000多千米，是世界上最长的人造建筑。

建筑

自人类文明出现以来，人们建造了许多令人叹为观止的建筑。它们有些十分精美，有些十分庞大，还有些建于千百年前的建筑至今依然屹立不倒。你可能对许多建筑都很熟悉，但你能说出它们的名字吗？

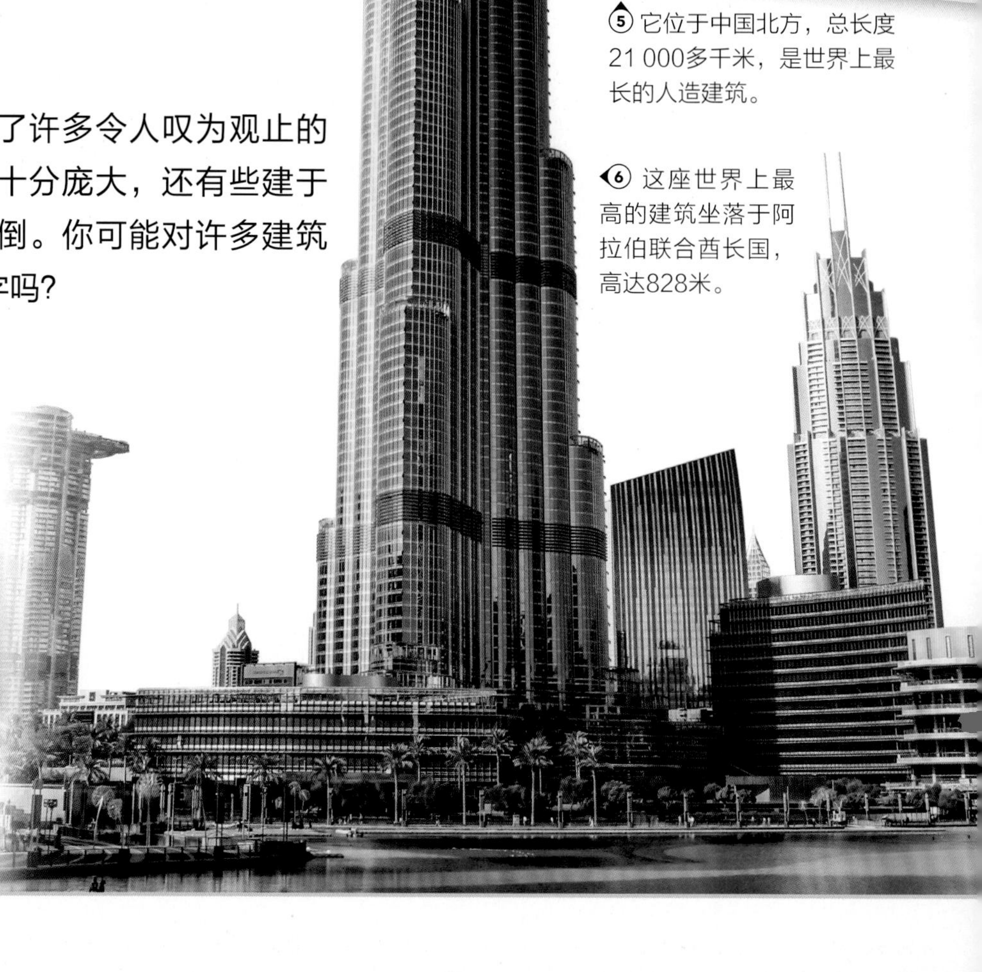

⑥ 这座世界上最高的建筑坐落于阿拉伯联合酋长国，高达828米。

⑦ 这个剧院的屋顶像船帆，是令人叹为观止的现代建筑之一。

⑨ 这座高30米的宗教人物雕像矗立在山顶，俯瞰着巴西的某座城市。

自我评价

入门学徒

长城
悉尼歌剧院
埃菲尔铁塔
狮身人面像
乐山大佛

⑧ 这座宏伟的中世纪建筑位于土耳其，在东罗马帝国时期，它是教堂，后来变成了一座清真寺，现在是一座博物馆。

⑩ 这座坐落于法国的建筑由18 000多块钢板铆接而成，每年有近700万人前来参观。

进阶学霸

泰姬陵
比萨斜塔
帕特农神庙
圣瓦西里大教堂
里约热内卢基督像

⑪ 这尊高达71米的巨大坐像于1 200多年前在中国的砂岩悬崖上雕刻而成。

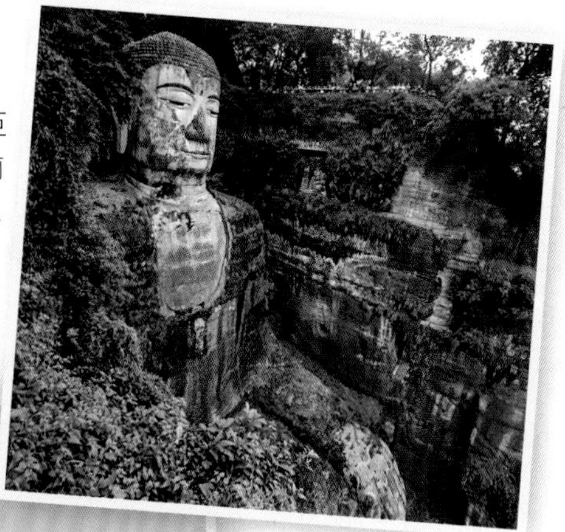

知识天才

拉什莫尔山
圆顶清真寺
哈利法塔
圣索菲亚大教堂
圣家族大教堂

⑫ 尽管已经过去了2 450年，这座供奉着古希腊女神雅典娜的神庙仍然屹立在希腊的首都。

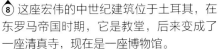

⑬ 这座人首狮身的古埃及雕塑由坚固的岩石雕刻而成。

⑭ 这座美丽的建筑由白色的大理石堆砌而成，是莫卧儿帝国的一位皇帝为了纪念他的妻子而建造的。

⑮ 这座建于16世纪的建筑位于俄罗斯首都的红场，最初只有三种颜色——白色、红色和金色。直到17世纪，这座建筑才成了我们现在看到的五颜六色的样子。

答案：1.圣家族大教堂 2.拉什莫尔山 3.圆顶清真寺 4.比萨斜塔 5.长城 6.哈利法塔 7.悉尼歌剧院 8.圣索菲亚大教堂 9.里约热内卢基督像 10.埃菲尔铁塔 11.乐山大佛 12.帕特农神庙 13.狮身人面像 14.泰姬陵 15.圣瓦西里大教堂

城市天际线

从摩天大楼到各种神圣的景点，令人惊叹的新老建筑是许多城市中心天际线的主要标志，你能从下列城市天际线中准确地辨认出它们吗？

① 这座人口密集的首都既有现代摩天大楼，又有故宫等历史遗迹。故宫是一座有着600年历史的皇家建筑群。

红磨坊并不是一座红色的磨坊，而是一家歌剧院。
这座玻璃金字塔是世界上参观人数最多的艺术画廊之一，也是收藏名画《蒙娜丽莎》的罗浮宫博物馆的入口。
这座哥特式圣母院建于中世纪，著名的驼背敲钟人的故事就发生在这里。
这根铜柱矗立在巴士底广场，这里的巴士底狱曾于 1789 年被革命者摧毁。

② 埃菲尔铁塔是这座历史悠久的首都的主要地标，它被宏伟的大教堂环绕着。这座城市也被称为“恋爱之都”。

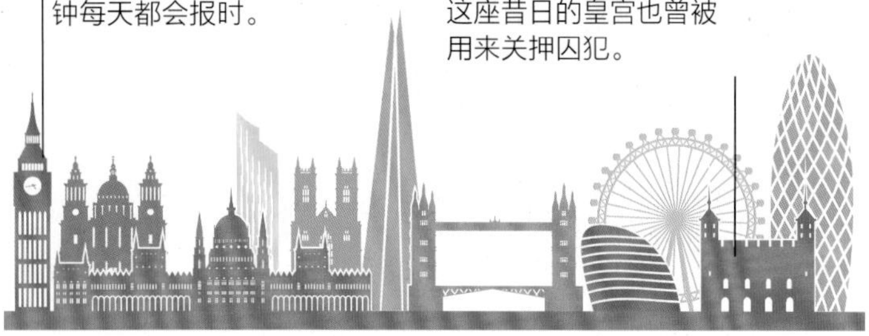

坐落在市中心的大本钟每天都会报时。
这座昔日的皇宫也曾被用来关押囚犯。

③ 这座城市坐落在泰晤士河畔，是世界上古老的城市之一。这座城市中还坐落着一座供全国政客开会使用的大型议会大厦。

国会大厦是这个国家联邦议院的会址。
这里的勃兰登堡门是和平的象征。

④ 1961—1989年，这个位于欧洲的首都被一堵墙分为东西两部分，不过后来人们将它拆除，使这座城市所在的国家获得了统一。

这座建筑被称为红堡，是莫卧儿帝国时期的皇宫。
这座贾玛清真寺有两座40米高的宣礼塔。

⑤ 这个亚洲国家的首都保存着许多完好的历史建筑，如宗教圣地、寺庙、陵墓和花园等。

⑥ 占地约9万平方米的红场十分巨大，位于这座城市的中心，是该国的政治和文化中心。

这座乐天世界大厦高555米，是世界上较高的建筑之一。
情侣们经常把写有双方名字的爱情锁挂在这座塔的围栏上。

⑦ 在这座城市的天际线中，一栋引人注目的建筑耸立在南山公园之中。这座城市中还分布着宫殿等历史遗迹。

双子塔有88层，是世界上最高的双子建筑。
占美清真寺建在两条河流交汇的地方，是这座城市最古老的清真寺。

⑧ 在这个充满活力的年轻首都中，传统亚洲建筑与现代摩天大楼和谐地融合在一起。

帝国大厦是世界上较早的摩天大楼之一。
自由女神像于1886年建成。

⑨ 19世纪至20世纪建造的办公大楼促进了这座沿海城市的高速发展。这座城市也被称为“大苹果”和“不夜城”。

哈利法塔高828米，于2008年建成，是目前为止世界上最高的建筑。
帆船酒店是一家拥有直升机停机坪的高端酒店，坐落在人工岛上。

⑩ 这座高楼林立的现代化城市发展很快，以其豪华酒店和购物中心而闻名。

这是世界上最大的圆形剧场，人们曾在这里举办战车比赛和角斗。

⑪ 这座古城曾是某个大帝国的首都，这里保存着许多遗迹、遗址，以及充满古典气息的教堂。

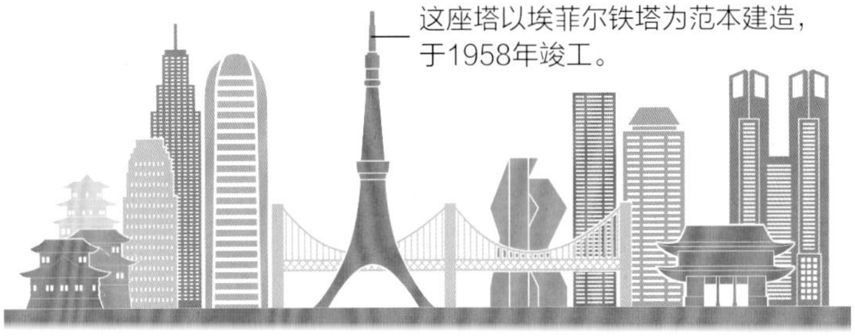

这座塔以埃菲尔铁塔为范本建造，于1958年竣工。

⑫ 频繁的地震是这座城市面临的一大严峻挑战，所以这里的天际线无法向上延伸，只能向外扩张。

自我评价

入门学徒
中国北京
美国纽约
法国巴黎
英国伦敦

进阶学霸
日本东京
意大利罗马
俄罗斯莫斯科
德国柏林

知识天才
阿联酋迪拜
韩国首尔
印度新德里
马来西亚吉隆坡

答案： 1.中国北京 2.法国巴黎 3.英国伦敦 4.德国柏林 5.印度新德里 6.俄罗斯莫斯科 7.韩国首尔 8.马来西亚吉隆坡 9.美国纽约 10.阿联酋迪拜 11.意大利罗马 12.日本东京

各国首都

让我们一起环游世界吧！无论是作为政治中心，还是贸易和文化中心，这些首都都有自己独特的历史文化。

② 这座城市坐落于海拔2 240米的阿兹特克古都的废墟上，其独立纪念碑也矗立于此。

① 这是世界上较冷的首都之一，加拿大的政府大楼国会山庄就坐落在这里，这里冬天的平均气温低至-16℃。

③ 古巴首都的建筑色彩斑斓，这里是传统萨尔萨音乐的发源地。

④ 哥斯达黎加的首都是一个分布着博物馆和剧院的文化中心。

⑤ 秘鲁首都由西班牙探险家弗朗西斯科·皮萨罗于1535年建立，它是现在南美洲较大的城市之一。

⑥ 这座年轻的城市1960年才建成，以其具有现代色彩的建筑而闻名。

⑦ 阿根廷首都拥有世界上最宽的街道——七月九日大道。

自我评价

入门学徒	进阶学霸	**知识天才**
东京	渥太华	**阿布扎比**
开罗	堪培拉	**金沙萨**
巴西利亚	内罗毕	**安卡拉**
莫斯科	达卡	**圣何塞**
柏林	利马	**哈瓦那**
马德里	布宜诺斯艾利斯	**布加勒斯特**
曼谷	斯德哥尔摩	**阿布贾**
墨西哥城	吉隆坡	**喀布尔**
		塔那那利佛

⑧ 瑞典首都的人口有150万。这座城市由14座岛屿和57座桥梁组成。

⑳ 日本首都原名江户，以其先进的技术和发达的交通而闻名。

961—1989年，德首都被一堵墙一分二。

俄罗斯的政治中心分布着许多美丽的宫殿和大教堂，这些宫殿和教堂大多位于克里姆林宫的中心地区。

罗马尼亚首都以其令人惊叹的建筑而闻名，并一度被称为“小巴黎”。

阿富汗首都坐落于白雪覆盖的兴都库什山脉之间，它曾是丝绸之路上一个重要的贸易中心。

这座首都的海拔是欧洲所有城市中最高的，达到了694米。这里阳光明媚，还拥有世界闻名的足球俱乐部。

孟加拉国的首都自1971年以来就是世界上人口密集的城市之一。

⑱ 水上市场和宏伟的寺庙是泰国首都的标志。

尼日利亚首都的标志性景点是一块被称为祖玛岩的花岗岩巨石。

亚洲和欧洲的文化在这座历史悠久的土耳其城市中交汇。

这个熙熙攘攘的城市中坐落着肯尼亚最古老的国家公园，公园中生活着许多野生动物。

刚果民主共和国的首都是从1881年建立的一个贸易小镇发展而来的。

马达加斯加的首都位于山顶，周围分布着供野生动物生存的栖息地。

这座城市于1911年击败两大对手，成为澳大利亚的首都。

⑮ 这座位于阿拉伯联合酋长国的城市坐落于一座小岛上，其最著名的建筑是大清真寺。

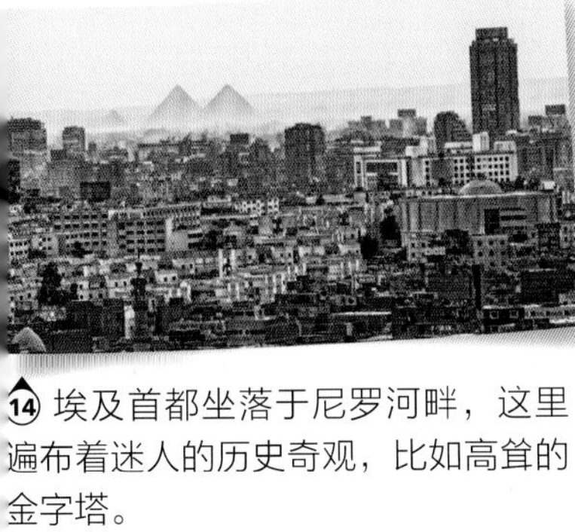

⑭ 埃及首都坐落于尼罗河畔，这里遍布着迷人的历史奇观，比如高耸的金字塔。

⑲ 在这座繁华的马来西亚城市中，著名的双子星塔只是其令人印象深刻的摩天大楼中的一栋。

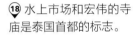

答案： 1.渥太华 2.墨西哥城 3.哈瓦那 4.圣何塞 5.利马 6.巴西利亚 7.布宜诺斯艾利斯 8.斯德哥尔摩 9.柏林 10.莫斯科 11.布加勒斯特 12.马德里 13.安卡拉 14.开罗 15.阿布扎比 16.喀布尔 17.达卡 18.曼谷 19.吉隆坡 20.东京 21.阿布贾 22.金沙萨 23.内罗毕 24.塔那那利佛 25.堪培拉

俯瞰下的星球

环绕地球和其他行星的很多航天器上都安装有摄像机，可对星球表面进行拍摄。拍摄的照片中有些展示的是星球上的河流等自然地理特征，有些展示的则是宏大的城市和其他建筑的结构特征。

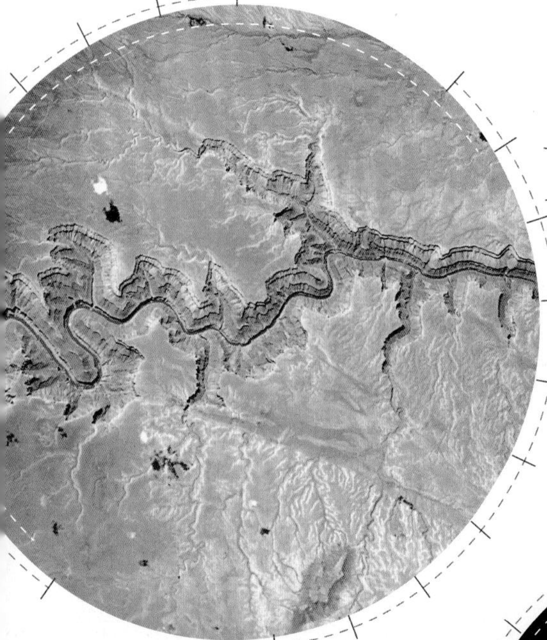

① 科罗拉多河数百万年的冲刷，于北美地区形成了这个深度超过1.8千米的峡谷。这个峡谷某些地方的宽度甚至达到了29千米，是世界上较大的峡谷之一。

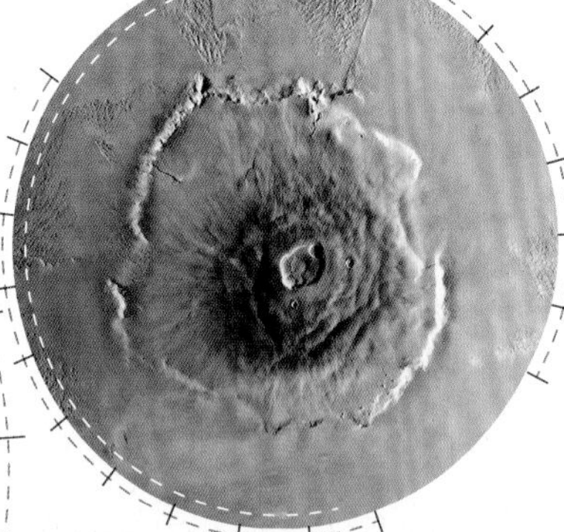

② 这座太阳系中最大的火山高24千米，是这颗红色星球壮观的特征之一。

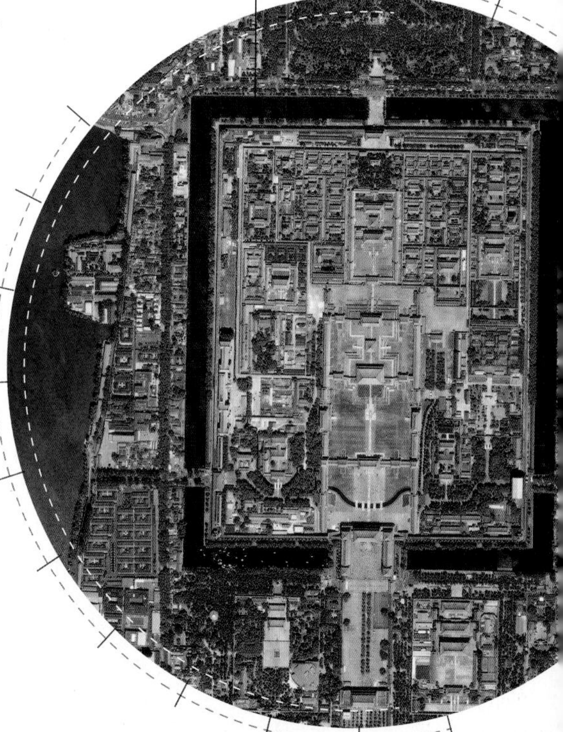

③ 这座规模宏大的建筑群包含约1 000间房屋，始建于600多年前，是世界上现存规模最大、保存最为完整的木质结构古建筑群之一。

一条6米深的护城河环绕着这个建筑群。

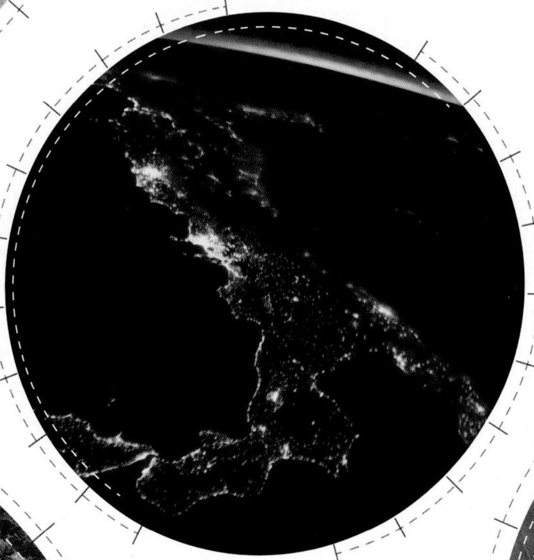

④ 这个欧洲国家的国土形状像一只靴子，到了夜晚，它的建筑中和街道上会亮起数百万盏灯。

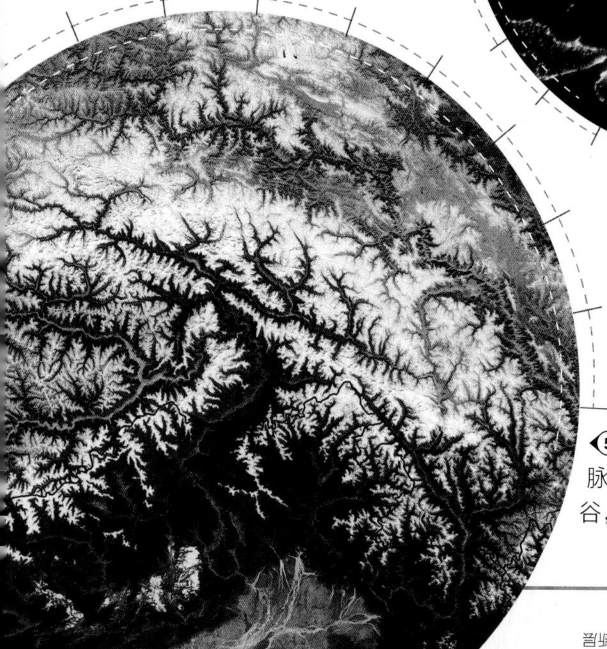

⑤ 这是世界上海拔最高的山脉，这条山脉上既有雪峰也有山谷，山谷由水流冲刷而成。

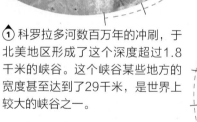

⑥ 这条瀑布坐落在北美洲，每秒钟有超过280万升水从巨大的悬崖上倾泻而下。

三座悬崖中有一座高达57米。

答案：1.美国大峡谷 2.火星奥林匹斯山 3.北京故宫 4.意大利 5.喜马拉雅山脉 6.尼亚加拉瀑布 7.尼罗河三角洲 8.圣安地列斯断层 9.纽约曼哈顿岛 10.恒河三角洲 11.吉萨金字塔群 12.大堡礁

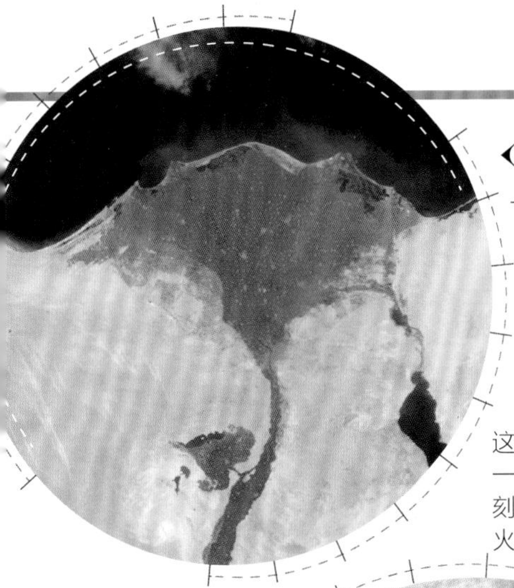

⑦ 这里土地肥沃，是世界上最长的河流汇入地中海时冲刷形成的。

这座小岛上矗立着一尊著名的雕像，刻画的是一名手持火炬的女神。

⑨ 这座著名的岛屿是美国某座大城市的一部分，鳞次栉比的摩天大楼之间坐落着一个巨大的绿色公园。

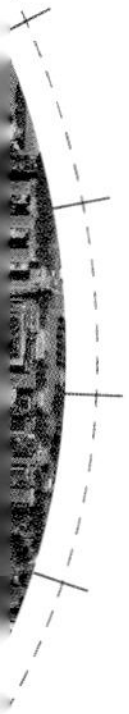

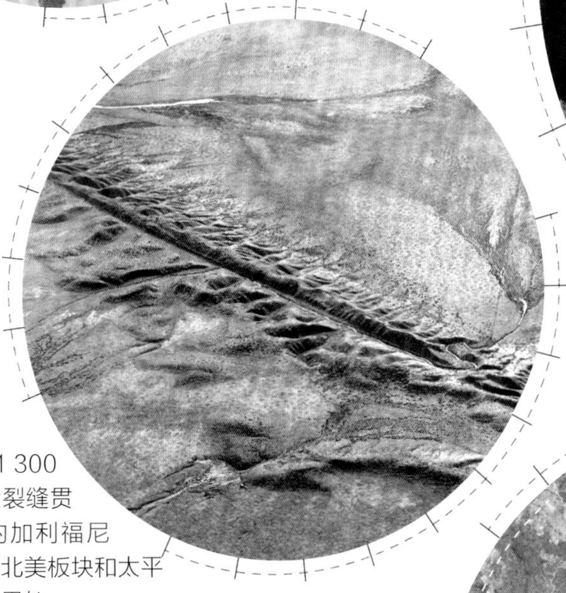

⑧ 这条长1 300千米的巨大裂缝贯穿了美国的加利福尼亚州，位于北美板块和太平洋板块的交界处。

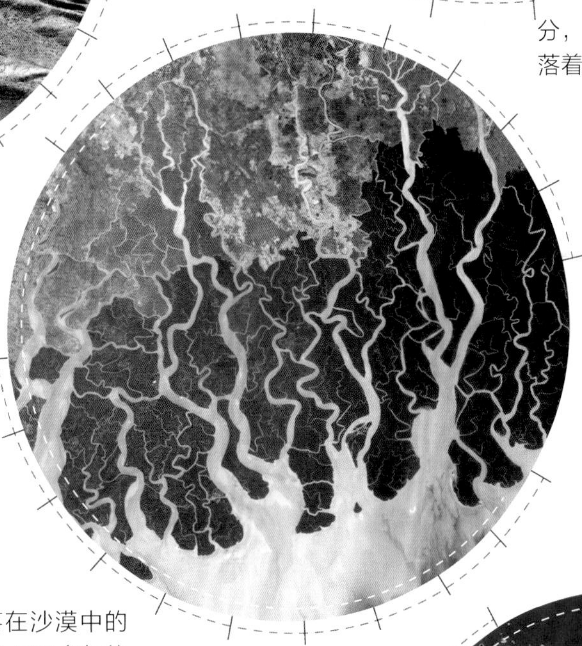

⑩ 这是世界上最大的三角洲，它由亚洲一条著名河流汇入孟加拉湾时冲积形成。这里分布着大面积的红树林沼泽。

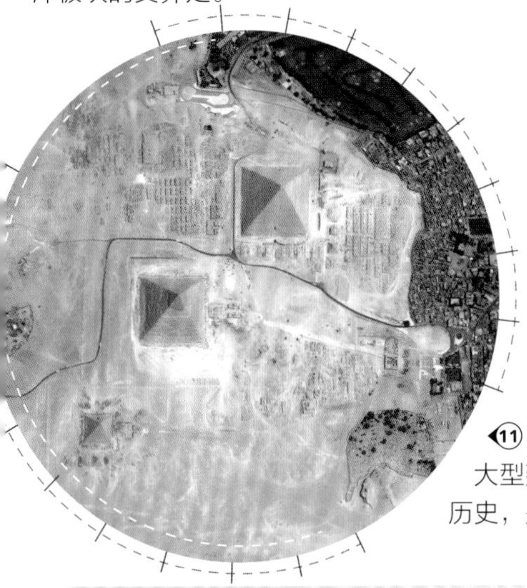

⑪ 这些坐落在沙漠中的大型建筑已有4 500多年的历史，是埃及法老的陵墓。

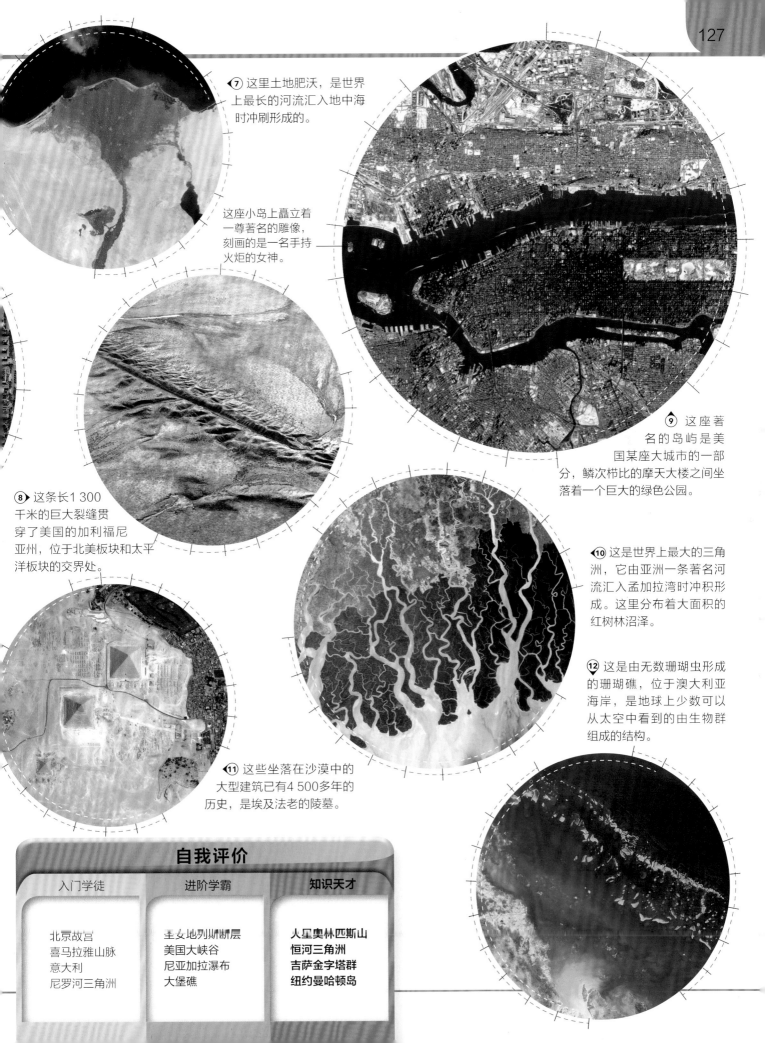

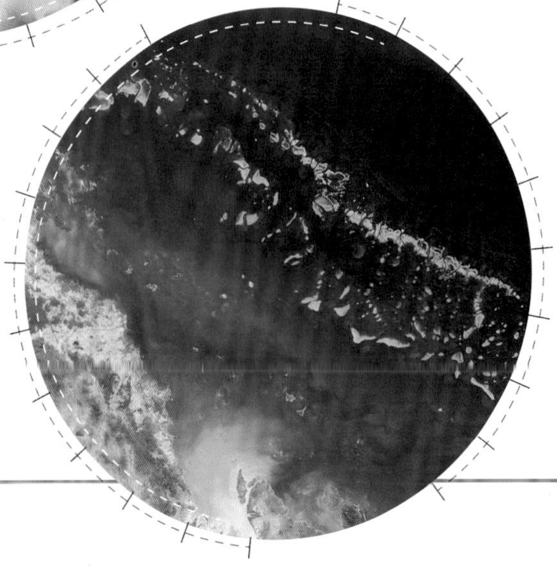

⑫ 这是由无数珊瑚虫形成的珊瑚礁，位于澳大利亚海岸，是地球上少数可以从太空中看到的由生物群组成的结构。

自我评价

入门学徒	进阶学霸	知识天才
北京故宫 喜马拉雅山脉 意大利 尼罗河三角洲	圣安地列斯断层 美国大峡谷 尼亚加拉瀑布 大堡礁	火星奥林匹斯山 恒河三角洲 吉萨金字塔群 纽约曼哈顿岛

旗杆：悬挂国旗的装置。
主体标志：国旗上的图案。
旗边：国旗上离旗杆最远的部分。
底色：国旗的基本色。
旗宽：国旗最靠近旗杆的部分。

国旗

每个国家国旗的颜色、图案和设计各不相同，但它们的特征和组成部分是基本相同的。

旗帜

旗帜往往蕴含着丰富的文化内涵，有利于增强团体的凝聚力。今日，旗帜大多数已经用作国家的象征，有时也可以用于宣传或纯粹装饰。世界上有各种各样的旗帜，旗帜上面的图案都具有标志性。

如何在月球上插上国旗?

第一面在月球上飘扬的国旗是售价仅为5.5美元的美国国旗，它被安装在一根铝管上，于1969年搭载“阿波罗”11号航天器飞向月球。

1. 月球上没有可以使国旗飘扬的风，所以必须事先在国旗顶端的缝边中嵌入一根金属丝，这样国旗才能伸展开。

你知道吗?

巴西国旗上的27颗星表示的是1889年11月15日，也就是巴西独立日当晚巴西首都里约热内卢（后迁到巴西利亚）头顶的星空。

用数据说话

4 261米
这是2007年“和平一号”深潜器潜入北冰洋的深度。人们在那里放置了俄罗斯国旗。

2 058平方米
这是2011年制作的一面墨西哥国旗的面积，它比7个网球场还要大。

12种
目前颜色最多的国旗是圣马力诺和厄瓜多尔的国旗，这是它们国旗上的颜色种数。

星条旗

美国国旗上的星星数量代表着州的数量。随着时间的推移，各州陆续加入美利坚合众国，该国旗图案已经变换了25次之多。

不同种类的旗帜

地区旗： 芬兰拉普兰地区旗帜上的图案是一个巨人扛着一根棒子。

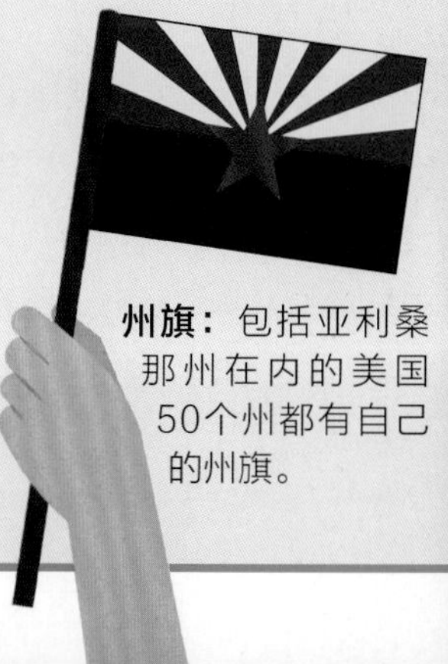

州旗： 包括亚利桑那州在内的美国50个州都有自己的州旗。

尼泊尔国旗是唯一有超过四条边的国旗。

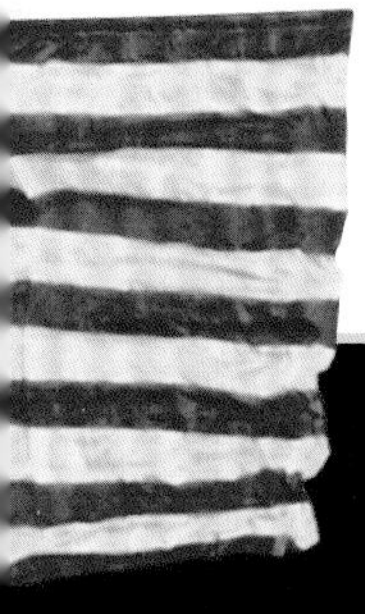

旗帜学

旗帜学是一门专门研究旗帜上徽饰的学问。旗帜学的英文“Vexillology”出自拉丁文“vexillum”，是“旗帜”的意思。旗帜学家甚至拥有自己的旗帜。

国旗法

在许多国家，毁坏国旗是违法行为。在法国，损毁国旗最高可判6个月监禁；在以色列，损毁国旗最高可判3年监禁。

在丹麦，毁坏其他国家的国旗也是违法行为，本国国旗更是绝对不能损坏。

根据芬兰法律，清洗芬兰国旗后只能在室内晾干。

有些国家对升国旗的时间有着明确规定。比如在冰岛，就不能在早晨7点前升国旗。

2. 找个好地方插上国旗。在“阿波罗”系列航天器的六次登月中，都在月球上插上了国旗，这些国旗至今仍留在那里。

3. 把旗杆插到月球表面是一件很难的事情，因为月球表面非常坚硬。

4. 插完国旗后要检查旗杆是否牢固。1969年，当航天器离开时，引擎排出的气浪把插好的国旗冲倒了。

旗帜趣知识

- 牙买加是唯一一个国旗上没有红、白、蓝三种颜色中任意一种的国家。
- 现今美国国旗采用的仍是1960年设计的样式，其设计者罗伯特·G.赫弗特当时年仅17岁，他设计的国旗是他的学校作业，只得了B。
- 在1936年的奥运会上，海地和列支敦士登发现它们的国旗是一样的，于是列支敦士登就在自己的国旗上加了一顶王冠。
- 印度所有的官方国旗都是在卡纳塔克邦的一个小村子中的一家工厂里制造的。

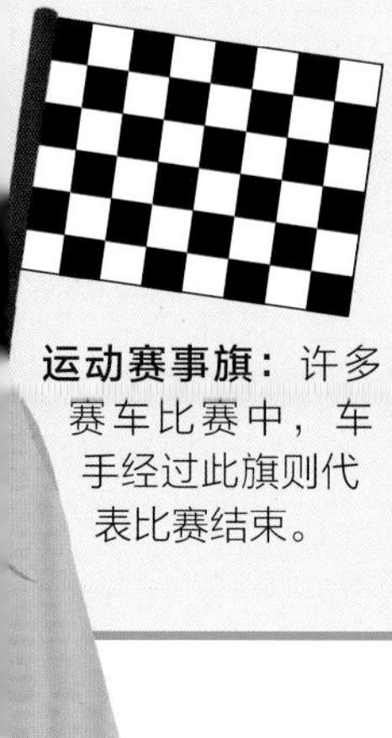

运动赛事旗： 许多赛车比赛中，车手经过此旗则代表比赛结束。

联合国旗： 联合国的旗帜图案是橄榄枝，象征着世界和平。

海盗旗： 旗帜上骷髅头和剑的设计是为了起到恐吓作用。

① 这是南美洲第二大国家的国旗，它的图案是一颗闪耀着32道光芒的太阳。

② 这面国旗属于一个中亚国家，国旗上有传统的地毯编织图案。

③ 这个多山的欧洲国家是少数悬挂方形国旗的国家之一。

④ 这面国旗飘扬在一个拥有约14亿人口的国家上空。

⑤ 这个国家生产的汽车数量居全欧洲之首。

⑥ 据说长矛和盾牌可以保护这个非洲国家的人民。

⑦ 这个岛国的国旗融合了三面旗帜的元素。

国旗

世界上每个国家都有自己的国旗，国旗上的图案反映了这个国家的历史及文化。国旗是人民的骄傲，它将这个国家的人民团结在一起。

⑧ 这个国家以盛放的樱花和富士山而闻名，其国旗上的图案是深红色的太阳。

⑨ 1971年，一名15岁的女学生设计了这面南太平洋岛国的国旗，国旗上有一只极乐鸟。

⑩ 这个崎岖多山的亚洲国家的国旗上有一条龙。

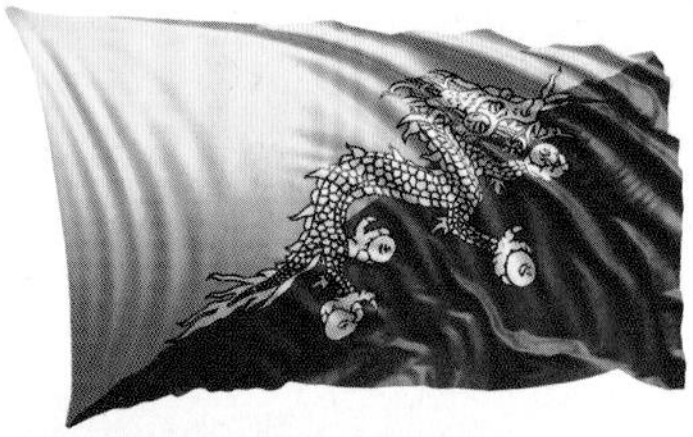

⑪ 1960年，这面旗帜在这个刚刚独立的非洲国家的上空飘扬。

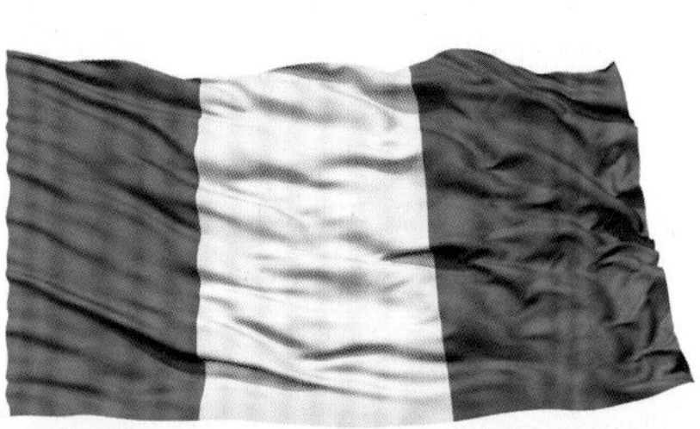

⑫ 坐在仙人掌上的老鹰是这个国家的前身阿兹特克帝国的象征。

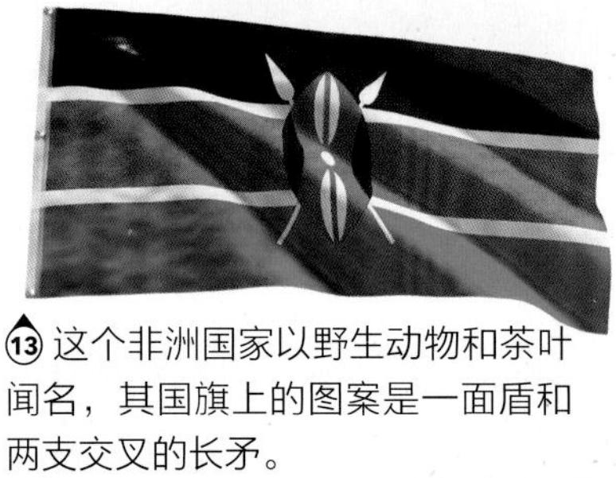

⑬ 这个非洲国家以野生动物和茶叶闻名，其国旗上的图案是一面盾和两支交叉的长矛。

⑭ 安第斯山脉纵贯这个国家的南北，其国旗上的图案与印加文明有关。

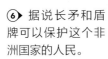

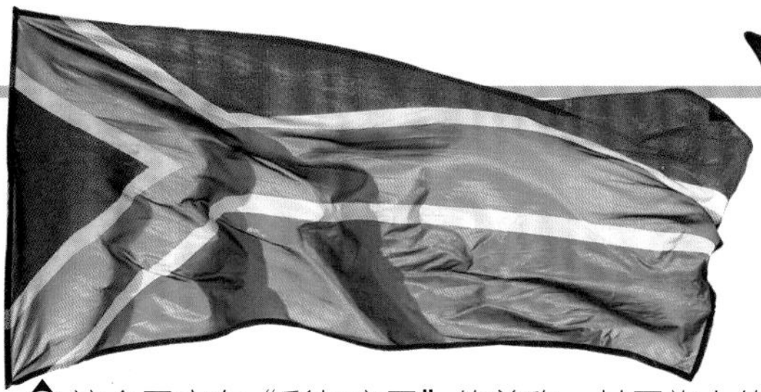

⑮ 这个国家有“彩虹之国”的美称，其国旗上的颜色也有很多种。这面国旗在1994年，也就是纳尔逊·曼德拉成为总统的那一年首次飘扬。

⑯ 这是一个由被解放奴隶成立的非洲国家，其国旗的设计基于美国国旗。

⑰ 这个国家所有的官方旗帜都是用同一种布料制成的，这种布料是圣雄甘地推广的。

⑱ 这面国旗属于世界上面积最大的国家，这个国家也是2018年男足世界杯的主办国。

⑲ 亚马孙河流经这个国家，这个国家的国旗上有一句葡萄牙语格言——“秩序与进步”。

⑳ 在这片传说曾居住着古代神明的土地上，国旗上的蓝色代表地中海，第一届奥运会就在这里举办。

㉑ 这个亚洲国家的国旗中心的圆形符号代表的是宇宙的平衡。

㉒ 自1903年以来，世界上最著名的长距离自行车赛一直由这个国家主办。

㉓ 国旗上的枫叶是这个北美洲国家大片枫叶林的缩影。

㉔ 这个国家是个石油大国，其国旗上有阿拉伯文字和一把白色的宝刀。

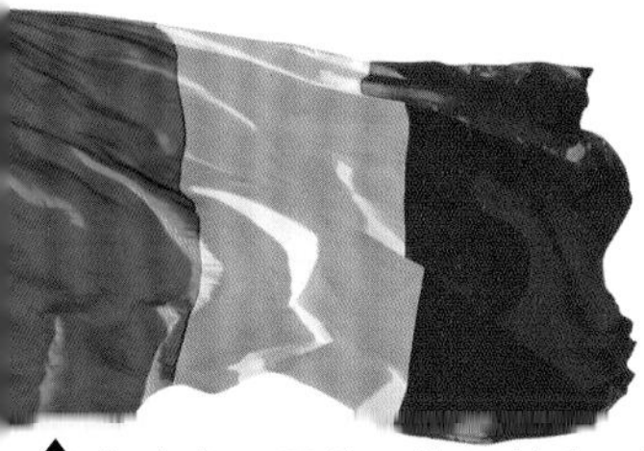

㉕ 在太空卫星传回的照片上，这个国家的国土形状像一只靴子。

㉖ 这个国家以袋鼠闻名，其国旗上点缀着南半球上空的星星。

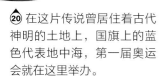

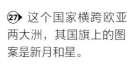

㉗ 这个国家横跨欧亚两大洲，其国旗上的图案是新月和星。

自我评价

入门学徒

中国
英国
日本
瑞士
加拿大
俄罗斯
巴西
德国
韩国

进阶学霸

澳大利亚
希腊
南非
阿根廷
土耳其
墨西哥
印度
法国
意大利

知识天才

利比里亚
肯尼亚
不丹
土库曼斯坦
尼日利亚
巴布亚新几内亚
沙特阿拉伯
斯威士兰
秘鲁

答案：1.阿根廷 2.土库曼斯坦 3.瑞士 4.中国 5.德国 6.斯威士兰 7.英国 8.日本 9.巴布亚新几内亚 10.不丹 11.尼日利亚 12.墨西哥 13.肯尼亚 14.秘鲁 15.南非 16.利比里亚 17.印度 18.俄罗斯 19.巴西 20.希腊 21.韩国 22.法国 23.加拿大 24.沙特阿拉伯 25.意大利 26.澳大利亚 27.土耳其

天气

我们经历的所有天气现象都发生在对流层，也就是地球大气层的最低层。温度、气压、风速、湿度和光照强度都会影响天气。从寒冷的雪山到湿热的热带雨林，世界各地的天气也会随着地貌的变化而变化。

马拉开波湖的上空每年大约会出现120万次闪电。

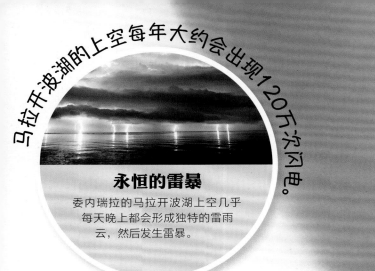

永恒的雷暴

委内瑞拉的马拉开波湖上空几乎每天晚上都会形成独特的雷雨云，然后发生雷暴。

有些龙卷风的直径可达4千米。

极端天气

- 印度梅加拉亚邦每年的平均降水量约为11 873毫米，是世界上降水最多的地区。
- 1927年，日本伊吹山的降雪量达到了1 182毫米，刷新了降雪量的世界纪录。
- 地球上空每天都有45 000多个雷暴在隆隆作响。
- 雪暴发生时，雨水或水雾会冻在物体上，把建筑物变成“冰雕”，就像下图这座美国密歇根湖上的灯塔一样。

龙卷风通常不到600米高。

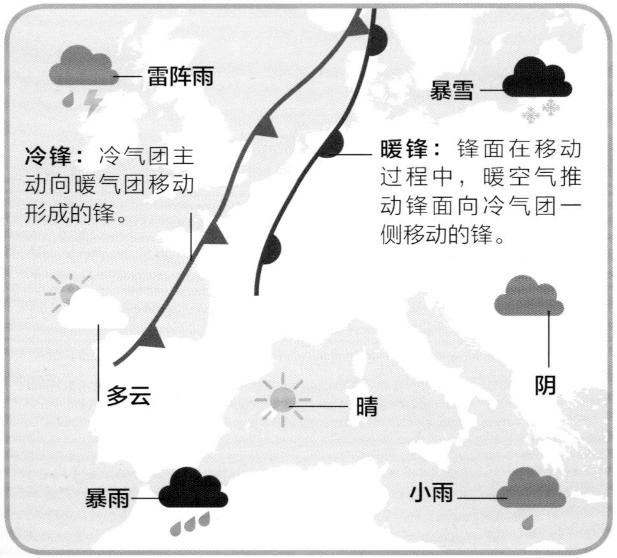

雷阵雨
暴雪
冷锋：冷气团主动向暖气团移动形成的锋。
暖锋：锋面在移动过程中，暖空气推动锋面向冷气团一侧移动的锋。
多云
晴
阴
暴雨
小雨

什么是天气预报？

气象学家专门研究天气的变化，并在地图上使用符号来表示该地区即将发生的天气现象。这在预报极端天气时非常重要，比如预测有龙卷风发生时，专家们就会建议人们尽量待在家里。如今，将人造卫星与超级计算机相结合，可以使天气预报更为准确。

你知道吗？

有时，天上会下青蛙雨和鱼雨，这些青蛙和鱼被大风卷到云里，然后像雨一样落下来。

用数据说话

476千米/时

这是龙卷风的最高风速。

100个

这是每秒击中地球表面的闪电数量。

1.825米

这是1966年印度洋留尼汪岛24小时的降雨量。

1个

这是为一个城镇提供一年照明电力所需的闪电数量。

龙卷风是如何形成的？

1. 从地面上升起的湿热空气在上升过程中逐渐冷却，随后形成巨大的黑色风暴云。

2. 高空的强风使云旋转起来，这些巨大的旋转风暴云被称为"超晶胞雷暴"。

3. 周围的空气被吸入其中，云中的空气开始加速旋转，然后形成漏斗状，并延伸至地面。

4. 快速而强劲的龙卷风就形成了，它会将沿途的一切全部摧毁，留下一片狼藉。

奇怪的天气

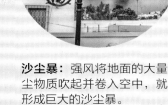

月虹： 当月光透过水滴照射到地球上时，反射的光线会在天空中形成微弱的月虹。

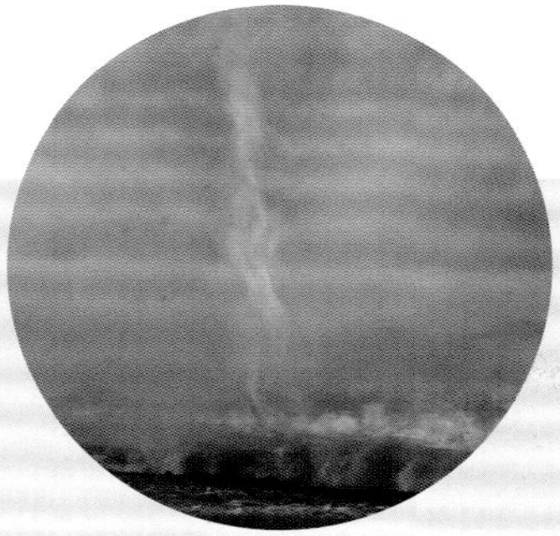

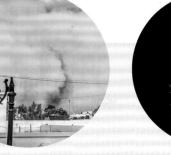

火旋风： 如果地面上熊熊燃烧的火焰遇到强风，火焰就会冲向空中，形成危险的火旋风。

沙尘暴： 强风将地面的大量沙尘物质吹起并卷入空中，就会形成巨大的沙尘暴。

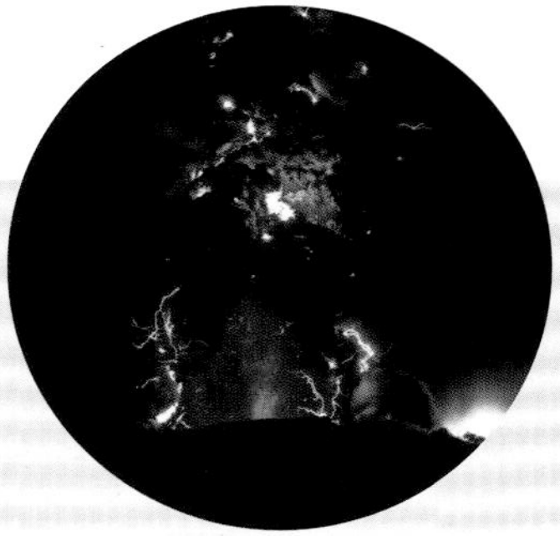

火山闪电： 这是火山爆发时可能会发生的极端天气。

大冰雹： 冰雹是从雷雨云中的冰晶演变来的，有些冰雹比高尔夫球还要大。

云

天空中那些蓬松的云像飘浮的棉絮，它们实际上由微小的水滴构成，有些甚至由悬浮在空气中的冰晶构成。如果云中的水滴或冰晶变得太大，它们就会以雨或雪的形式落下。学会辨认云朵可以帮助你预测是否会下雨或下雪，这样你就可以提前知道出门是否需要携带雨具啦！

① 这种云属于高云族，它带有冰晶的亮泽。

② 这通常是在高空的一种云，透过这种松软的云可以依稀看到蓝天。

③ 这种薄薄的高空云会使天空变白。

这些云由水或细小的冰晶组成。

④ 这种蓬松的中层云能在天空中形成美丽的图案。

这种云团的另一个名称是“云中之王”。

⑤ 这种云属于中云族，可形成小量雨雪。

自我评价

入门学徒	卷云 积雨云 层云 积云
进阶学霸	卷积云 层积云 雨层云 卷层云
知识天才	斗笠云 乳状云 透光高积云 高层云

⑦ 这种云属于低云族，当它们在海面上时，可能会形成连续的云团。

⑥ 这些奇形怪状的云像玻璃镜片。

⑧ 这种低云族的云呈灰色，能遮挡太阳。

⑨ 这个巨大的云柱会引发雷暴和冰雹。

⑩ 这种云像一堆堆棉絮，通常代表着天气晴朗。

⑪ 它是在积雨云下方形成的积云。

⑫ 这种深灰色的云会带来持续的大雨天气。

答案： 1.卷云 2.卷积云 3.卷层云 4.透光高积云 5.高层云 6.斗笠云 7.层积云 8.层云 9.积雨云 10.积云 11.乳状云 12.雨层云

地表之下

地壳是一层厚达50千米的岩石矿物层。来自地球内部的热量使地壳不断运动，在数百万年的时间里不断地改造、破坏岩石和矿物。在地质历史的发展中，形成地壳表面的元素分布具有不均一性。这种不均一性在一定程度上控制和影响着世界各地动植物的演化，形成了各种独特的生态环境。

炙热的岩石

在地球表面形成的岩浆岩只需要数小时就能冷却，而在地下则需要数千年。

岩石的种类

岩浆岩是指岩浆冷却后凝固或岩浆到达地球表面后形成的岩石。

变质岩是在地球内力作用下引起的岩石构造的变化和改造产生的新型岩石。

沉积岩通常是指遭受到风化侵蚀作用而形成的沉积物胶结后的产物。

用数据说话

300万美元
这是一克拉稀有翡翠的价格，它也是当今最昂贵的矿物。

75%
这是地表中沉积岩所占的比例。在地球表面之下主要是岩浆岩和变质岩。

66吨
这是曾撞击地球的最大陨石的重量。这些陨石从太空进入地球大气层。

什么是岩石循环?

侵蚀、压力和热力的作用使岩石从一种形态转换到另一种形态。这个永无休止的转换过程被称为“岩石循环”。

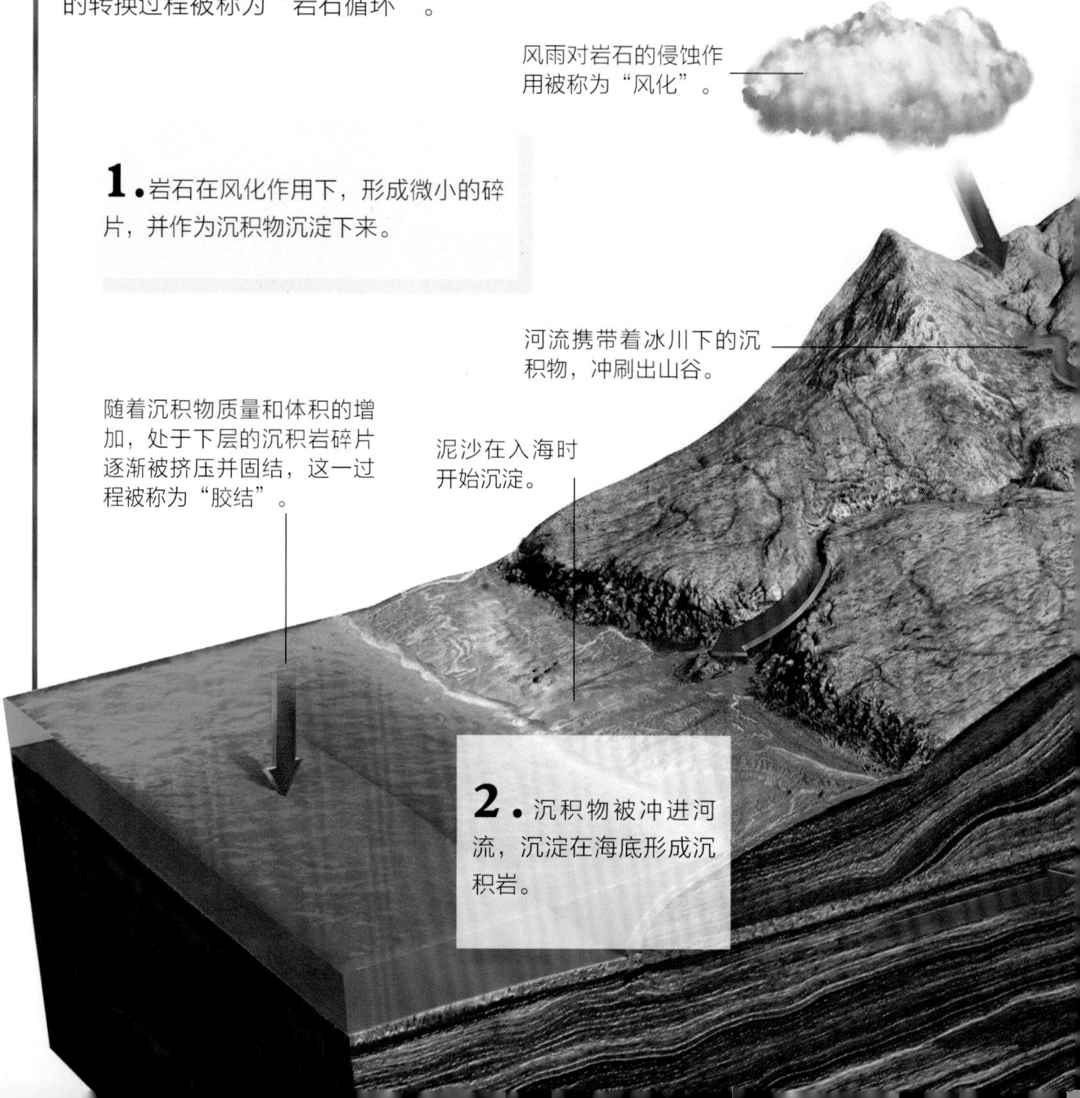

风雨对岩石的侵蚀作用被称为“风化”。
1. 岩石在风化作用下，形成微小的碎片，并作为沉积物沉淀下来。
河流携带着冰川下的沉积物，冲刷出山谷。
随着沉积物质量和体积的增加，处于下层的沉积岩碎片逐渐被挤压并固结，这一过程被称为“胶结”。
泥沙在入海时开始沉淀。
2. 沉积物被冲进河流，沉淀在海底形成沉积岩。

不同之处

矿物：具有一定化学组成的天然化合物。右边这种石英是硅和氧的化合物，同时也是一种晶体。

六方晶体

长石的颜色多种多样。

岩石：岩石是不同矿物的混合物。这种花岗岩中含有长石（粉红色）、石英（灰色）和云母（黑色）。

常见的矿物

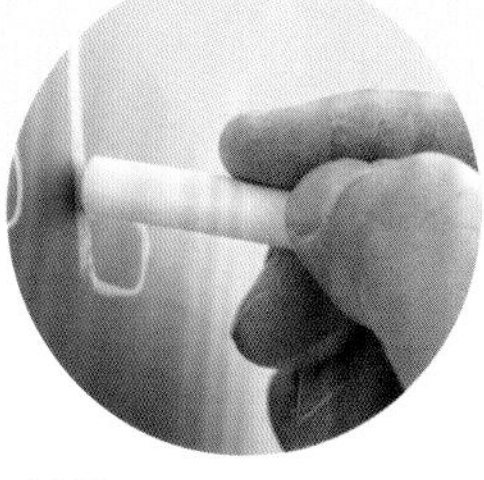

粉笔

它由白垩石制成，白垩石会碎裂并黏附在物体表面，很适合在黑板上写字。

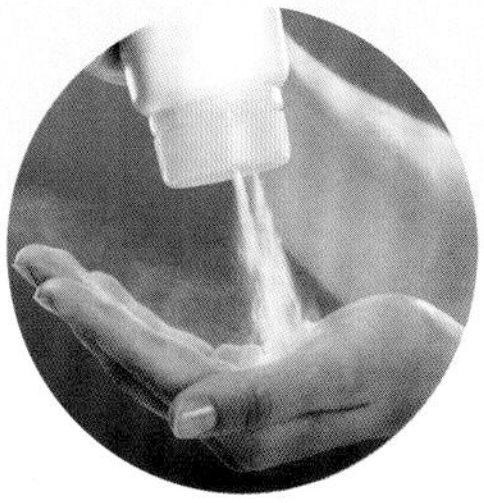

滑石粉

人们通常将这种矿物质碾碎成粉末，用以制作化妆品。

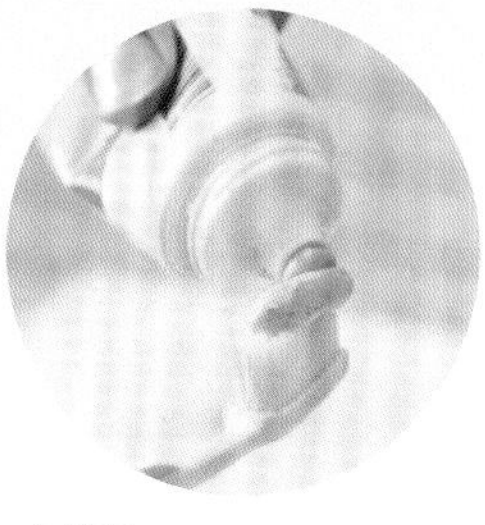

牙膏

矿物质在牙膏中被广泛应用，因为它们质地坚硬，有助于清洁牙齿。

你知道吗？

锆石是已知最古老的矿物晶体，形成于44亿年前，那时地球才刚刚形成球体。

雷击石

这种岩石像压实的沙子。它是由闪电击中沙子后形成的，并因此而得名。

冰川运动把冰川下的岩石磨成细粉，然后形成沉积物。

4. 地下深处的高温将岩石融化成岩浆，岩浆从火山中喷发出来，冷却后形成岩浆岩。

3. 由于地球的内部运动，沉积岩和岩浆岩被压缩、加热，从而形成变质岩。

岩石和矿物的趣知识

- 浮石是一种可以漂浮在水面上的岩石，是火山喷发的岩浆冷却后形成的海绵状岩石。其中包裹了大量气泡，因此可以漂浮在水面上。
- 煤是一种岩石，由几百万年前的史前沼泽森林演变而来。
- 熔岩如果冷却得非常快，就会形成具有某些玻璃特性的黑曜石。黑曜石的边缘非常锋利，可用来制作外科手术刀。
- 2000年，人们在墨西哥的一个洞穴中发现了长达11米的石膏晶体。

岩石和矿物

你知道如何分辨岩石和矿物吗？其实这并不像想象中那么难。岩石和矿物都来自我们脚下的这片土地，它们有些颜色鲜艳得十分吸睛，有些则如宝石一般珍贵。

③ 这种矿物的光泽明亮且呈金黄色，所以获得了“愚人金”的绰号。

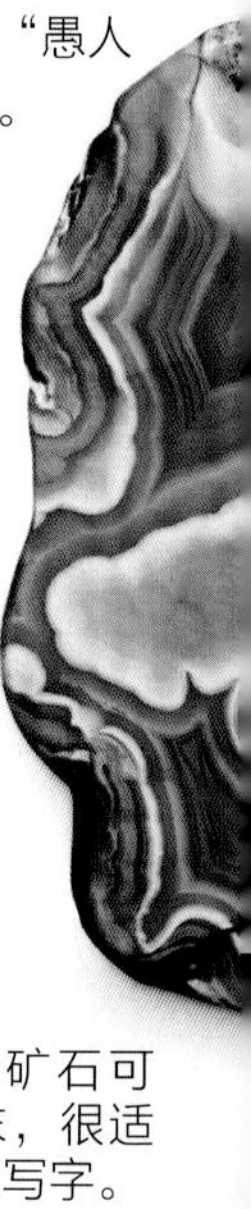

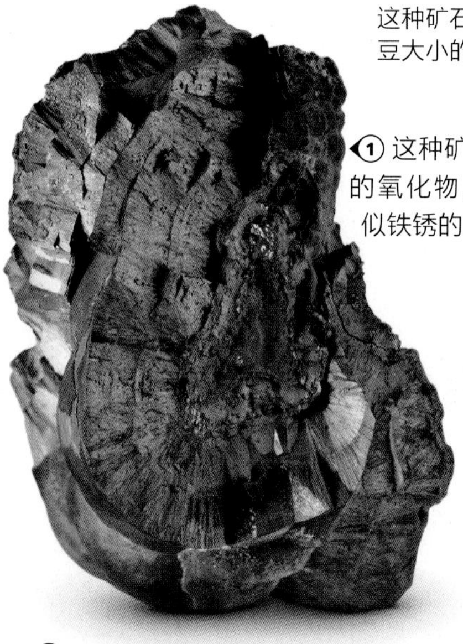

① 这种矿石是一种铁的氧化物，所以呈类似铁锈的血红色。

这种矿石上有很多豌豆大小的矿物颗粒。

② 这种矿石中含有多种元素，但其主要成分是铝。

⑤ 这种矿石可碾成粉末，很适合在墙上写字。

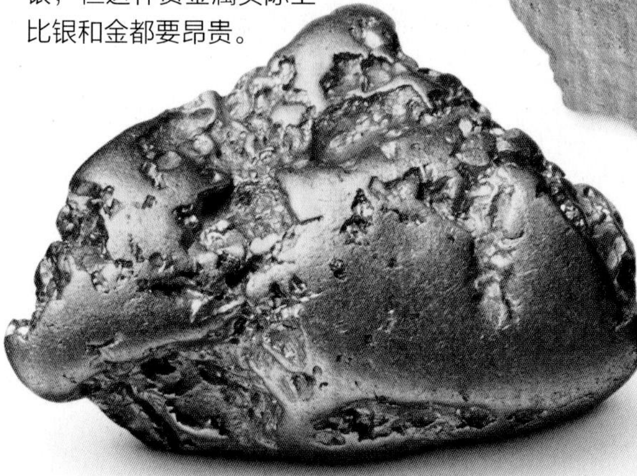

④ 虽然它外表看起来像银，但这种贵金属实际上比银和金都要昂贵。

⑥ 不要将这种矿物拿来玩，因为它含有剧毒。

⑦ 这种岩石主要由微小的海洋贝壳碎片构成，有时在这种岩石中还能发现某些大型化石。

⑧ 这种坚硬的矿石通常被当作建筑材料，是高层建筑的地基。

混合的矿物使这块矿石看起来具有颗粒感。

⑨ 这种粉红色矿石可被切割并抛光成昂贵的宝石。

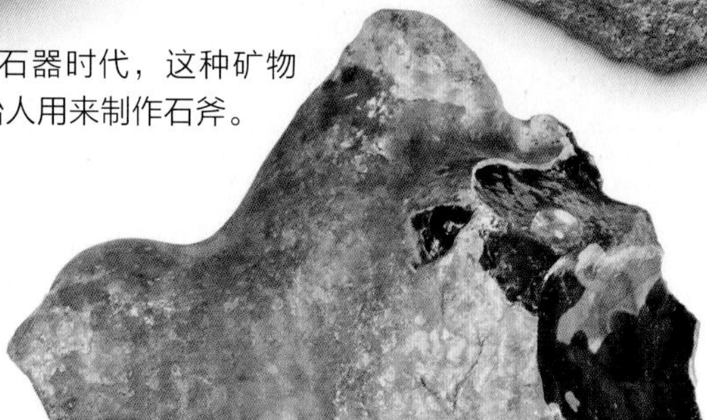

⑩ 在石器时代，这种矿物被原始人用来制作石斧。

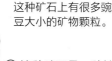

⑪ 这种纯碳矿物质地柔软，有滑腻感，它是铅笔芯的原材料。

答案：1.赤铁矿 2.铝土矿 3.黄铁矿 4.铂金 5.白垩 6.砷矿 7.石灰岩 8.花岗岩 9.蔷薇石英 10.燧石 11.石墨 12.玛瑙 13.辰砂 14.大理石 15.金矿 16.[illegible] 17.黑曜石 18.陨石 19.硫黄 20.孔雀石 21.砂岩

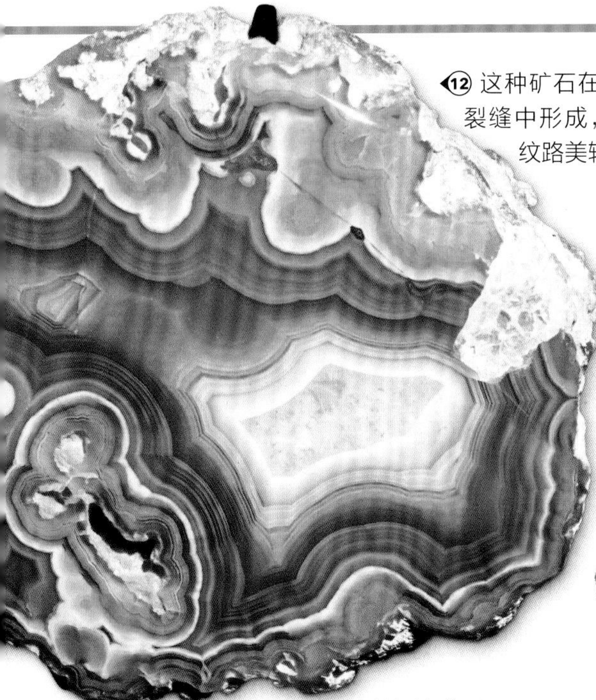

⑫ 这种矿石在火山岩的裂缝中形成，其带状纹路美轮美奂。

⑬ 这种鲜红色的火山矿石是液态金属汞的来源。

⑭ 这种矿石表面闪烁着光泽，有着美丽的纹理。这使它在雕塑和建筑中很受欢迎。

⑮ 这种闪亮、微小的贵金属颗粒镶嵌在白色的石英矿物中。

这种金属通常以颗粒或薄片状存在。

这种石头常常含有铁。

⑱ 这块石头不属于地球，它是一块来自外太空的石头。

⑯ 如果你觉得这些晶体看起来像盐，那么你就猜对了，这种矿石就是盐的来源之一。

⑰ 小心！这种岩浆岩的边缘像刀片一样锋利。

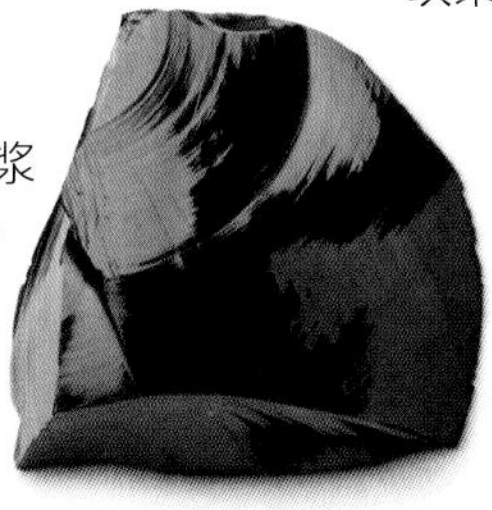

⑲ 这种亮黄色的矿物堆积在炽热、令人窒息的活火山口周围。

这种晶体的结晶长度可达4厘米。

⑳ 如果矿石中含有铜，它们就会呈绿色，正如下图这块颜色鲜艳的矿石一样。

㉑ 如果你仔细观察就会发现，这块矿石由微小的黄色颗粒胶结而成。

自我评价

入门学徒

- 大理石
- 铂金
- 花岗岩
- 玛瑙
- 石墨
- 金矿
- 白垩

进阶学霸

- 燧石
- 石灰岩
- 硫黄
- 砂岩
- 赤铁矿
- 陨石
- 砷矿

知识天才

- **盐岩石**
- **孔雀石**
- **黑曜石**
- **蔷薇石英**
- **辰砂**
- **铝土矿**
- **黄铁矿**

①这种宝石中最受欢迎的是深紫红色的，古罗马人相信这种宝石是由酒神巴克斯所创。

心形宝石的周围镶嵌着29颗较小的宝石。

②这种宝石的黑白条纹图案是独一无二的，十分引人注目。

③这种半宝石通常分布在花岗岩中。几个世纪以来，印第安人都一直把它当作陪葬品。

④这种宝石的名字会让人想到海洋的颜色。

宝石

有些矿物会形成晶体，人们把这些晶体切割、打磨成耀眼的宝石，这些宝石在制作珠宝时很受欢迎。很多宝石都非常美丽，有些十分昂贵，试试看，你能认出几种宝石？

⑤这种石头的英文名源于拉丁文“Granatum”，意为“种子”。这可能是受石榴籽的启发，因为这种石头的形状和颜色都与石榴籽很相似。

⑥这种石头磨碎后可制成一种深蓝色颜料，许多艺术家都用过这种颜料。此外，它在古代也常被用来制作珠宝。

⑦因为这种宝石中含有铁元素，所以它的颜色呈橄榄绿，铁含量越高，其绿色就越深。

⑧这种宝石是碳元素的单质，是目前已知地球上硬度最高的天然材料，常被用于切割工具中。

切割、抛光后的珠子。

⑨这种宝石由数百万年前的树脂演变而来，宝石中有时还会有动物化石。

答案： 1.紫水晶 2.缟玛瑙 3.碧玺 4.海蓝宝石 5.石榴石 6.青金石 7.橄榄石 8.钻石 9.琥珀 10.蓝宝石 11.祖母绿 12.黄玉 13.鸡血石 14.红宝石 15.月光石 16.煤玉 17.孔雀石 18.绿松石 19.虎眼石 20.珍珠 21.欧泊

⑩ 这种宝石的颜色多样，既有黄色，也有紫色和绿色，但它以蓝色最为著名。

⑪ 这种著名的宝石在含铬和钒时颜色为绿色，图中它被镶嵌在一把土耳其匕首上。

⑫ 晶体中的杂质使得这种宝石呈现出不同的颜色，比如红色、黄色和绿色。

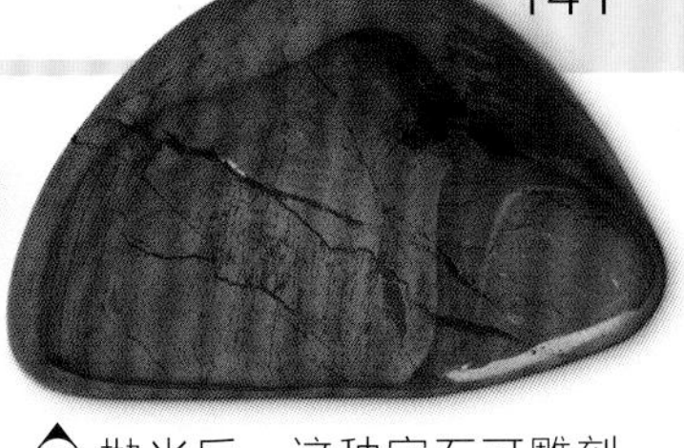

⑬ 抛光后，这种宝石可雕刻成具有装饰作用的工艺品。

⑭ 2015年，一颗名为“日出”的这种血红色宝石曾卖出过3 000多万美元的高价。

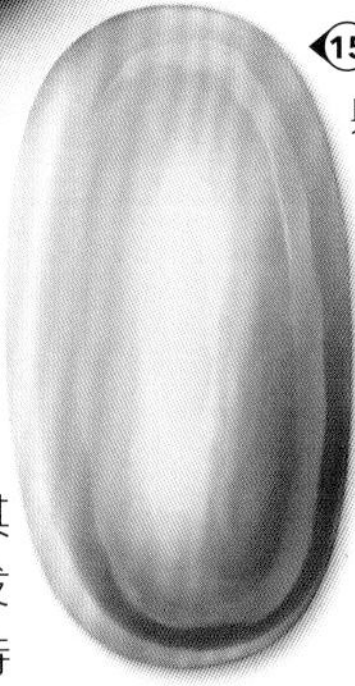

⑮ 这种宝石因它散射光线的方式十分特殊而得名。

⑯ 这种宝石像煤一样，没有哪种宝石的颜色会比它更黑了。它由史前枯木演变而来。

⑰ 这种宝石看起来像是绿色的大理石，它曾被用来制作颜料。

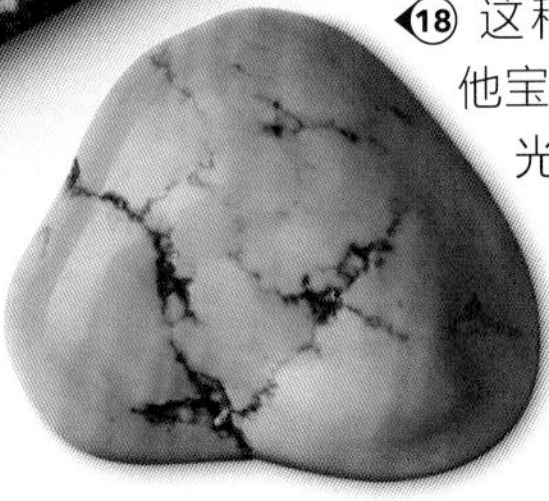

⑱ 这种宝石不像其他宝石一样闪闪发光，但它独特的颜色和脉络弥补了这一缺陷。

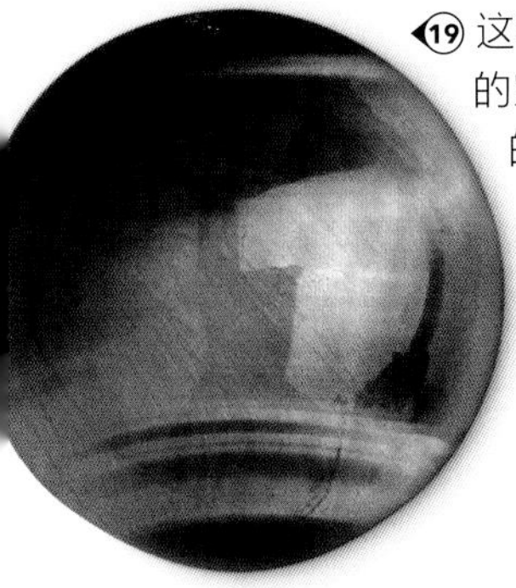

⑲ 这种表面明亮且有流动性光泽的宝石呈红棕色，是不同矿物的混合物，像猫的眼睛。

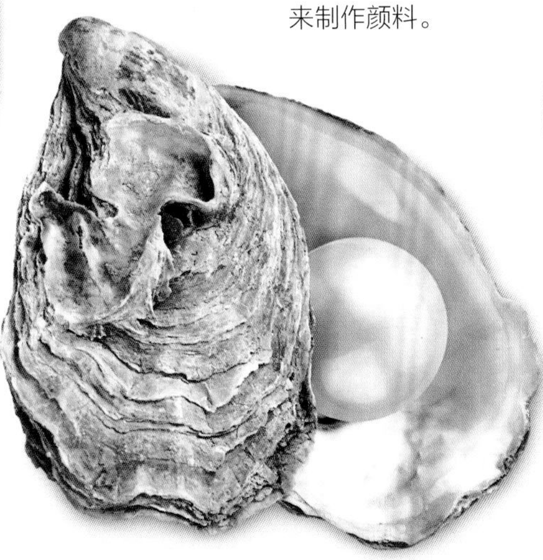

⑳ 当一些贝类被沙砾等刺激时，就会分泌珍珠质将沙砾等物质层层包裹，形成这种闪闪发光的有机宝石。

㉑ 这种令人惊叹的五彩宝石的主要产地是澳大利亚，它是澳大利亚的国宝。

自我评价

入门学徒	进阶学霸	知识天才
琥珀	紫水晶	**孔雀石**
蓝宝石	黄玉	**碧玺**
钻石	青金石	**橄榄石**
绿松石	欧泊	**鸡血石**
珍珠	缟玛瑙	**月光石**
红宝石	石榴石	**海蓝宝石**
祖母绿	煤玉	**虎眼石**

4 历

历史的迷宫

人类文明的发展并不是笔直向前的，随着时代的更替，历史塑造了一个又一个的领袖在引领人类向前。每个时代的人们都一直走在寻求希望的道路上，当下不妨驻足而观，重新拾起过去的历史，看看你是否可以顺利走出这个迷宫。

时间线

苏美尔文明
最早的城市由苏美尔人建造，他们居住在今伊拉克南部幼发拉底河和底格里斯河的下游。

公元前5000—公元前2350年

印度河流域文明
在印度和巴基斯坦西北部的印度河流域发现了大量规划完善的城市遗址。

公元前3300—公元前1300年

古埃及文明
延续了3 000多年的古埃及文明是存在时间最长的古文明。

公元前3300—公元前30年

小北文明
位于秘鲁中北部沿海地区的小北文明是美洲大陆上已知最古老的文明。

公元前3100—公元前1800年

中华文明
中华文明是人类历史上唯一一个绵延至今未曾中断的灿烂文明。

夏朝至今

文明的起源

当一群人聚集在一起时，会逐渐形成他们特有的生活方式，并拥有自己的统治者、宗教和文化，这样，一个新的文明就诞生了。我们现在可以通过许多伟大的建筑遗址去了解远古时代的文明。

如何建造金字塔？

1. 首先要招募一群劳工，因为建造一座古埃及王陵是一项极为艰巨的任务。

2. 将劳工派到采石场手工切割石块，然后用木橇将切割好的石块拖到建造地点。

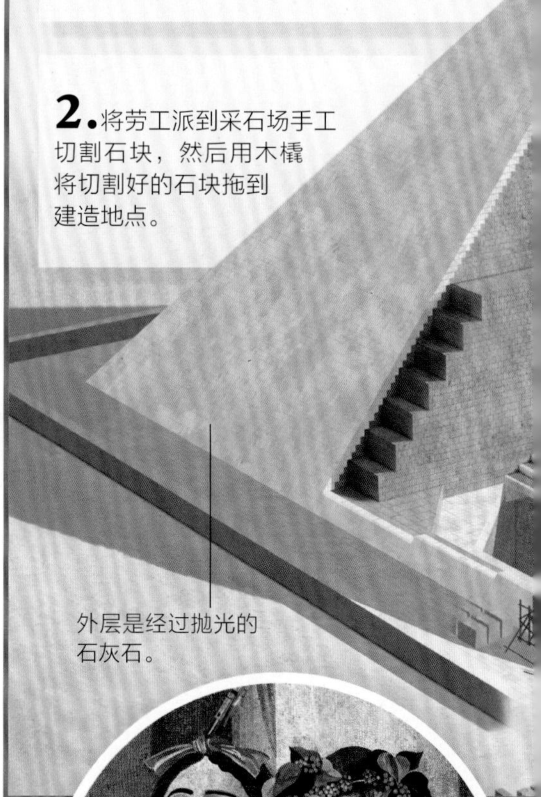

外层是经过抛光的石灰石。

历法

为了记录时间，世界上的很多文明都发明了自己的历法。历法是根据天象制定的计算时间的方法，此外，还规定了重要节日的日期。

在中国的历法中，每年都会以对应的十二生肖来命名，例如龙年。

这块石板上雕刻的就是古罗马历法，月份分别以神、统治者和数字命名。

人马座就是射手座，是黄道十二星座之一。

用数据说话

400 000千米
这是罗马人为整个罗马帝国修建的道路总长。

40 000千米
这是秘鲁印加人修建的道路总长。

21 196千米
这是中国长城的总长度。长城始建于2000多年前，是用来抵御外族的城墙。

古代剧院
戏剧是古典世界的一个重要组成部分。戏剧中的所有角色都由戴着面具的男演员扮演。

剧院一词源于希腊语“theatron”，意为“观看的地方”。

古希腊文明

古希腊文明为世界留下了民主思想和奥林匹克运动会。

公元前1600—公元前146年

古罗马文明

古罗马人建立的罗马帝国曾统治着地中海周边的所有土地。

公元前753—公元476年

玛雅文明

玛雅人在中美洲的丛林中建造了城市，城市中有金字塔和宫殿。

公元前250—公元1697年

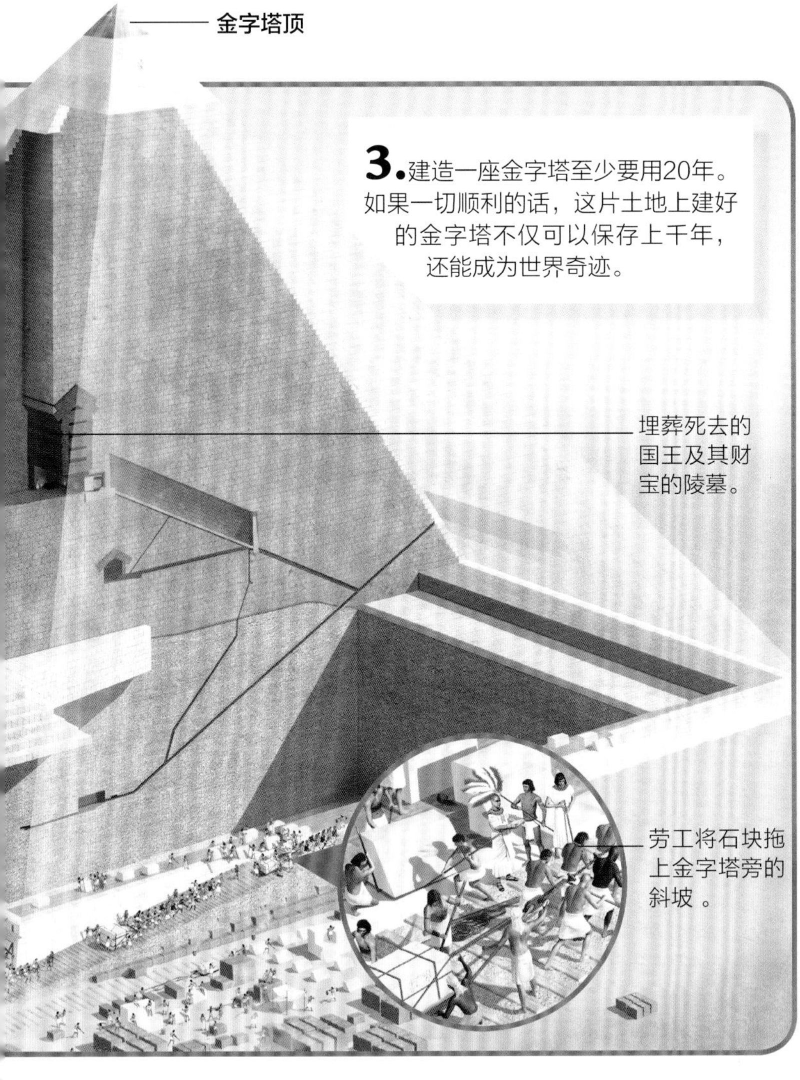

金字塔顶
埋葬死去的国王及其财宝的陵墓。
劳工将石块拖上金字塔旁的斜坡 。

3. 建造一座金字塔至少要用20年。如果一切顺利的话，这片土地上建好的金字塔不仅可以保存上千年，还能成为世界奇迹。

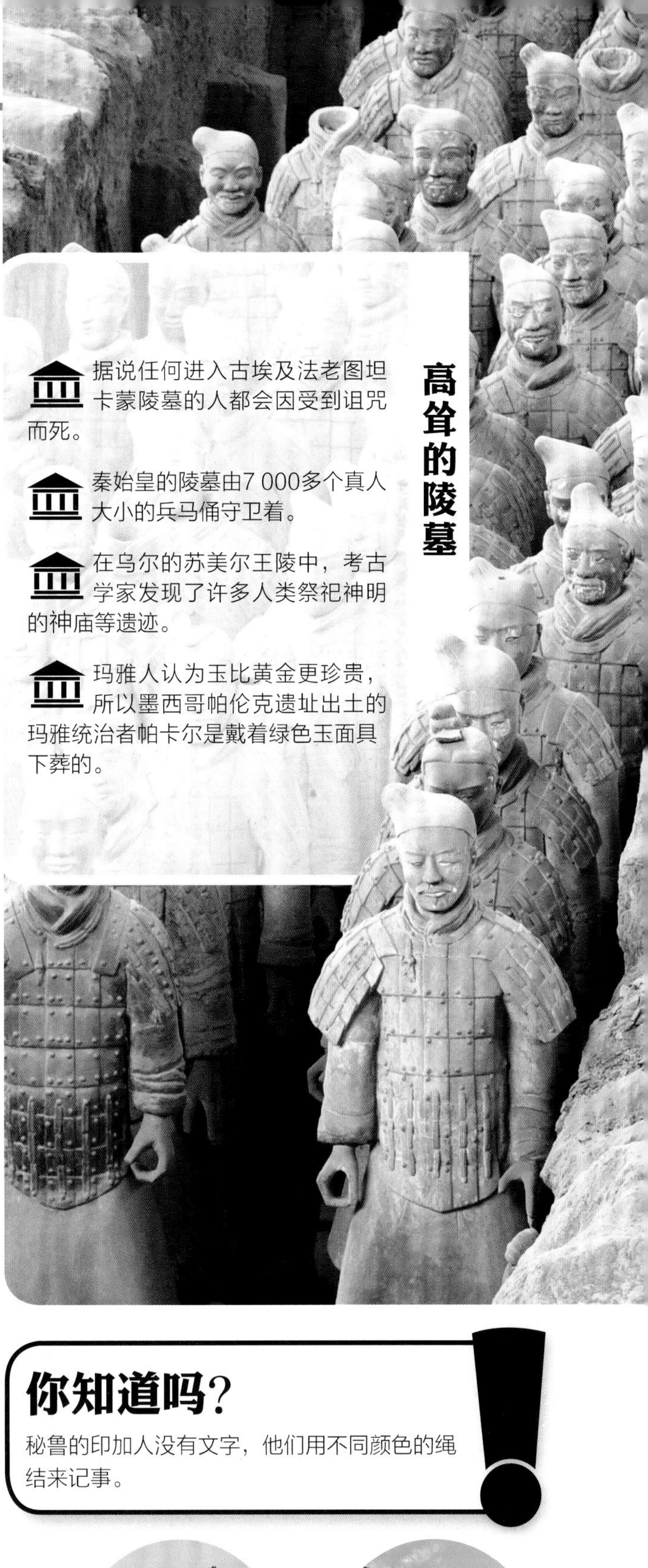

高耸的陵墓

- 据说任何进入古埃及法老图坦卡蒙陵墓的人都会因受到诅咒而死。
- 秦始皇的陵墓由7 000多个真人大小的兵马俑守卫着。
- 在乌尔的苏美尔王陵中，考古学家发现了许多人类祭祀神明的神庙等遗迹。
- 玛雅人认为玉比黄金更珍贵，所以墨西哥帕伦克遗址出土的玛雅统治者帕卡尔是戴着绿色玉面具下葬的。

你知道吗?

秘鲁的印加人没有文字，他们用不同颜色的绳结来记事。

庙宇的种类

玛雅神庙： 玛雅人建造的庙宇形状像陡峭的金字塔，神庙上的台阶通向最顶层的大殿。

古希腊神庙： 这种神庙多采用柱式结构。图中的神庙中供奉着诸神神像。

古埃及神庙： 要想进入古埃及人建造的神庙，首先要穿过塔门。

印度教神庙： 印度教神庙的外墙上雕刻着许多栩栩如生的雕像。

古罗马神庙： 古罗马神庙模仿的是古希腊神庙，但古罗马神庙不是用石头，而是用砖块和混凝土建造的。

① 这座古城（坐落在今土耳其）于公元前10世纪由雅典殖民者建造，城市中令人叹为观止的图书馆和圆形剧场至今仍屹立不倒。

② 这座位于墨西哥的古城是500年时美洲最大的城市，因其有一条“黄泉大道”而闻名。

装饰性的土墙。

③ 秘鲁曾是印加帝国的政治、军事和文化中心，其都城遗留下来的墙体和雕像都很精美、独特。

失落的城市

数千年来，随着文明的更替，许多城市被遗忘、被沙漠掩埋，或被森林覆盖。你能识别出这些世界各地的古迹吗？它们都是由探险家和考古学家发现或挖掘出来的。

⑤ 在这座中世纪城市的废墟中发现的一只鸟的石雕是现在一个非洲国家的国旗图案。

④ 1572年，印加人放弃了这个位于安第斯山脉高处的圣地，直到1911年，它才重新被外界发现。

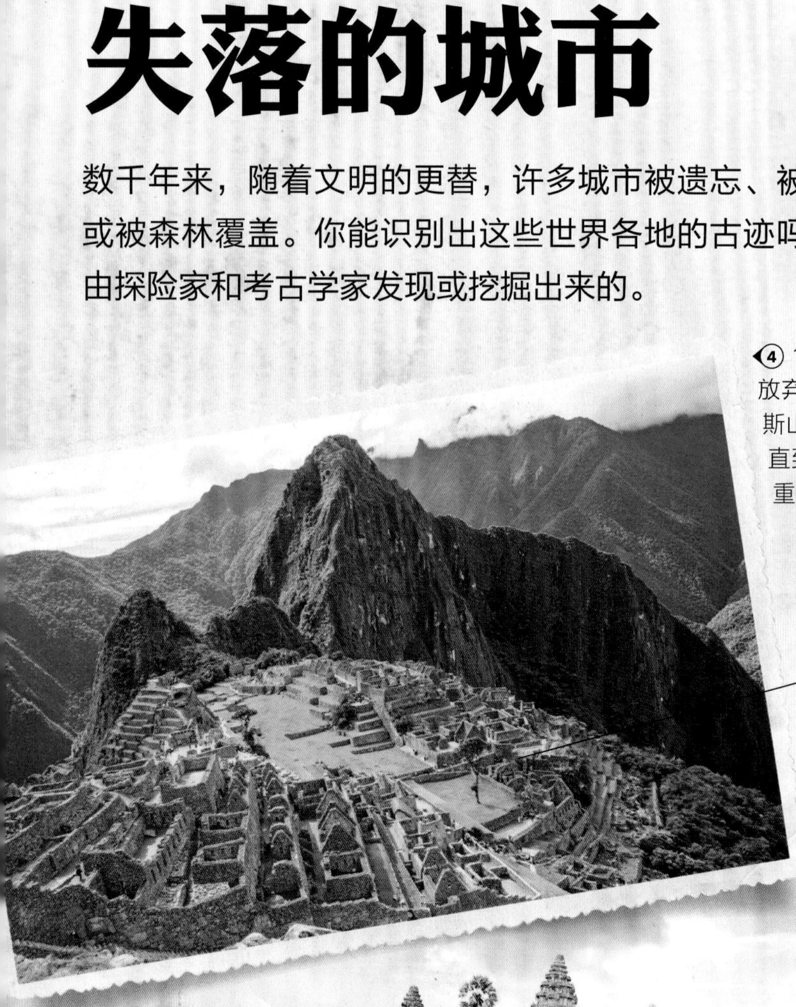

这个遗址中大约有200座建筑。

⑥ 石车、象舍和庙宇都只是这个14世纪时的毗奢耶那伽王朝首都的部分遗迹。

⑦ 这座柬埔寨寺庙建于12世纪，是世界上较大的宗教庙宇之一。

⑧ 79年，意大利维苏威火山爆发，这座古罗马城市被厚厚的火山灰掩埋了。

答案：1.以弗所 2.特奥蒂瓦坎古城 3.昌昌古城 4.马丘比丘 5.大津巴布韦 6.汉比 7.吴哥窟 8.庞贝古城 9.底比斯 10.古罗马城市广场 11.奇琴伊察 12.高昌故城 13.蒲甘古城 14.波斯波利斯 15.佩特拉古城

⑨ 这座位于尼罗河畔的古埃及城市为阿蒙神建造了一座巨大的神庙。

⑩ 意大利首都的市中心曾是另一个强大帝国的政治中心，这个帝国的公民会穿着长袍在这里散步，并参加公开会议。

⑪ 这座城市中有一座高24米且有阶梯的金字塔，是墨西哥古玛雅城市的考古奇观之一。

⑫ 这是塔克拉玛干沙漠中一座古老的绿洲城市，它曾是丝绸之路上的一个重要贸易点。

⑬ 据说，在这座缅甸圣城里曾经有10 000多座佛教寺庙。

⑭ 这座古城位于伊朗境内，高耸的圆柱与大流士王接见厅是该遗迹的主要标志。

⑮ 这座位于约旦的古城几乎全是在岩石上雕凿而成，因其岩石呈微红色，所以又被称为“玫瑰古城”。

自我评价

入门学徒	进阶学霸	知识天才
奇琴伊察	波斯波利斯	**以弗所**
庞贝古城	佩特拉古城	**昌昌古城**
马丘比丘	汉比	**大津巴布韦**
吴哥窟	特奥蒂瓦坎古城	**高昌故城**
古罗马城市广场	底比斯	**蒲甘古城**

古罗马诸神

古罗马人崇拜神灵，他们为神灵建造了许多神庙，并向神灵祭祀。从婚姻和爱情到战争和火灾，每位神灵都掌管着生活的不同领域。你能说出下面这些神的名字吗?

① 这位神掌管着阴间的亡灵，并命一只三头犬守卫着冥府的大门。

② 这位女神是冥王的王后。

③ 这位神以他的三叉戟而闻名，三叉戟的形状类似鱼叉。

④ 这是众神的使者，他是一位行动敏捷的信使，常常戴着一顶插有双翅的帽子。

⑤ 他是第一位双面神，1月（January）的英文就是以他命名的。

⑥ 这是智慧、工艺和战争女神，她通常戴着头盔，手持长矛。

⑦ 火山一词的英文名源于这位火与工匠之神的名字。

这位神通常拿着铁匠的锤子，为其他英雄和神锻造盔甲。

⑧ 这位婚姻女神是众神之母，6月就是（June）以她的名字命名的。

⑨ 这是众神之王，他以雷电为武器，维持着天地间的秩序。

⑩ 这是酒神，也是果实之神，还是最先种植葡萄的神，他手上通常拿着一杯酒和一串葡萄。

⑪ 她是代表爱与美的女神，夜空中最亮的行星就是以她的名字命名的。

这位女神的手里常常拿着一面镜子。

⑫ 月亮与橡树女神身上永远带着弓箭。

⑬ 这是光明与音乐之神，也是消灾解难之神，他的形象是一位没有胡须、弹奏乐曲的年轻人。

⑭ 这位小爱神射出的箭会使人坠入爱河。

⑮ 这位脾气火暴的战神头戴战士头盔，时刻准备战斗。太阳系中的一颗红色行星以他的名字命名。

自我评价

入门学徒	丘比特 朱诺 朱庇特 玛尔斯 阿波罗
进阶学霸	维纳斯 狄安娜 坚纽斯 墨丘利 尼普顿
知识天才	**巴克斯** **密涅瓦** **普鲁托** **普西芬妮** **伏尔甘**

答案： 1.普鲁托 2.普西芬妮 3.尼普顿 4.墨丘利 5.坚纽斯 6.密涅瓦 7.伏尔甘 8.朱诺 9.朱庇特 10.巴克斯 11.维纳斯 12.狄安娜 13.阿波罗 14.丘比特 15.玛尔斯

神话里的生物

神话和传说讲述的是永恒的故事，告诉我们自然的奥秘和生活的真谛。这些故事的主角通常是有着神奇力量的神、英雄、恶魔或怪物。

② 在古希腊神话中，这种半狮半鹰的生物守护着黄金财宝，并以其强大的力量而闻名。

① 这种古希腊神话中的生物从外形上看像一头狮子，但它背上还长有一个山羊头，尾巴则是一条蛇。

它可以喷火。

传说它的角有治疗疾病的功效。

④ 这种长着公鸡头的生物瞬间就能把人杀死。

这种生物的脚和公鸡的脚一样。

③ 中世纪时，欧洲流传着一个头上长角的马的故事，据说这匹马生活在偏远的森林里。

⑤ 欧洲各地都流传着人类可以变成狼人的传说。

⑥ 欧亚大陆上流传着这种长着鱼尾的美人的故事。

它的身上长有厚厚的毛发。

⑧ 据说这种高大多毛的类人猿生活在亚洲的喜马拉雅山脉中。

⑦ 在希腊神话中，海神的战车由这种半马半鱼的生物拉着。

⑨ 据说克里特岛的米诺斯国王曾把一只牛头人身的怪物藏在迷宫里。

⑩ 这个怪物会魔法，它能变成蜘蛛或人类，经常出现在非洲和加勒比地区流传的神话故事里。

⑪ 这种生物是神话中的瑞鸟，它会浴火重生。

答案： 1.奇美拉 2.狮身鹰首兽 3.独角兽 4.鸡蛇兽 5.狼人 6.美人鱼 7.马头鱼尾兽 8.雪人 9.弥诺陶洛斯 10.阿南西 11.不死鸟 12.雷鸟 13.龙 14.蝎尾狮 15.人马怪 16.独眼巨人 17.河童 18.牧神潘

⑫ 在北美洲神话中，这种鸟能制造风暴和闪电。

它脚上的鹰爪。

⑬ 在东亚地区，人们相信这种长着蛇身和四只爪子的生物能带来好运。

⑭ 这种波斯传说中的生物长着狮子的身体、人的脸和一条带刺的尾巴。

⑮ 这种古希腊神话中的生物上半身是人，下半身是马。

头上的碟状凹陷是它的能量来源。

⑯ 希腊神话中有一个可怕的巨人，据说他以人为食。

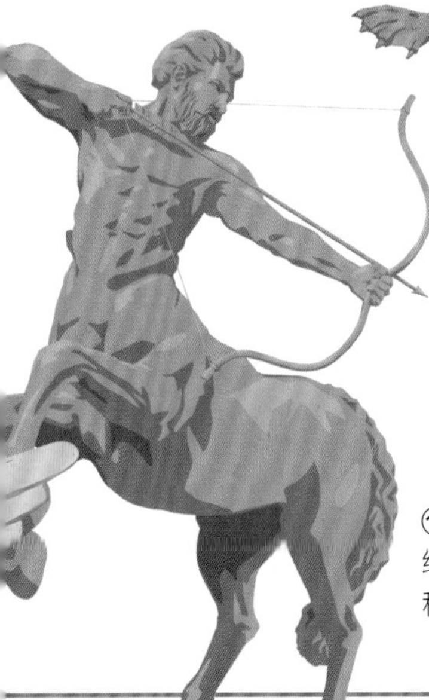

⑰ 人们现在依然相信在日本的池塘和河流里生活着这种背上有龟壳的蹼足动物。

⑱ 在古罗马神话中，经常会出现长有山羊腿和山羊角的野人。

自我评价

入门学徒

龙
美人鱼
不死鸟
独角兽
狼人
雪人

进阶学霸

人马怪
独眼巨人
牧神潘
狮身鹰首兽
弥诺陶洛斯
河童

知识天才

阿南西
奇美拉
鸡蛇兽
马头鱼尾兽
雷鸟
蝎尾狮

古老的城堡

世界上有许多令人叹为观止的城堡，它们不仅是国王和王后的家园，更是抵御敌人的重要防御工事。最古老的城堡可追溯到11世纪，随着时间的推移，城堡的风格也发生了很大的变化。

城垛
锯齿状的城墙使城堡中的士兵在战斗中既能向外发动攻击，又能躲避入侵者的攻击。
吊桥
木桥是城堡唯一的出入口，把它竖起来就可以挡住入侵者。
护城河
城堡周围的一条水渠能挡住入侵者。

城堡的防御

要占领这座城堡，入侵者必须先穿过护城河，再冲破两堵墙。但是在他们的攻击过程中，城堡的守卫者会从城垛和城楼上向他们射箭。

城堡的种类

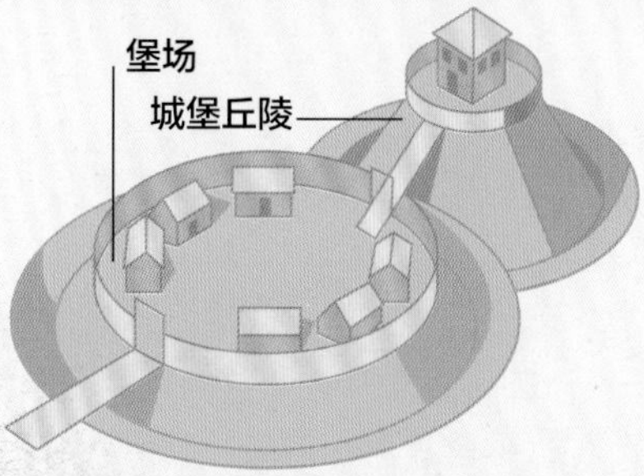

树林土丘式城堡：这种类型的城堡主要建于11世纪和12世纪，高高的围墙和高大、陡峭的山丘是中央城堡的屏障。

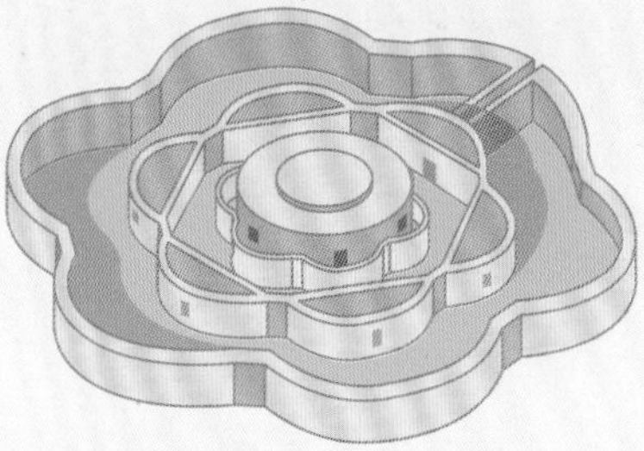

圆形防御式城堡：从12世纪开始，为保护城堡免受攻击，人们开始在城堡周围建造两道或更多的石墙。

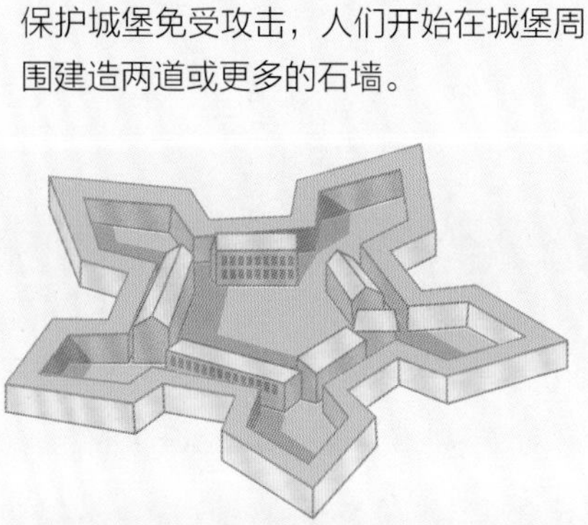

星型城堡：这类城堡始建于15世纪中叶，这种结构使得防御者可以从不同的角度攻击入侵者。

如何向城堡进攻?

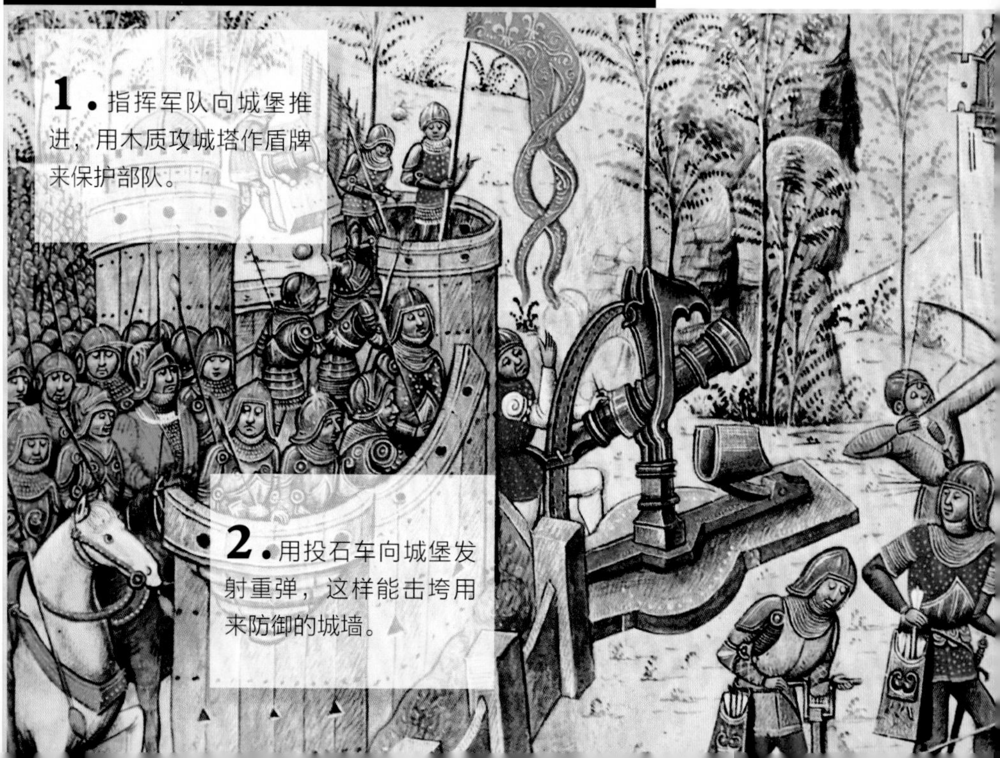

1. 指挥军队向城堡推进，用木质攻城塔作盾牌来保护部队。
2. 用投石车向城堡发射重弹，这样能击垮用来防御的城墙。

塔楼
城堡的士兵在这里可以观察到各个方向的情况。

城堡里的职业

小丑（见下图）是在城堡宴会上招待客人时的表演者，他们常穿着色彩鲜艳的衣服，或说笑话，或耍把戏，逗贵族开心。

城堡农夫是负责处理城堡厕所中排泄物的人。这个臭烘烘的活儿只能在晚上其他人都睡着的时候进行。

侍女是女王和贵妇的贴身侍从。她们主要帮助女主人梳妆打扮，陪她们闲坐。此外，她们也会刺绣，还会读书和演奏乐器。

如何解决如厕问题？

城堡里的厕所是一个小房间，里面有个连通着污水坑的洞，粪便和尿液会从这个洞里排出。

你知道吗？

13世纪时，伦敦塔里曾住着一只北极熊，这只北极熊常常在泰晤士河里捕鱼。

3. 面临守城的箭阵时不要退缩，与他们英勇作战，这样才能继续前进。

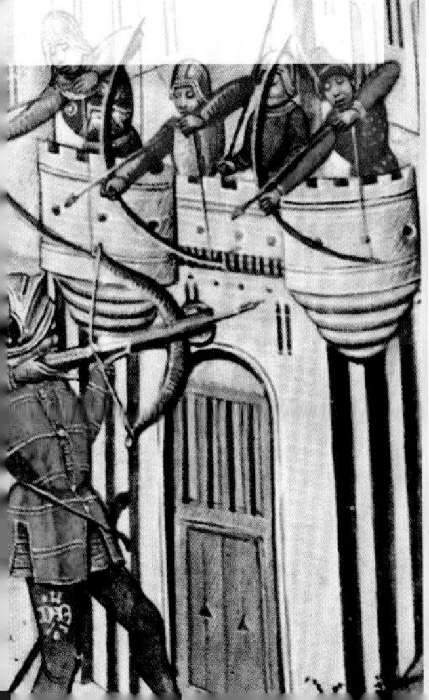

有些城堡的墙有6米多厚。

城堡功能的演变

城堡是重要的军事要塞，既可用来防御，也可用来居住。它们的形状各异，上图是日本的姬路城。

有些城堡主要是为了抵御袭击而不是为了居住。梅兰加尔古堡就属于这种城堡，它是印度较大的城堡之一。

英国的白金汉宫以奢华闻名，其设计目的是用于居住，抵御袭击并不是它的主要作用。

堡垒

在世界各地，统治者和贵族们建造了许多堡垒、城堡和宫殿。城堡和堡垒通常建有厚重的石墙来抵御外敌，但宫殿没有，因为它的建造更多是为了展示其拥有者的财富和权力。

② 这座巨大的宫殿位于巴黎郊外，由法国国王路易十四建造，在法国大革命之前一直是皇室的住所。它装饰华丽，镜厅更是闻名遐迩。

③ 这座位于西班牙格拉纳达的城堡建于700多年前，它的花园和庭院里满是橘子树和喷泉。

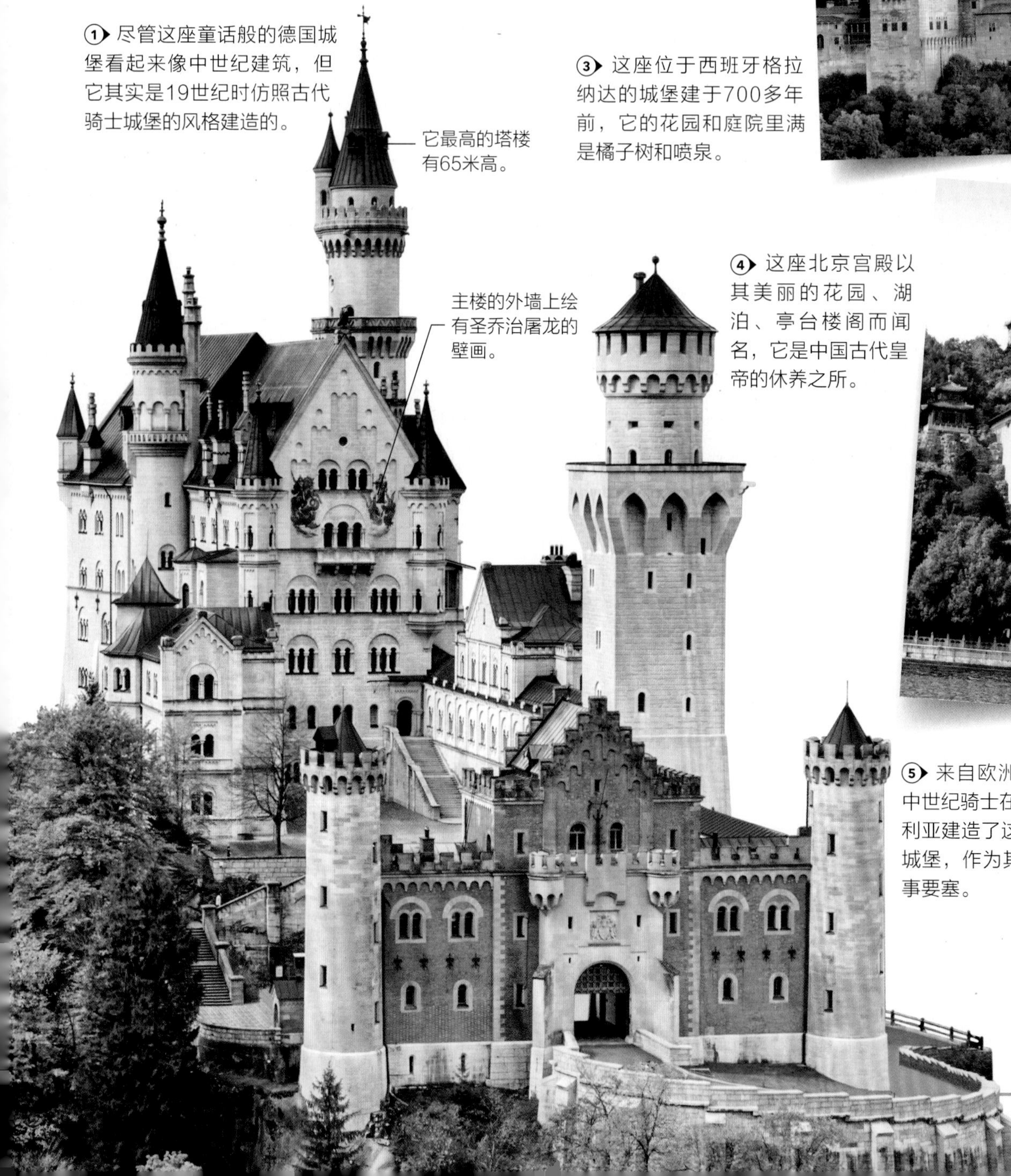

① 尽管这座童话般的德国城堡看起来像中世纪建筑，但它其实是19世纪时仿照古代骑士城堡的风格建造的。

它最高的塔楼有65米高。

主楼的外墙上绘有圣乔治屠龙的壁画。

④ 这座北京宫殿以其美丽的花园、湖泊、亭台楼阁而闻名，它是中国古代皇帝的休养之所。

⑤ 来自欧洲的中世纪骑士在叙利亚建造了这座城堡，作为其军事要塞。

⑥ 这座堡垒坐落在埃及的地中海沿岸，曾保护亚历山大城免受攻击。

⑦ 这座英国城堡是目前世界上有人居住的最大的城堡，至今仍是英国皇室的居所。

自我评价

入门学徒
- 颐和园
- 曼谷大王宫
- 凡尔赛宫
- 新天鹅堡

进阶学霸
- 温莎城堡
- 拜恩古堡
- 阿格拉红堡
- 阿尔汉布拉宫

知识天才
- **卡特巴城堡**
- **骑士堡**
- **托普卡帕宫**
- **冬宫**

⑧ 15世纪时，这座由圆顶和塔楼组成的宫殿是奥斯曼土耳其帝国时期苏丹的住所。

⑨ 这座城堡也被称为德古拉城堡，坐落在罗马尼亚的森林里。

⑩ 这座宏伟的宫殿位于俄罗斯的圣彼得堡，里面一共有1 057个房间，曾是俄罗斯皇室的住所。

⑪ 这座位于印度的堡垒有着独特的砂岩墙，曾是莫卧儿帝国皇帝的住所。

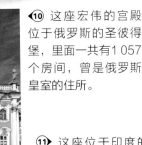

⑫ 1782年，曼谷王朝的国王们曾住在这座宫殿里。现在，它主要用来接待他国元首、举行国家庆典。

答案：1.新天鹅堡 2.凡尔赛宫 3.阿尔汉布拉宫 4.颐和园 5.骑士堡 6.卡特巴城堡 7.温莎城堡 8.托普卡帕宫 9.拜恩古堡 10.冬宫 11.阿格拉红堡 12.曼谷大王宫

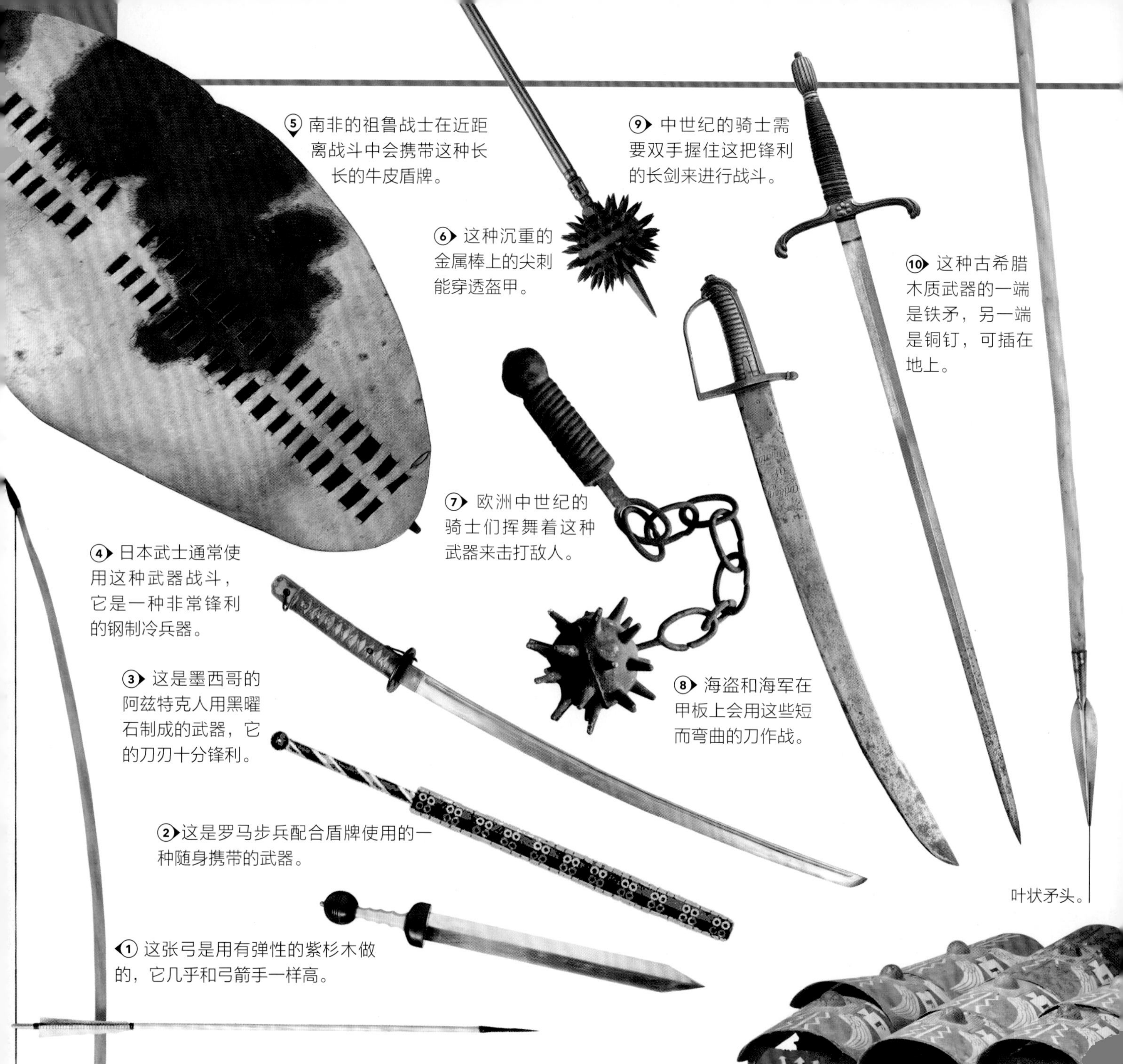

①这张弓是用有弹性的紫杉木做的，它几乎和弓箭手一样高。

②这是罗马步兵配合盾牌使用的一种随身携带的武器。

③这是墨西哥的阿兹特克人用黑曜石制成的武器，它的刀刃十分锋利。

④日本武士通常使用这种武器战斗，它是一种非常锋利的钢制冷兵器。

⑤南非的祖鲁战士在近距离战斗中会携带这种长长的牛皮盾牌。

⑥这种沉重的金属棒上的尖刺能穿透盔甲。

⑦欧洲中世纪的骑士们挥舞着这种武器来击打敌人。

⑧海盗和海军在甲板上会用这些短而弯曲的刀作战。

⑨中世纪的骑士需要双手握住这把锋利的长剑来进行战斗。

⑩这种古希腊木质武器的一端是铁矛，另一端是铜钉，可插在地上。

叶状矛头。

冷兵器

几千年来，战争一直是历史的一部分，战争的持续使得武器的样式不断地发生着变化，而杀伤力也是与日俱增。战士们在各种各样的战斗中用来进行防御和攻击的武器数不胜数。

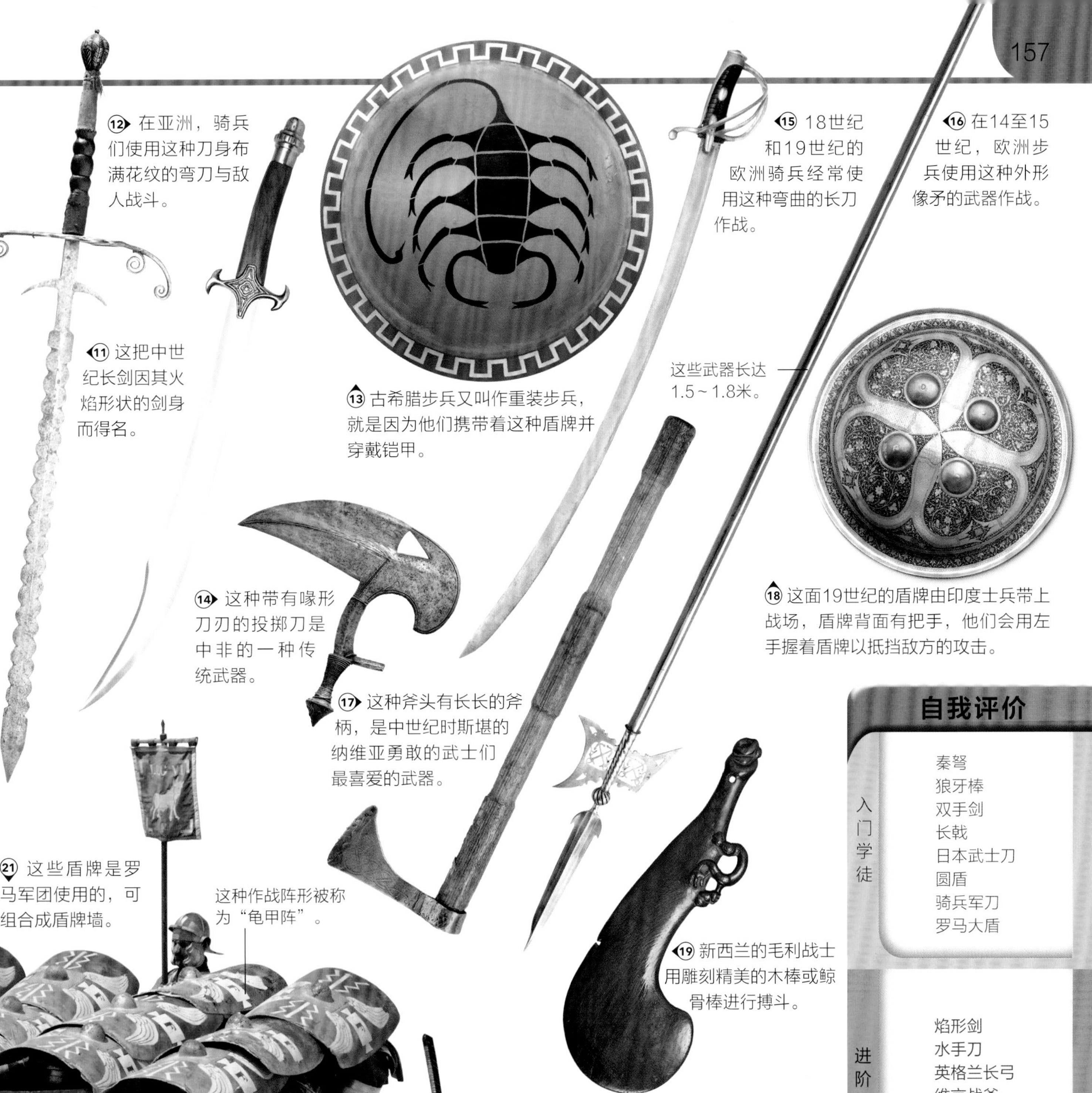

⑪ 这把中世纪长剑因其火焰形状的剑身而得名。

⑫ 在亚洲，骑兵们使用这种刀身布满花纹的弯刀与敌人战斗。

⑬ 古希腊步兵又叫作重装步兵，就是因为他们携带着这种盾牌并穿戴铠甲。

⑭ 这种带有喙形刀刃的投掷刀是中非的一种传统武器。

⑮ 18世纪和19世纪的欧洲骑兵经常使用这种弯曲的长刀作战。

⑯ 在14至15世纪，欧洲步兵使用这种外形像矛的武器作战。

这些武器长达1.5～1.8米。

⑰ 这种斧头有长长的斧柄，是中世纪时斯堪的纳维亚勇敢的武士们最喜爱的武器。

⑱ 这面19世纪的盾牌由印度士兵带上战场，盾牌背面有把手，他们会用左手握着盾牌以抵挡敌方的攻击。

⑲ 新西兰的毛利战士用雕刻精美的木棒或鲸骨棒进行搏斗。

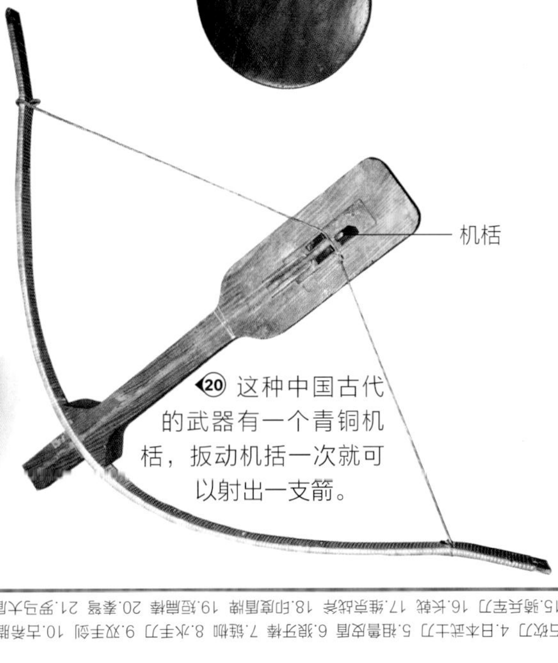

机栝

⑳ 这种中国古代的武器有一个青铜机栝，扳动机括一次就可以射出一支箭。

㉑ 这些盾牌是罗马军团使用的，可组合成盾牌墙。

这种作战阵形被称为“龟甲阵”。

自我评价

入门学徒

秦弩
狼牙棒
双手剑
长戟
日本武士刀
圆盾
骑兵军刀
罗马大盾

进阶学霸

焰形剑
水手刀
英格兰长弓
维京战斧
印度盾牌
古希腊长矛

知识天才

罗马式短剑
黑曜石砍刀
祖鲁皮盾
短扁棒
大马士革刀
乌喙形科塔刀
链枷

答案： 1.英格兰长弓 2.罗马式短剑 3.黑曜石砍刀 4.日本武士刀 5.祖鲁皮盾 6.狼牙棒 7.链枷 8.水手刀 9.双手剑 10.古希腊长矛 11.焰形剑 12.大马士革刀 13.圆盾 14.乌喙形科塔刀 15.骑兵军刀 16.长戟 17.维京战斧 18.印度盾牌 19.短扁棒 20.秦弩 21.罗马大盾

头盔

数千年来，战争的硝烟一直未曾间断。驰骋疆场的战士所戴的头盔向我们传递了许多关于战争的信息。作战头盔可有效保护战士的头部并使其看起来更加威猛，而装饰华丽的头盔则更多的是展示佩戴者的崇高地位。

① 16世纪时，中东的战士戴着这种头盔征战沙场。

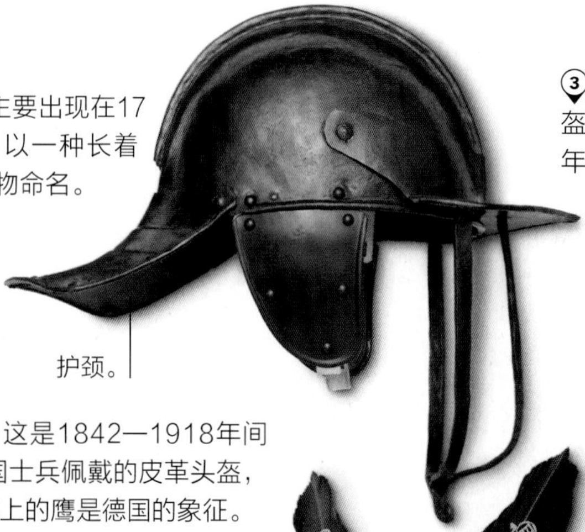

② 这种头盔主要出现在17世纪的欧洲，以一种长着独特尾巴的生物命名。

护颈。

③ 7世纪，一位国王戴着这种头盔被葬在了一艘船上，并于1939年在英国被发现。

④ 这是1842—1918年间德国士兵佩戴的皮革头盔，头盔上的鹰是德国的象征。

⑤ 这是古罗马帝国的步兵所佩戴的头盔，它在有效保护头部的同时也不会影响战士之间的交流。

头饰可能是由染红的马鬃毛或羽毛制成。

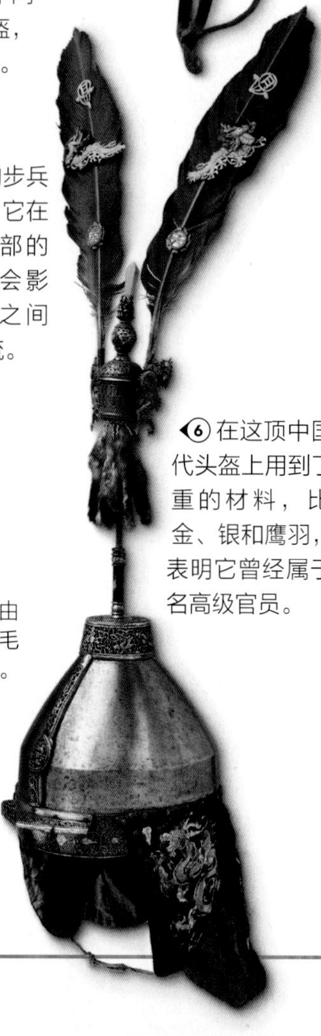

⑥ 在这顶中国古代头盔上用到了贵重的材料，比如金、银和鹰羽，这表明它曾经属于一名高级官员。

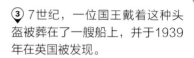

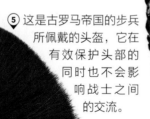

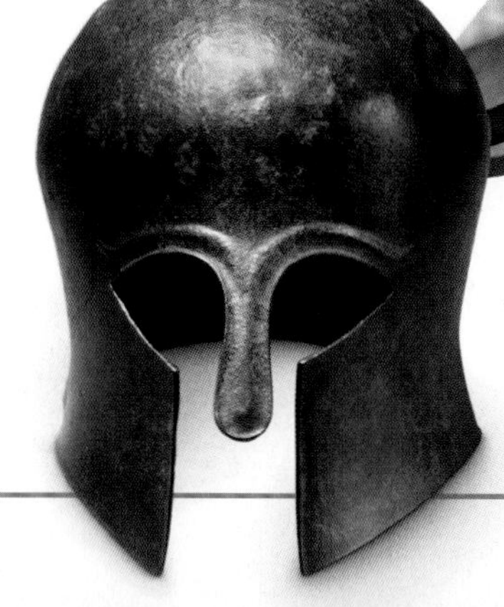

⑦ 这顶青铜头盔以古希腊的一个城邦命名，它几乎包裹住了除眼睛和嘴巴外的整个头部。

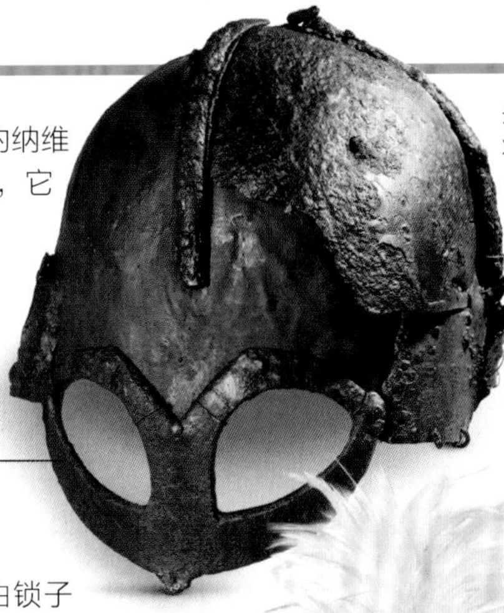

⑧ 这是著名的斯堪的纳维亚海盗所佩戴的头盔，它由钢板拼接而成。

面部护具可以保护鼻子和眼睛。

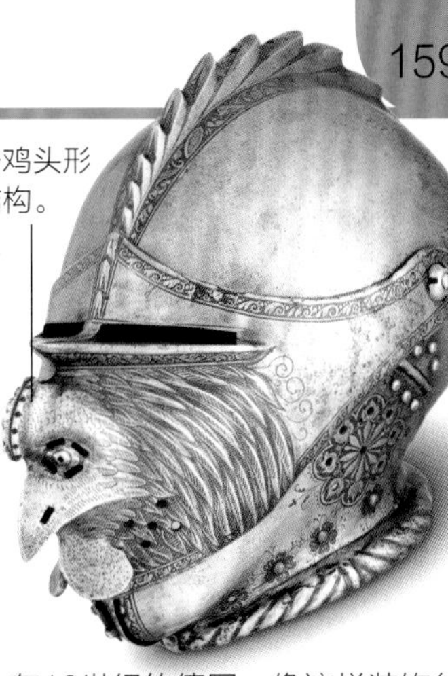

头盔上有公鸡头形状的装饰结构。

⑩ 在16世纪的德国，像这样装饰华丽的头盔大多在游行时才会佩戴。

⑨ 这顶头盔主要由锁子甲制成，由古代印度帝国的战士佩戴。

三角锁子甲遮住了脸。

用于呼吸的孔洞。

⑪ 从1220—1350年，欧洲骑士一直佩戴这种大桶形状的头盔保护头部。

⑫ 这种头盔由皮革制成，头盔的左侧有一束长长的羽毛，是拿破仑战争期间士兵骑马时佩戴的。

自我评价

入门学徒	中国古代头盔 罗马军团头盔 日本武士头盔 十字军头盔
进阶学霸	土耳其头盔 盎格鲁-撒克逊头盔 维京头盔 龙虾尾头盔 科林斯式头盔
知识天才	**莫卧儿头盔** **英国骑兵头盔** **无面甲轻型头盔** **浮雕头盔** **普鲁士军盔**

⑬ 摧毁阿兹特克和印加帝国的西班牙士兵佩戴着这样的头盔。

鹿角状装饰。

⑭ 这顶精心装饰的头盔是日本武士佩戴的。

答案：1.土耳其头盔 2.龙虾尾头盔 3.盎格鲁-撒克逊头盔 4.普鲁士军盔 5.罗马军团头盔 6.中国古代头盔 7.科林斯式头盔 8.维京头盔 9.莫卧儿头盔 10.浮雕头盔 11.十字军头盔 12.英国骑兵头盔 13.无面甲轻型头盔 14.日本武士头盔

谁是国家的主人？

用数据说话

44个
这是现今君主制国家的数量。

41个
这是实施总统制国家的数量。总统是国家元首和政府首脑。

7个
这是君主既是国家元首又是政府首脑的国家数量。

在纷繁复杂的世界中，每个国家都有着自己的政体。在大多数国家都摆脱奴隶和封建的君主专制后，人民成为国家真正的主人。不过，在当今世界，仍有许多国家的人民正在为民主和自由而浴血奋斗。

古希腊人早在2 500年前就开始实行选举制。

女性的投票权

世界各地的女性也一直在争取选举权。1893年，新西兰成为第一个给予女性投票权的国家。英国妇女却进行了激烈的斗争才争取到这一权利。参加艾米琳·潘克赫斯特领导的支持妇女参政游行的成员在进行抗议活动时经常被逮捕，英国女性直至1918年才获得投票权。

如何成为英国女王

1. 必须是上一位君主的一位女性近亲，这样才有成为英国女王的资格。

2. 要在大臣们安排的地方进行加冕仪式。地点一般是在宏伟的教堂或修道院。

3. 在仪式上要保持严肃和冷静，尤其是当大主教在额头上涂抹圣油时。

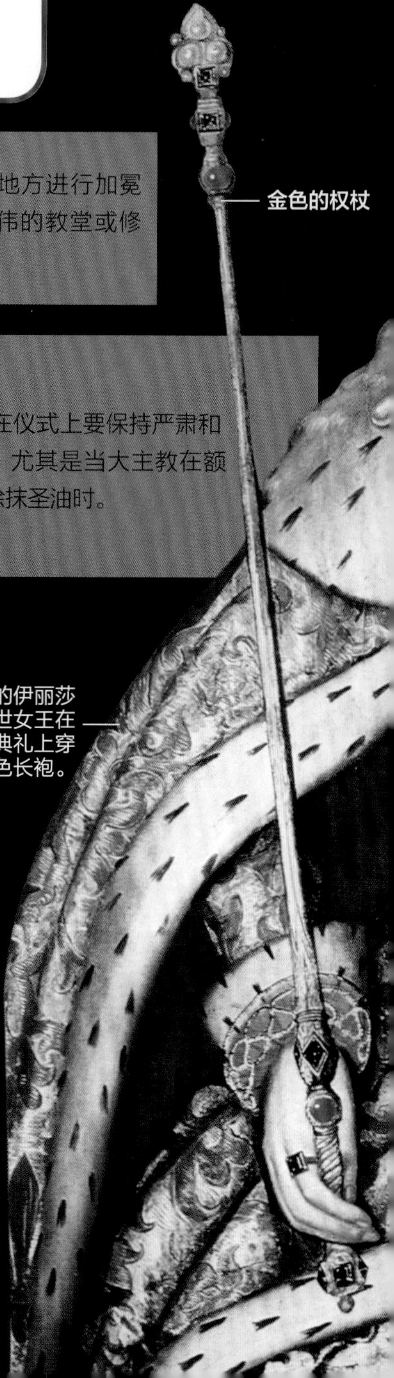

英国的伊丽莎白一世女王在加冕典礼上穿着金色长袍。

政府的组织形式

共和制

国家元首和国家权力机关定期由选举产生的一种政治制度。

君主制

君主（国王、皇帝等）独揽国家政权，不受任何限制的政治制度。

由谁执政？

君主：虽然有些国家仍然有国王和王后，但他们仅仅是国家象征，并不掌握实权。

总统：没有君主政体的国家通常由总统作为国家元首。有些总统拥有实权，有些总统却只是象征性的角色。

首相：在某些有正式君主或总统的国家，政府的真正首脑是首相。

历史上的革命

美国独立战争（1775—1783年）： 美国摆脱殖民地地位，成为独立的国家。

法国大革命（1789—1799年）： 人民推翻波旁王朝，建立了共和国。

俄国十月革命（1917年）： 人民推翻了最后一位沙皇的统治，使俄国成为共产主义国家。

古巴革命（1953—1959年）： 革命者从独裁者手中夺取了政权。

你知道吗？

美国第七任总统安德鲁·杰克逊曾在一次决斗中中弹，但令人难以置信的是，他在子弹未从体内取出的情况下仍活了40年。

4. 戴着镶嵌有宝石的王冠坐在宝座上，手持王权宝球和权杖等王室物品，在众人面前宣誓拥护法律，这样加冕仪式就完成了。

英国的国王和女王有一个象征地球的“王权宝球”。

君主的下场

- 历史上古罗马民众大约处死了35位古罗马皇帝。
- 1460年，苏格兰国王詹姆斯二世由于离大炮太近，在大炮爆炸时不幸丧生。
- 1918年，俄国最后一位沙皇尼古拉二世和他的妻子及五个孩子全部被处死。
- 1793年，法国国王路易十六和王后玛丽·安托瓦内特被推上了断头台。

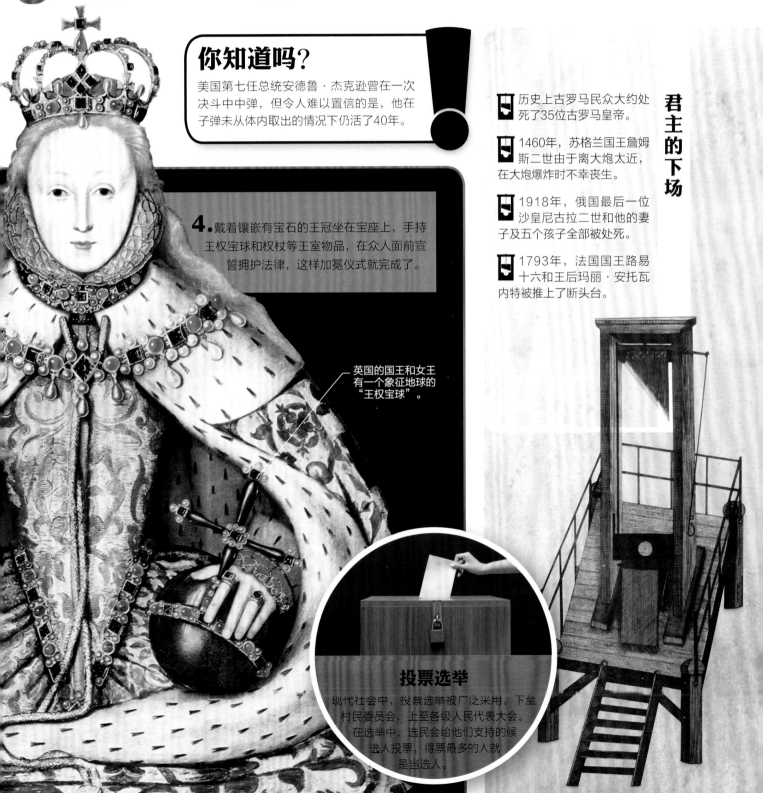

投票选举

现代社会中，投票选举被广泛采用。下至村民委员会，上至各级人民代表大会。在选举中，选民会给他们支持的候选人投票，得票最多的人就是当选人。

历史上的著名领袖

世界上曾出现过许多著名的领袖，他们中有些是建立了伟大帝国的勇士，有些是政治运动的领导者，还有些则是英勇无畏的革命者。他们通过各种方式改变了世界的格局。

① 这位马其顿国王吞并了波斯，建立了一个横跨三大洲的帝国，他于公元前322年去世，年仅32岁。

② 这位杰出的将军在成为古罗马统治者之后，于公元前44年3月15日被元老院的元老暗杀。

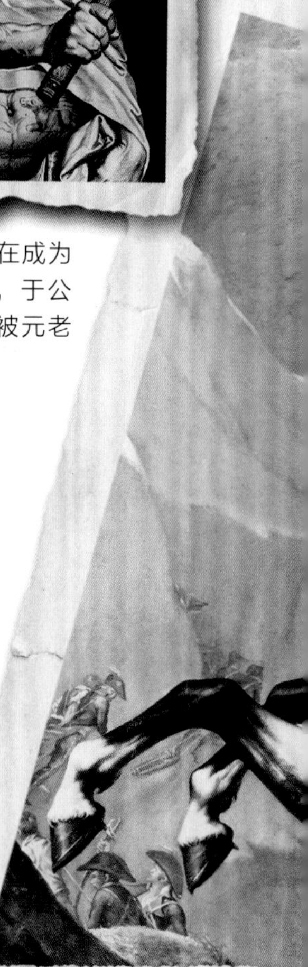

③ 古埃及的最后一位法老是一位著名的王后，她因在与屋大维统治的罗马帝国的战争中战败而自杀，也有传闻说她是被毒蛇咬伤致死。

④ 在用他强大的军队统一蒙古各部落之后，这位13世纪的君主建立起了一个横跨欧亚的庞大帝国。

⑤ 在领导美国军队战胜英国殖民者后，这位将军于1789年成为美国的第一任总统。

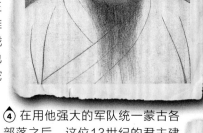

⑥ 这位18世纪的俄国女皇鼓励大力发展科学和教育，这使她统治下的帝国成了欧洲第一强国。

⑦ 这位将军在1804年成为法国皇帝后，又征服了欧洲的许多帝国，直到1815年在滑铁卢战役中才被彻底击败。

⑧ 这位被印度人民称为“国父”的革命者，在20世纪领导印度与英国殖民者进行了为自由而战的非暴力不合作运动。

⑨ 在入狱27年后，这位民权领袖于1994年成了南非首位黑人总统。

这幅著名的肖像画描绘了这位将军翻越阿尔卑斯山脉征服奥地利时的情景。

这匹著名的战马叫作马伦哥。

⑩ 他领导的十月革命取得了胜利，还采用了新经济政策探索社会主义道路。

⑪ 这位阿根廷人领导了20世纪50年代的古巴革命，如今他已成为反主流文化的标志性人物。

⑫ 作为一名牧师和民权领袖，他在20世纪50—60年代领导了一场非暴力运动，为非洲裔美国人争取平等权利。

自我评价

入门学徒	列宁 成吉思汗 乔治·华盛顿 拿破仑·波拿巴
进阶学霸	亚历山大 圣雄甘地 马丁·路德·金 盖乌斯·尤利乌斯·恺撒
知识天才	**叶卡捷琳娜二世** **纳尔逊·曼德拉** **克利奥帕特拉七世** **切·格瓦拉**

答案：1.亚历山大 2.盖乌斯·尤利乌斯·恺撒 3.克利奥帕特拉七世 4.成吉思汗 5.乔治·华盛顿 6.叶卡捷琳娜二世 7.拿破仑·波拿巴 8.圣雄甘地 9.纳尔逊·曼德拉 10.列宁 11.切·格瓦拉 12.马丁·路德·金

5

找到谜题

创作出一幅杰作是非常了不起的。有些艺术家还会别出心裁地在他们的绘画中设置谜题。你能找到文艺复兴时期艺术家小汉斯·荷尔拜因在这幅画中隐藏的头骨吗？

艺术

欧洲传统艺术主要有绘画和雕塑两种形式。到了现在，艺术形式丰富多样，只有想象力才是艺术家唯一的限制。此外，每个人对同一件艺术作品的审美感受都是不一样的，正如一千个读者眼中就会有一千个哈姆雷特。看看哪类风格的艺术品更能启发你吧！

用数据说话

32 000 年
这是在法国肖维岩洞里发现的目前已知最古老壁画的存在时长，壁画的某些部分描绘了人类猎杀动物的场景。

4 年
这是意大利艺术家米开朗琪罗（1475—1564 年）创作罗马西斯廷教堂的天顶壁画和装饰所花的时间。

油画的题材

肖像画
以人物为主题的油画称为“肖像画”，这种画的风格可以是写实的，也可以是抽象的。

静物画
静物画主要以水果、花卉等日常生活用品为题材。

风景画
许多世纪以来，自然景色一直是各国画家喜爱的题材。

如何像伦勃朗那样绘画？

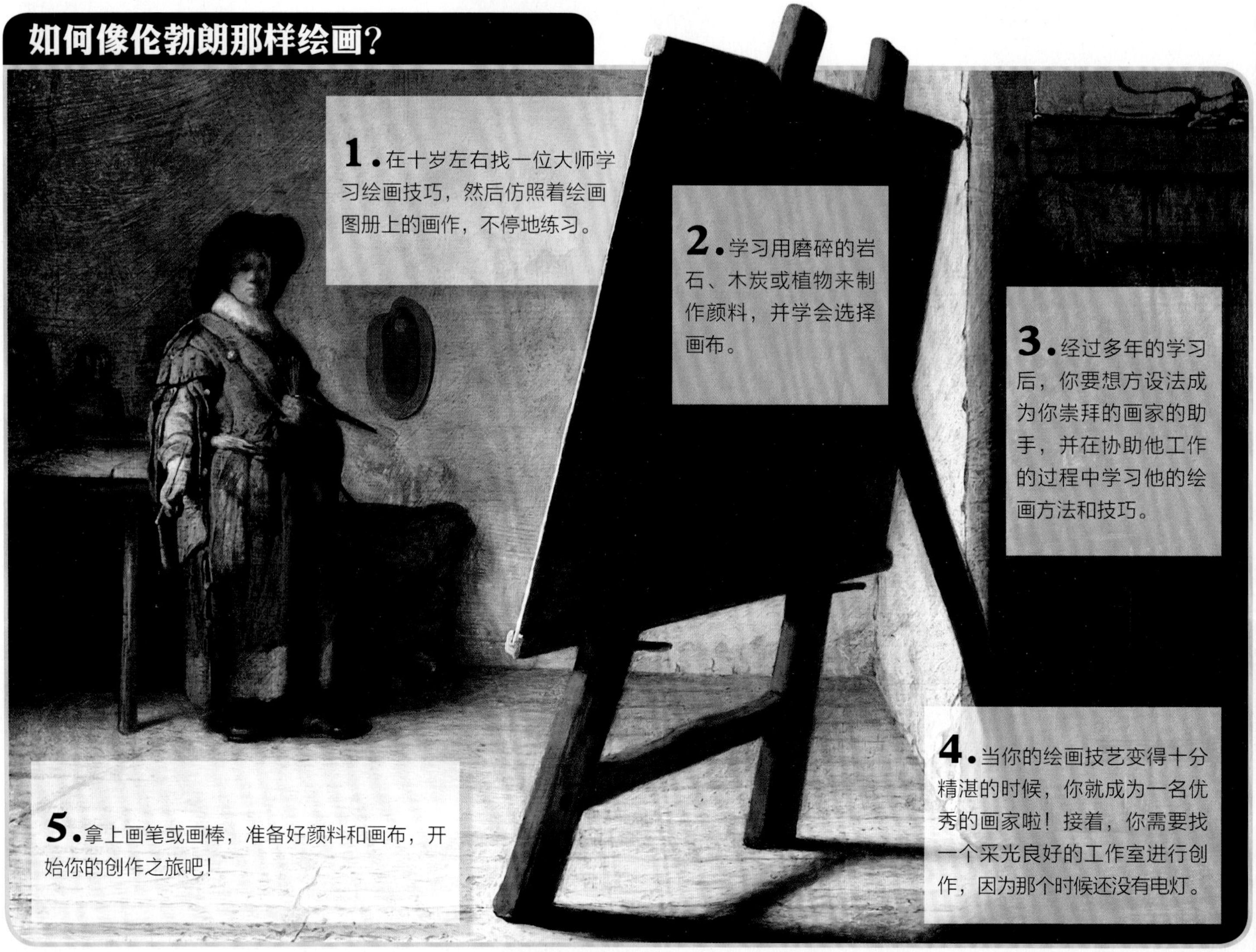

1. 在十岁左右找一位大师学习绘画技巧，然后仿照着绘画图册上的画作，不停地练习。

2. 学习用磨碎的岩石、木炭或植物来制作颜料，并学会选择画布。

3. 经过多年的学习后，你要想方设法成为你崇拜的画家的助手，并在协助他工作的过程中学习他的绘画方法和技巧。

4. 当你的绘画技艺变得十分精湛的时候，你就成为一名优秀的画家啦！接着，你需要找一个采光良好的工作室进行创作，因为那个时候还没有电灯。

5. 拿上画笔或画棒，准备好颜料和画布，开始你的创作之旅吧！

绘画的种类

马赛克镶嵌画：这是一种用玻璃、小石子儿或陶瓷片等坚硬的小块材料创作的画。

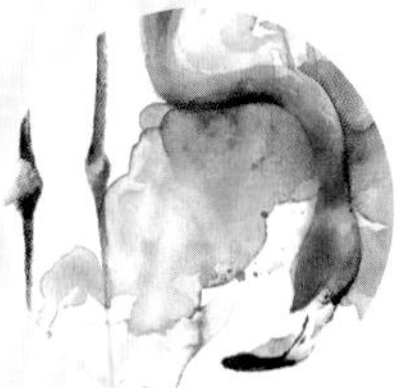

水彩画：这种画作通过把溶解在水中的颜料一层层涂到画布上，来创造出一种精致、轻盈的效果。

油画：颜料与油混合后会减缓颜料的挥发速度，从而让作品的色彩和纹理更加丰富。

色粉画：将纯颜料与树胶或树脂混合在一起，就能制作出干燥的白垩色，白垩色是初期色粉画的主要颜色之一。

钢铁巨人

这是英国艺术家安东尼·葛姆雷利用钢铁制成的雕塑作品《北方天使》。它高20米，宽54米。

创造色彩

艺术家调色板上的颜料可取自岩石、土壤或植物等天然材料，也可由人造化学物质制成。人们曾用一些稀奇的天然原料来调配一些特殊的颜料。

把胭脂虫磨成粉可得到**红色颜料**。

这种**黄色颜料**源自孟加拉一种以杧果叶为食的牛的尿液。

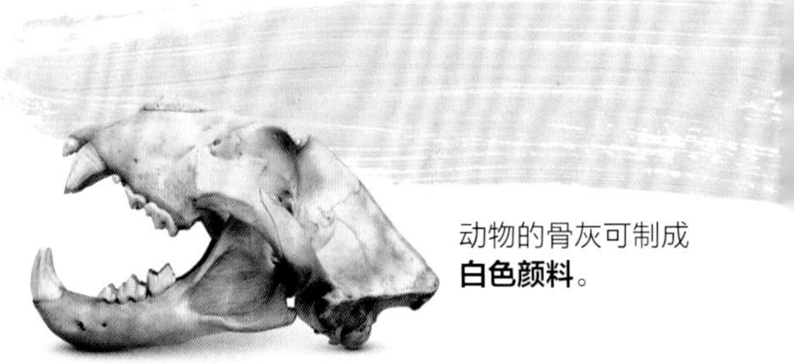

动物的骨灰可制成**白色颜料**。

砷是一种致命的矿物，它曾经被用来制作**绿色颜料**。

海螺的黏液可制成**紫色颜料**。

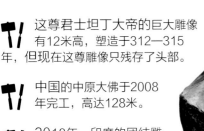

超大型雕塑

这尊君士坦丁大帝的巨大雕像有12米高，塑造于312—315年，但现在这尊雕像只残存了头部。

中国的中原大佛于2008年完工，高达128米。

2018年，印度的团结雕像成为世界上最高的雕像，高182米。

你知道吗？

达·芬奇创作的《救世主》是目前售价最昂贵的一幅画作。2017年，它以4.5亿美元的价格售出。

世界名画

每个时代都有伟大的绘画艺术家，他们通过高超的绘画技巧创造出自己独特的风格，并给世人带来不一样的审美享受。下面展示的是一些大师的名作，看看你能认出多少吧。

① 荷兰艺术家伦勃朗·哈尔曼松·凡·莱因创作的这幅画非常大，它高3.5米多，宽4.5米多。这幅画的题材也非常独特，它不同于以往的传统场景，而是描绘了一支正在巡逻的队伍，里面甚至还画了一只狗。

② 世界上最著名的画作是意大利艺术家列奥纳多·达·芬奇的作品。它描绘了一个带着神秘微笑的女人。

③ 西班牙艺术家巴勃罗·毕加索是立体主义画派的代表人物，他善于用锯齿状线条来传达悲伤的情绪。

④ 日本艺术家葛饰北斋的木刻版画非常具有张力，你长时间盯着这幅画可能会感到眩晕。不过，你能找到画中的富士山吗?

⑤ 自学成才的法国艺术家亨利·卢梭的这幅画的灵感来自他在法国巴黎参观过的种植园。

⑥ 1470年，意大利艺术家保罗·乌切罗用画笔将流传已久的神话故事描绘了出来。这个故事描述的是一位英雄从可怕的怪物手中救出了公主。

⑦ 挪威艺术家爱德华·蒙克的这幅画虽然抽象，却充满了力量，让人为之震撼。

自我评价

入门学徒

蒙娜丽莎的微笑
星月夜
呐喊
戴珍珠耳环的少女

进阶学霸

云白山青图（局部）
神奈川冲浪里
睡莲
圣乔治屠龙

知识天才

热带风暴中的老虎
哭泣的女人
舞台上的舞女
夜巡

⑧ 荷兰艺术家文森特·威廉·凡·高创作的星空画风格独特，画上的星星看起来既像是用画刷重重刷上去的，又像是把颜料直接从管子里挤到画板上的。

⑨ 法国艺术家埃德加·德加对芭蕾舞非常痴迷，他为舞蹈班和芭蕾舞演员创作了数百幅油画。

⑩ 这件有350年历史的作品是在丝绸上创作的，它是中国艺术家、书法家、诗人吴历的画作。这幅风景画表现了大自然的宏伟。

⑪ 法国印象派画家克劳德·莫奈非常喜欢这些花，他把这些花画了大约250遍。

⑫ 荷兰艺术家约翰内斯·维米尔创作了这幅画，画中的人物似乎散发着光芒，很多细节都被展现得淋漓尽致。

答案： 1.夜巡 2.蒙娜丽莎的微笑 3.哭泣的女人 4.神奈川冲浪里 5.热带风暴中的老虎 6.圣乔治屠龙 7.呐喊 8.星月夜 9.舞台上的舞女 10.云白山青图（局部） 11.睡莲 12.戴珍珠耳环的少女

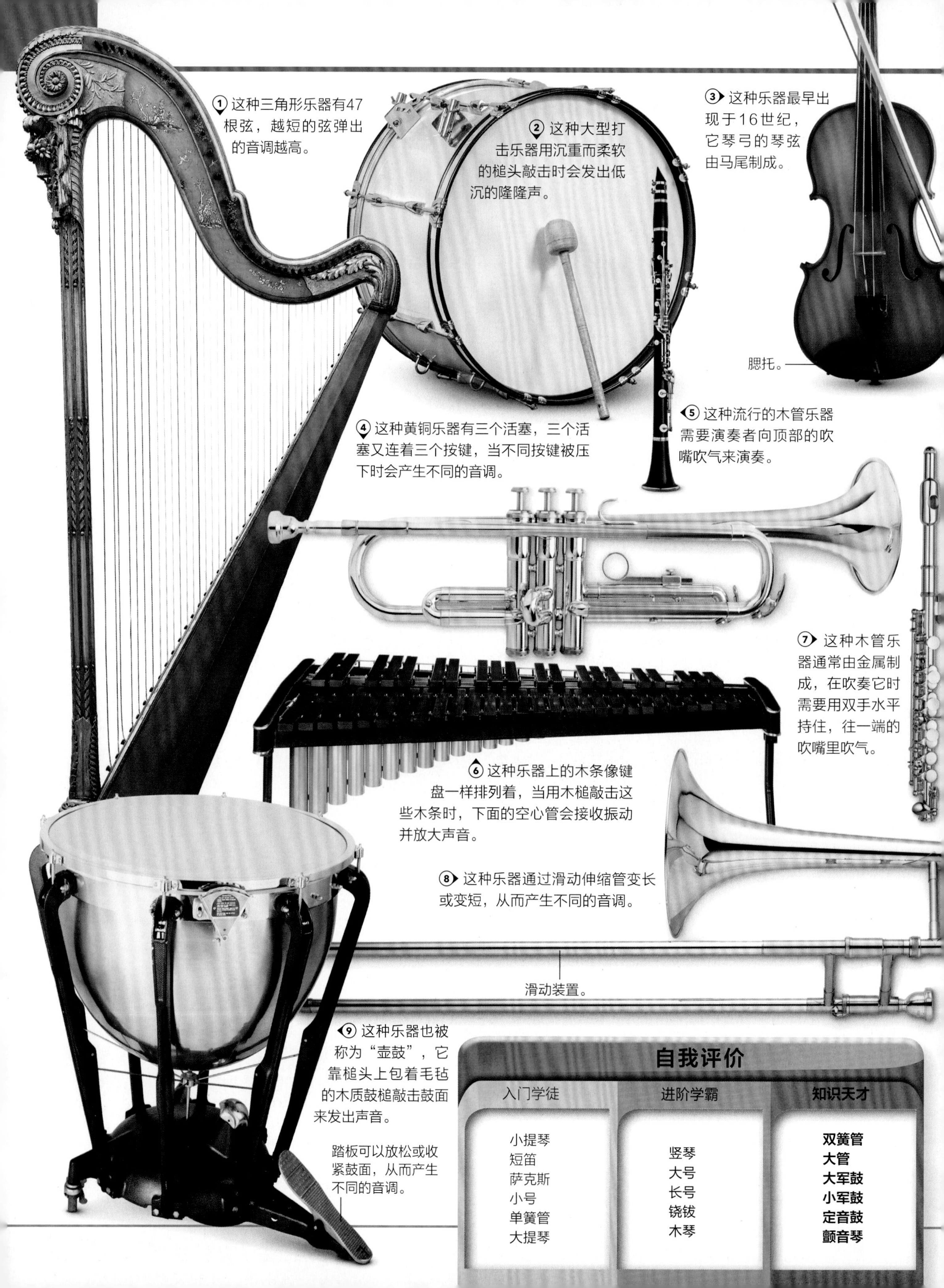

①这种三角形乐器有47根弦，越短的弦弹出的音调越高。

②这种大型打击乐器用沉重而柔软的槌头敲击时会发出低沉的隆隆声。

③这种乐器最早出现于16世纪，它琴弓的琴弦由马尾制成。

腮托。

④这种黄铜乐器有三个活塞，三个活塞又连着三个按键，当不同按键被压下时会产生不同的音调。

⑤这种流行的木管乐器需要演奏者向顶部的吹嘴吹气来演奏。

⑥这种乐器上的木条像键盘一样排列着，当用木槌敲击这些木条时，下面的空心管会接收振动并放大声音。

⑦这种木管乐器通常由金属制成，在吹奏它时需要用双手水平持住，往一端的吹嘴里吹气。

⑧这种乐器通过滑动伸缩管变长或变短，从而产生不同的音调。

滑动装置。

⑨这种乐器也被称为“壶鼓”，它靠槌头上包着毛毡的木质鼓槌敲击鼓面来发出声音。

踏板可以放松或收紧鼓面，从而产生不同的音调。

自我评价

入门学徒	进阶学霸	**知识天才**
小提琴	竖琴	**双簧管**
短笛	大号	**大管**
萨克斯	长号	**大军鼓**
小号	铙钹	**小军鼓**
单簧管	木琴	**定音鼓**
大提琴		**颤音琴**

西洋乐器

在一支古典管弦乐队中，通常有许多种以不同方式演奏的乐器。西洋乐器一般分为四类：打击乐器、铜管乐器、木管乐器和弦乐器。

按下活塞就可以改变音调。

吹嘴。

⑩ 这种乐器发明于1840年，既有铜质的，也有木质的，现在它常用于爵士乐。

它的吹嘴由两块竹片对合而成。

⑪ 这种木管乐器长65厘米。

⑫ 这种又大又重的铜管乐器通常需要坐着演奏，它的声音低沉、浑厚。

⑬ 这种木管乐器的外形像一捆柴。

⑭ 这种乐器通过两块金属板互相碰撞而发出声音。

金属琴键。

⑮ 这种乐器底部的多根响弦会在鼓槌锤击鼓面时发出嗡嗡声。

⑯ 这种乐器可以通过尾柱固定在地面上，演奏者可以坐下来演奏。

⑰ 轻轻敲击这种乐器顶部的金属琴键，就会发出圆润柔和的声音。

它的空心管会产生振动发出声音。

答案： 1.竖琴 2.大军鼓 3.小提琴 4.小号 5.单簧管 6.木琴 7.短笛 8.长号 9.定音鼓 10.萨克斯 11.双簧管 12.大号 13.大管 14.铙钹 15.小军鼓 16.大提琴 17.颤音琴

民乐器

民间音乐是由广大人民群众创作并传承的一种传统音乐形式。世界各地的民间音乐家能够使用许多形状各异的乐器演奏出奇妙的曲调，其中有些乐器的起源非常久远。你能认出这些乐器吗?

① 这种非洲的打击乐器有一个非常精美的木质底座和一个用山羊皮包裹的鼓面。

② 俄罗斯民乐演奏中经常会使用这种只有三根琴弦的琴。

③ 这种乐器琴身为圆形，上面蒙有一层兽皮，当拨动琴弦时，它就会随之振动，从而产生一种独特的音调。

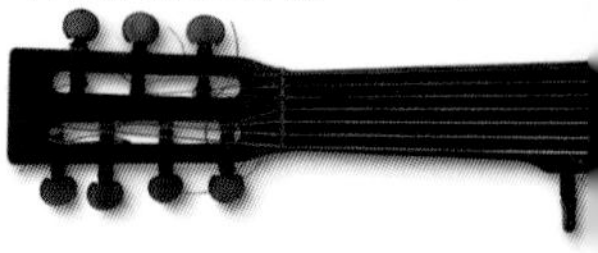

④ 古希腊神话中的牧神潘常常以吹奏这种乐器的形象出现。

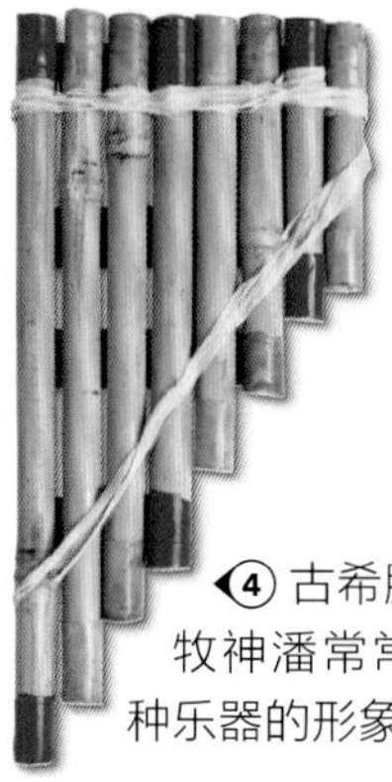

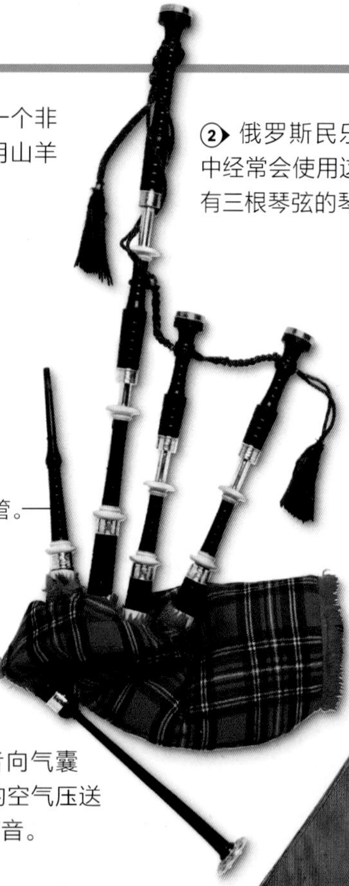

⑤ 这种乐器由演奏者向气囊内吹气，再将气囊内的空气压送到和弦管使簧发出声音。

⑥ 这种乐器流行于南亚，特别是印度，表演者通过敲击鼓的两端进行演奏。

⑦ 这种乐器通过拉扯或挤压风箱，让内部的金属条振动，从而发出声音。

⑧ 这种廉价的锡制哨子在爱尔兰和苏格兰很流行。

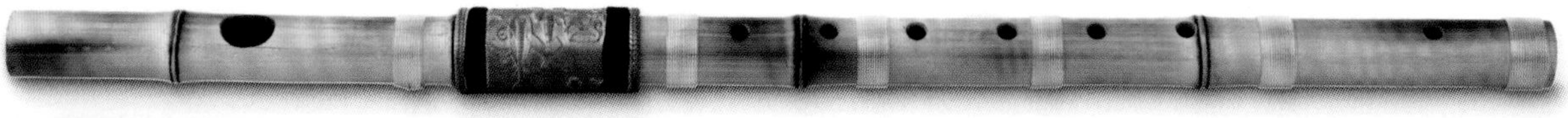

⑨ 这种竹笛在韩国很流行，其音色优美且富有表现力。

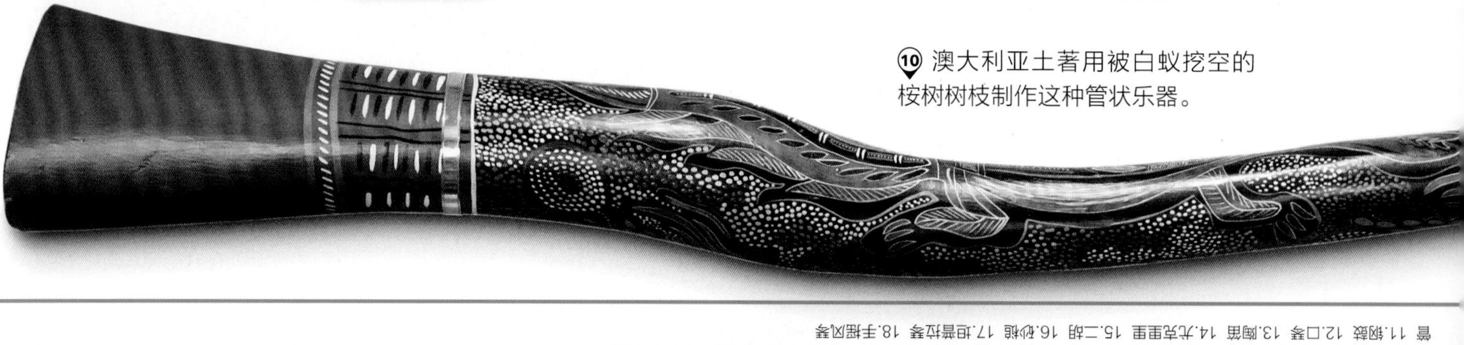

⑩ 澳大利亚土著用被白蚁挖空的桉树树枝制作这种管状乐器。

答案：1.非洲手鼓 2.巴拉莱卡 3.班卓琴 4.排箫 5.苏格兰风笛 6.多尔鼓 7.手风琴 8.爱尔兰哨笛 9.大笒 10.迪吉里杜管 11.钢鼓 12.口琴 13.陶笛 14.尤克里里 15.二胡 16.沙槌 17.坦普拉琴 18.手摇风琴

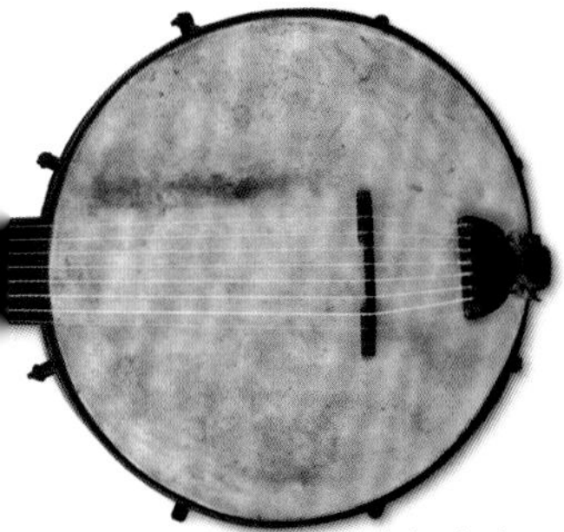

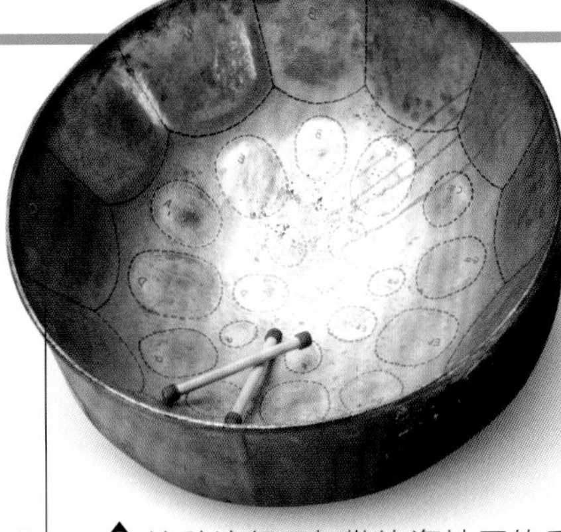

边框高度不同的钢盘可以演奏出不同的音调。

⑪ 这种流行于加勒比海地区的乐器外形像鼓，可以演奏完整的乐曲。

⑫ 这种乐器发明于19世纪的欧洲，演奏者通过吹气或吸气来演奏。

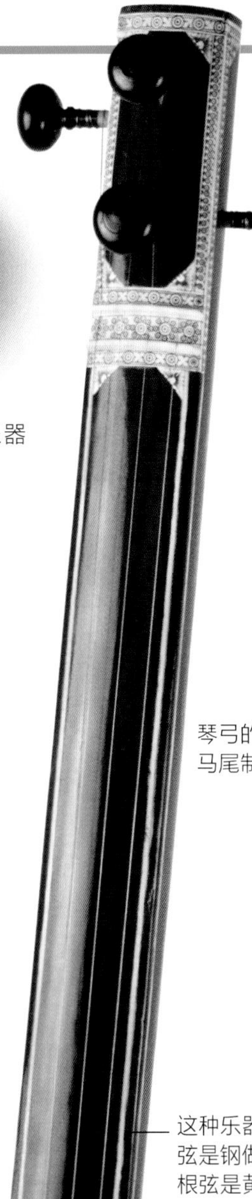

这是用来调弦的弦轴。

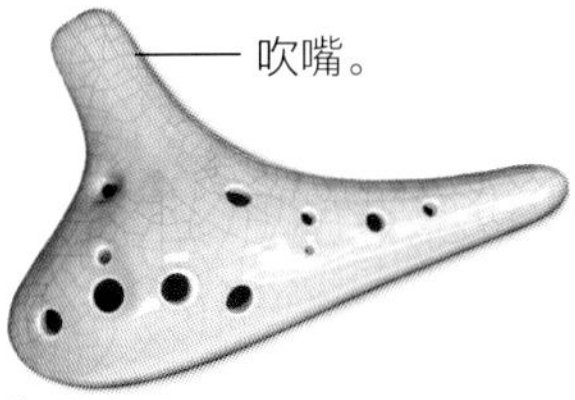

吹嘴。

⑬ 几千年来，人们一直在演奏这种乐器，通过向吹嘴吹气和按住相应的小孔来发出不同的声音。

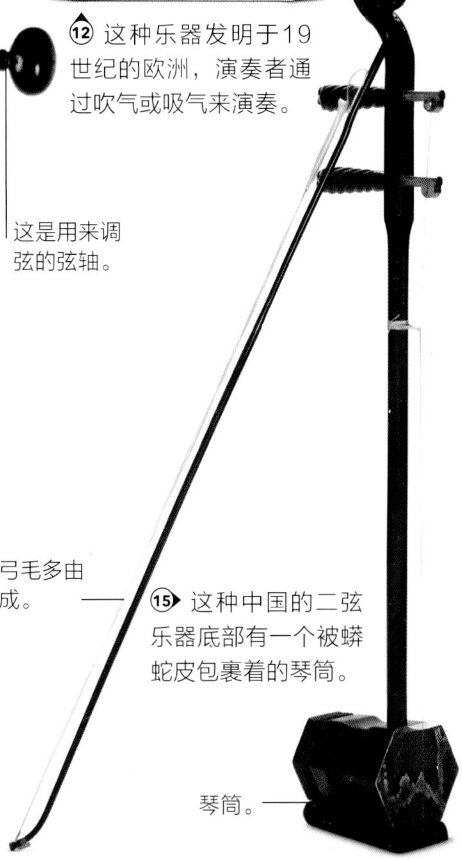

琴弓的弓毛多由马尾制成。

⑮ 这种中国的二弦乐器底部有一个被蟒蛇皮包裹着的琴筒。

琴筒。

雕刻的装饰物。

⑭ 这种夏威夷小型弦乐器的名字在当地语言中的意思是“跳蚤”。

这种乐器的前三根弦是钢做的，第四根弦是黄铜做的。

⑯ 这种来自拉丁美洲的打击乐器通常由干葫芦或木头制成，里面装满豆子或鹅卵石，可以通过晃动来发出声音。

⑰ 印度的民间音乐家通过拨动这种长颈乐器的弦来演奏乐曲。

保护轮。

⑱ 这种欧洲乐器通过转动琴尾的曲柄让轮子拨动琴弦，进而产生曲调。

把手。

这种乐器有的长达3米。

自我评价

入门学徒

- 二胡
- 口琴
- 手风琴
- 排箫
- 陶笛
- 苏格兰风笛

进阶学霸

- 砂槌
- 非洲手鼓
- 手摇风琴
- 尤克里里
- 爱尔兰哨笛
- 巴拉莱卡

知识天才

- **钢鼓**
- **班卓琴**
- **大竽**
- **多尔鼓**
- **迪吉里杜管**
- **坦普拉琴**

语言和文字

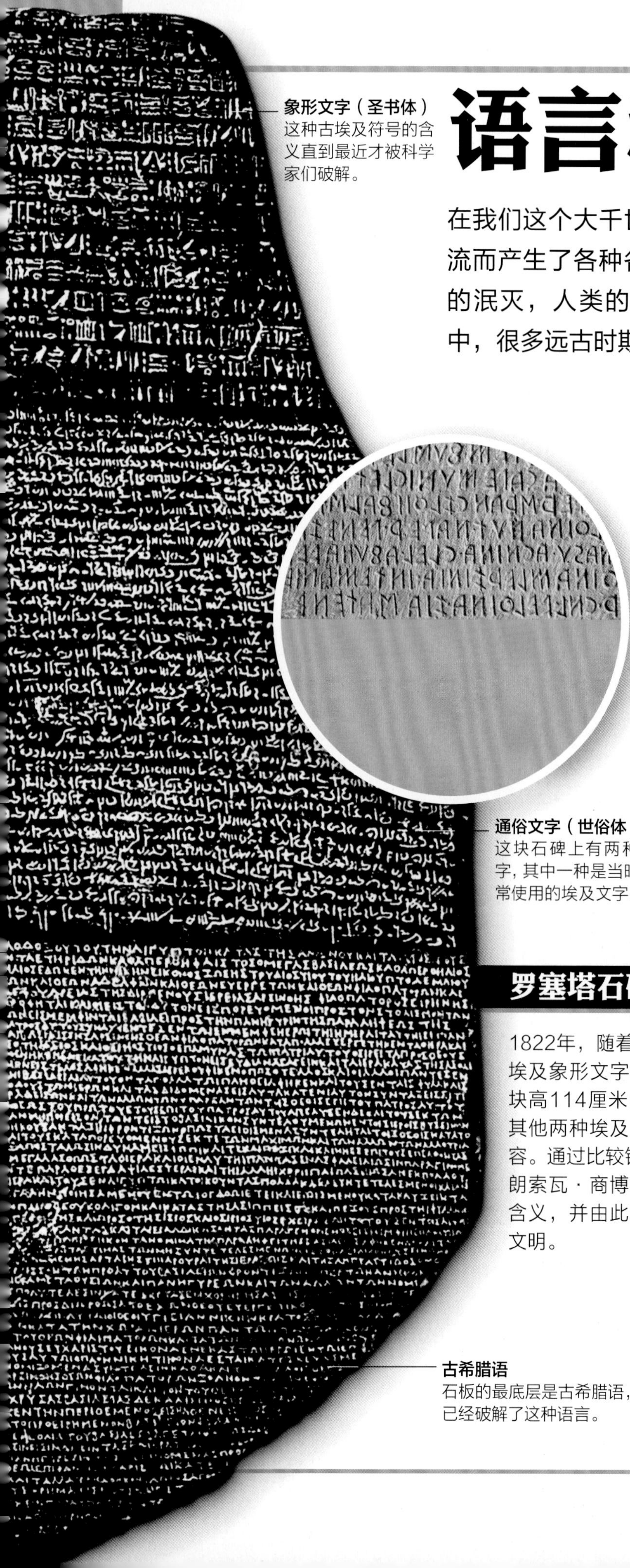

象形文字（圣书体）
这种古埃及符号的含义直到最近才被科学家们破解。

在我们这个大千世界中，生活在各地区的人为了便于交流而产生了各种各样的语言。但随着民族的融合和文明的泯灭，人类的很多种语言都已经消失在历史的长河中，很多远古时期的语言现在已无从解读。

通俗文字（世俗体）
这块石碑上有两种文字，其中一种是当时经常使用的埃及文字。

古希腊语
石板的最底层是古希腊语，历史学家已经破解了这种语言。

文字与图形

象形文字可能是世界上第一种文字系统，它发明于公元前3300年左右的埃及，埃及人用美丽的图画符号来代表声音、语言和思想。

这块面包被用来代表“t”的发音。

罗塞塔石碑

1822年，随着罗塞塔石碑被发现，埃及象形文字之谜被逐渐解开。这块高114厘米的石碑上用希腊语和其他两种埃及文字记录着同样的内容。通过比较铭文，法国学者让-弗朗索瓦·商博良破解了象形文字的含义，并由此进一步了解了古埃及文明。

用数据说话

2 473种
在现存的所有语言中，大约有43%的语言被联合国教科文组织列为濒危语言，这是濒危语言的数量。

16种
这是津巴布韦共和国官方语言的数量，这比大多数国家的官方语言都多。

12个
这是罗托卡斯字母表中的字母数量。它只在巴布亚新几内亚的布干维尔岛上使用，是有史以来字母最少的字母表。

手语

手语是一种使用手和肢体动作来进行交流的语言，使用人群一般为无法说话的人。手语有许多不同的形式，下面是在三个不同的国家表达“朋友”这一意思的手语。

你知道吗？

据统计，如今有200多种语言的使用者少于10人。

像图中这样用一只手的食指钩住另一只手的食指的动作意为“朋友”。

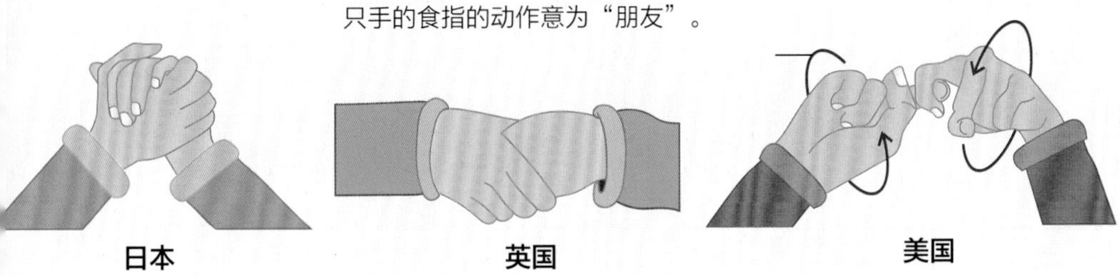

冷汗脸
这个表情符号可以用来表示备感压力或尴尬的意思。

表情符号

人们经常会在交流中使用图像来表达他们的情感。表情符号可以通过键盘输入，例如：）是笑脸。上图的表情符号是可以插在通信消息中的图像。

普通话
大约有9.09亿人会说普通话。

44.45亿人讲其他语言。

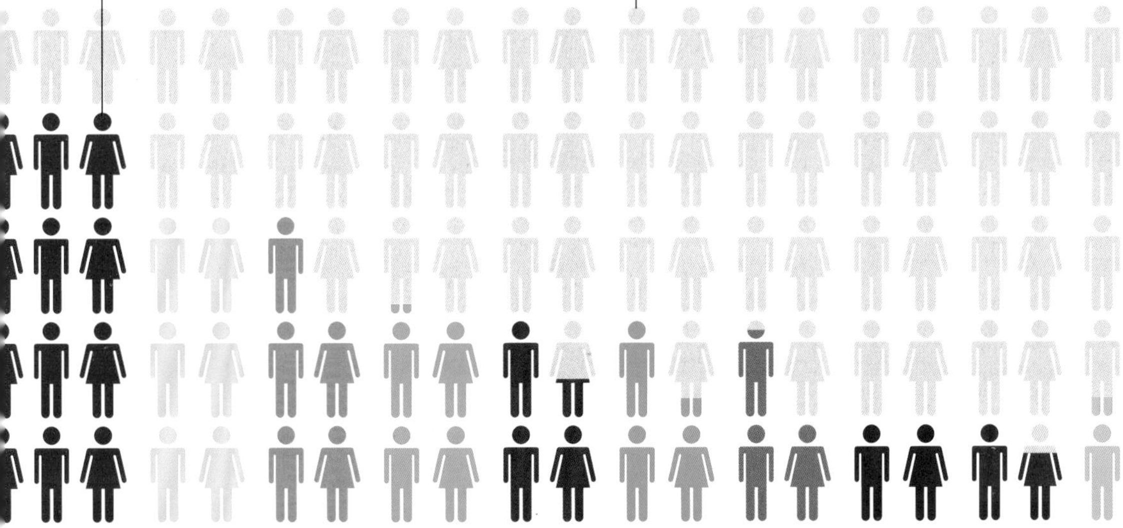

汉语	西班牙语	英语	阿拉伯语	印地语	孟加拉语	葡萄牙语	俄语	日语	旁遮普语
12%	6%	5%	4.1%	3.4%	3.2%	2.9%	2%	1.7%	1.2%

世界性语言

虽然世界上正在被使用的语言多达7 097种，但大多数语言使用的人数非常少。汉语是使用人数最多的语言，而英语则是应用最为广泛的语言。

虚构的语言

克林贡语：在《星际迷航》系列电影中，外星人克林贡人有他们自己的语言。在他们的语言中“nuqneH”的意思是“你想要什么”。

纳美语：纳美语是另一种虚构的语言，2009年的电影《阿凡达》中外星人使用了纳美语，它有2 200多个单词。

拉派恩语：在理查德·亚当斯的小说《海底沉舟》中，兔子说的混杂着英语和兔子语的语言被称为“拉派恩语”。

昆雅语：英国作家托尔金为《指环王》中的精灵创造了多种语言。《指环王》电影里使用了昆雅语。

问候

世界上的问候方式超过7 000种，这也是当今世界上使用的语言种数。有些语言的使用人数数以亿计，还有许多人会说多种语言。

hola
oh-lah

① 它是世界第二大语言，使用人数有4亿多，使用范围多达21个国家。

aloha
a-lo-ha

② 太平洋岛屿上的人们用这句话来问候对方，意思是“爱和善良”。

ciao
chow

③ 在南欧国家，朋友之间用这个词来打招呼和道别。

olá
oh-lah

⑤ 这种西欧语言也在南美洲、非洲和东亚的部分地区使用。

مرحبا
mar-ha-ban

这种语言的书写方式是从右到左。

⑥ 《一千零一夜》最初是口头文学，就是用这种语言表达的。上图中这个问候语的意思是“欢迎”。

hello
heh-low

④ 这种语言最初只有欧洲人使用，但现在它是世界上使用最广泛的语言。

这种非洲灰鹦鹉不仅能模仿人的声音，还能学会用问候语和人打招呼。

bonjour
bohn-zhoor

⑦ 五大洲都有人使用这种语言，图中这句话是“你好”的意思。

नमस्ते
nuh-muh-stay

这种语言是用天城体文字书写的。

⑧ 南亚人在使用这种问候语时，通常会双手合十并鞠躬，意思是“我向你鞠躬”。

สวัสดี
sa-was-dee

⑨ 这种问候语在泰国、缅甸和柬埔寨等国家使用。

merhaba
mer-ha-ba

⑩ 这种问候语在希腊等8个国家使用。

答案：1.西班牙语 2.夏威夷语 3.意大利语 4.英语 5.葡萄牙语 6.阿拉伯语 7.法语 8.印地语 9.泰语 10.土耳其语 11.希腊语 12.波兰语 13.俄语 14.汉语 15.德语 16.韩语 17.日语 18.拉丁语 19.瑞典语

Χαίρετε
kee-air-ai-tay

⑪ 这种语言在地中海国家使用，它有着3 400多年的悠久历史。这个词语的意思是“高兴”。

⑫ 这是东欧的问候语，意为“荣誉”，最初是用来表示对对方的尊重。

cześć!
chesh-ch

Goodbye

здравствуйте
zdras-tvu-tyeh

⑬ 世界上面积最大的国家使用着这种语言，这种语言的使用范围从东欧延伸到亚洲。

据不完全统计，这种语言中共有5万多个不同的汉字。

你好
nee-how

⑭ 约有14亿人在用这种语言相互问候。

안녕
ann-yeong

⑯ 某半岛被分成了两个国家，但两个国家的居民都用这种语言互相问候。

⑮ 生活在法国和波兰之间的欧洲大国的人们使用这种问候方式。

hallo
ha-low

こんにちは
kon-ni-chi-wa

这种语言有三种不同的书写方式，这是其中之一。

⑰ 一个东亚岛国使用这种问候语，这句话的意思是“欢迎”，也是“你好”的缩写。

salve
sal-way

⑱ 虽然今天的人们可能不会再使用古罗马语言，但在科学领域，它仍是重要的符号用语。

hallå
ha-low-ah

⑲ 这是斯堪的纳维亚的一种语言，它与挪威语同属一个语系。

自我评价

入门学徒	进阶学霸	**知识天才**
汉语 英语 俄语 德语 日语 法语 韩语	意大利语 阿拉伯语 葡萄牙语 印地语 泰语 西班牙语	**夏威夷语** **土耳其语** **瑞典语** **希腊语** **波兰语** **拉丁语**

体育

自古以来，人们就通过运动、竞技来解决争端、为国争光或强健体魄。如今，各种各样的运动在世界各地开展，运动场让一些默默无闻的运动员变成了闪闪发光的明星。当他们的队伍在世界舞台上进行角逐时，他们会齐心协力，争创佳绩。

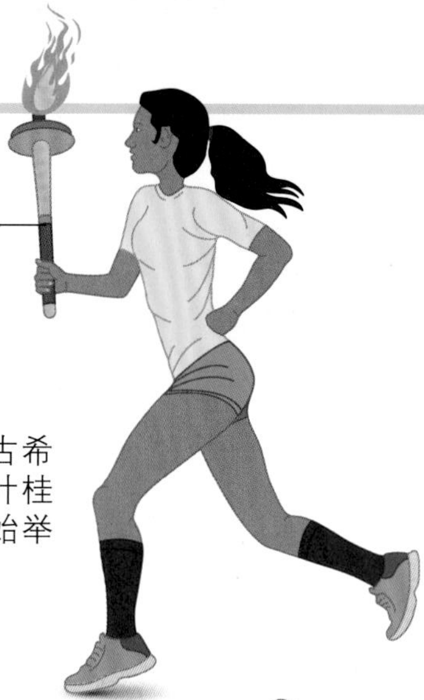

奥运圣火在奥运期间一直燃烧。

古代的比赛

奥林匹克运动会始于公元前776年的古希腊。第一届奥运会冠军的奖品是橄榄叶桂冠。1904年，现代奥林匹克运动会开始举办，每四年一届，冠军可获得一枚金牌。

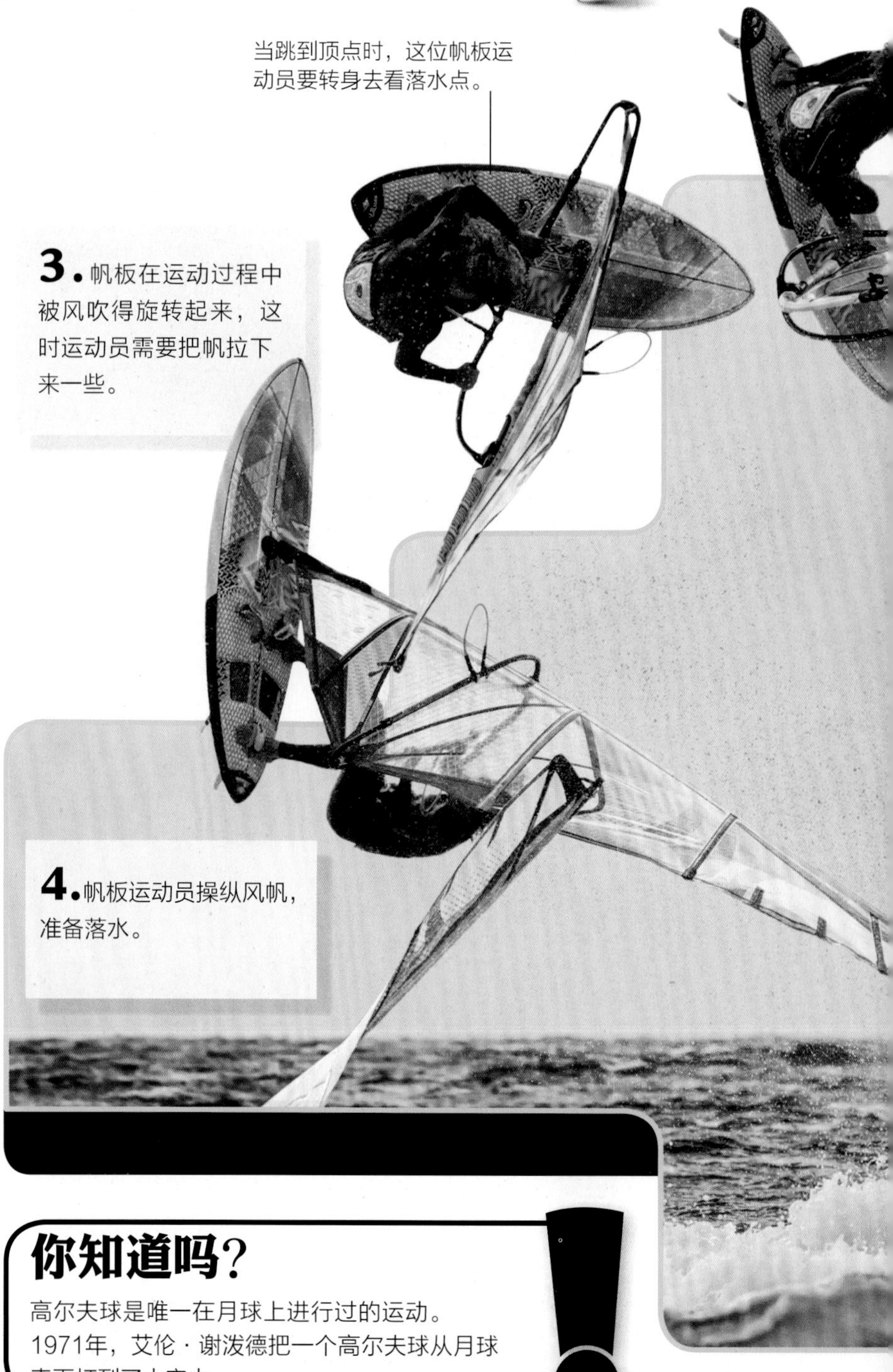

当跳到顶点时，这位帆板运动员要转身去看落水点。

3. 帆板在运动过程中被风吹得旋转起来，这时运动员需要把帆拉下来一些。

4. 帆板运动员操纵风帆，准备落水。

运动翘楚

牙买加短跑运动员尤塞恩·博尔特是世界上跑得最快的人，他是男子100米和200米短跑的世界纪录保持者。

美国网球名将塞雷娜·威廉姆斯是目前世界上最成功的女子网球运动员之一，她拥有23个大满贯单打冠军头衔。

韩国花样滑冰选手金妍儿是第一位集奥运会、世锦赛、四大洲赛和大奖赛决赛冠军于一身的选手。

获得28枚奖牌的美国游泳运动员迈克尔·菲尔普斯是有史以来最成功的奥运会游泳运动员。

你知道吗？

高尔夫球是唯一在月球上进行过的运动。1971年，艾伦·谢泼德把一个高尔夫球从月球表面打到了太空中。

新兴运动

游戏玩家在网上进行电子游戏比赛的活动被称为电子竞技。这些比赛非常受年轻人欢迎，成群的观众聚集在一起观看高清屏幕上的比赛，这和观看现场体育赛事非常相似。

用数据说话

300千米/时
这是西班牙回力球比赛中的球速，它也是速度最快的球类比赛。

170千米/时
这是冰球运动的速度。冰球在比赛前会被冷冻保存，这样它们就能在冰上滑得更快、更流畅。

92次
巴西足球前锋贝利在他的职业生涯中上演帽子戏法（在一场比赛中攻入三球）的次数。

运动趣知识

- 尽管女子曲棍球比赛自19世纪就开始了，但直到1980年才成为奥运会项目。
- 1939年，英国和南非之间的一场板球比赛耗时达43个小时，共进行了12天，最终打成平局。
- 篮球运动员的普遍身高都在2米左右，这有助于他们更好地投篮。

1. 这种挑战重力的高难度动作要求专业运动员借助海浪的力量将水中的帆板滑向海浪的最高点。

2. 借助风力使帆板从水上飞向空中。

顶级帆船运动员的速度可达96千米/时。

最古老的运动

摔跤是世界上最古老的运动，这项运动可以追溯到公元前510年左右。图中的雕刻展示的是正在比赛的两名古希腊摔跤手。

顶级运动

足球是世界上最受欢迎的运动。在球迷人数排名前五的球类运动中，有四项是团体项目，球迷除了会支持自己的国家队外，普遍都有个人热衷的俱乐部。

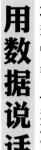

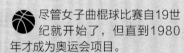

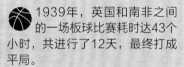

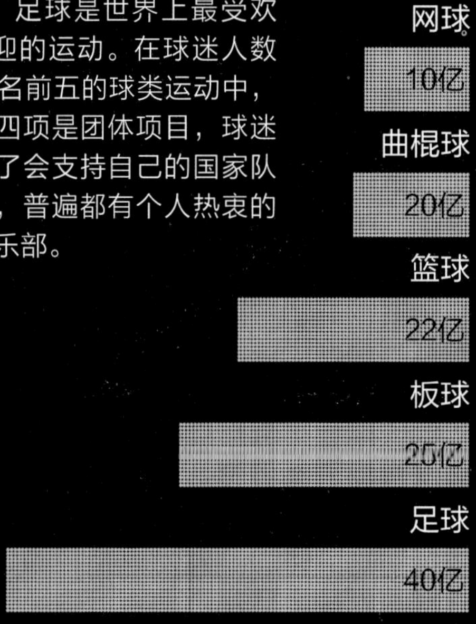

球类运动

世界各地的人们都非常喜欢球类运动。你能分辨下面这些球类运动吗？或许你也可以找两支羽毛球拍和朋友进行一场比赛！

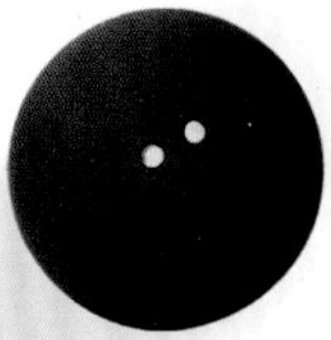

① 在一个四面都是墙的球场上，2~4名运动员轮流用球拍击打这种球。

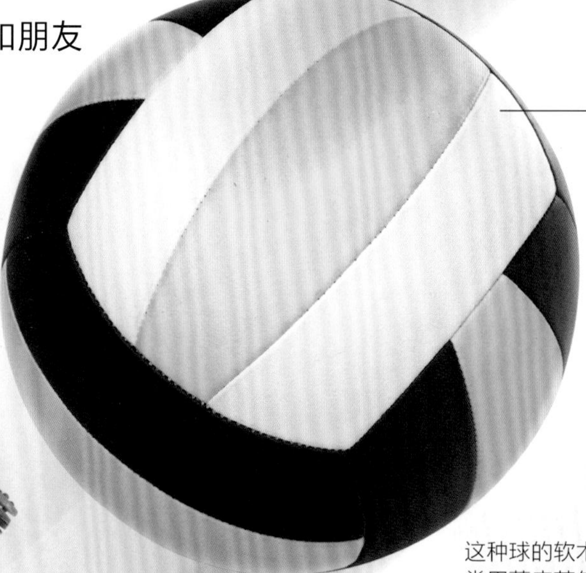

除了发球外，运动员在比赛过程中不能持球。

② 在长方形场地中，中间隔有高网，运动员们的目标就是把这种球击落到对方的场地中。

在这项比赛中，这种球的速度可达160千米/时。

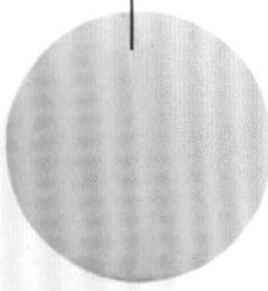

③ 运动员们轮流用球拍将球击过球网。

④ 运动员把球踢到空中，然后必须不停地踢，不让球掉到地上。

这种球的软木底座通常用薄皮革包裹着。

⑤ 羽毛使这种软木制的球能快速飞过球网，这种球在比赛中最快的球速纪录是332千米/时。

通常由16根羽毛组成，最好的材料是鹅左翼的羽毛。

⑥ 运动员们用一根钩形棍子把球运过球场，并努力把它打到对方的球门里。

⑦ 这是一种椭圆形球，在这项运动中可以射门；用手抛球或罚点球。

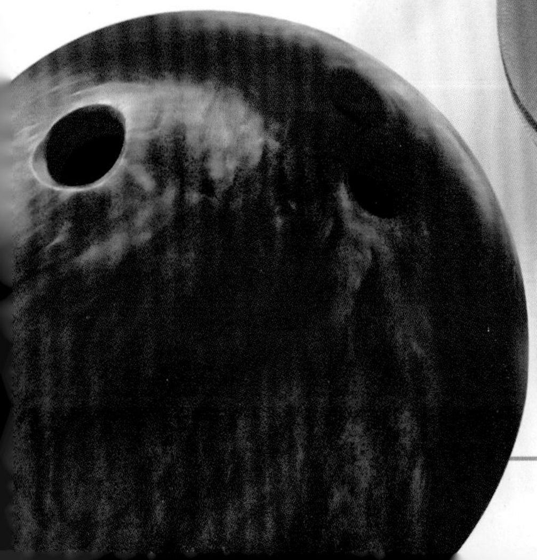

⑧ 在这项运动中，运动员们需要滚动这个球，使它尽可能多地击倒球瓶。

⑨ 这种球和其他球不同，运动员需要用不同的球杆通过尽可能少的杆数把球打进洞里。

⑩ 一支由11名运动员组成的球队会努力把这个球踢进或用头顶进对手的球门中。

这种球最早是用充气的猪膀胱做的。

⑪ 运动员用球拍在一个带有1.07米高球网的矩形球场上击打这种充满弹性的小球。

⑫ 这项比赛由每队18名运动员在椭圆形场地上进行，其规则是将球踢进对方的球门。

在这项比赛中，运动员可以用手接球或用手击打球，但带球跑时不能扔球。

⑬ 这项比赛由两支五人球队进行，运动员们会把这个球投进对方的篮筐中。

⑮ 一方投手把这个球扔出，而击球手则会尽可能远地将球击打出去，以避免被对方队员接住。

⑭ 在这项比赛中，击球手会尽力打中这个球从而获得高分。这种球的材质非常硬，内部由软木、橡胶和紧密缠绕的绳子填充。

一般来说，这个球是由红白两色的皮革拼接而成的。

⑯ 在这项比赛中，主要目的是阻止球触地。运动员们只能用他们的膝盖、脚、胸部和头部来触球，他们需要团队协作才能把球踢过一张高网。

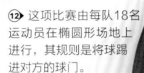

⑰ 这项比赛中由11名运动员齐心协力地将球踢进对方的球门。

⑱ 这项比赛中，选手需用一根木质球杆撞击白球，并把这样的彩球撞进桌边的口袋里。

自我评价

入门学徒

乒乓球
羽毛球
毽球
篮球
足球
网球
排球

进阶学霸

高尔夫球
棒球
台球
壁球
曲棍球
保龄球

知识天才

美式橄榄球
板球
英式橄榄球
澳式橄榄球
藤球

答案：1.壁球 2.排球 3.乒乓球 4.毽球 5.羽毛球 6.曲棍球 7.英式橄榄球 8.保龄球 9.高尔夫球 10.足球 11.网球 12.澳式橄榄球 13.篮球 14.板球 15.棒球 16.藤球 17.美式橄榄球 18.台球

球类运动装备

现代体育明星、团队运动员和业余运动爱好者会通过使用最新的运动设备来让自己在赛场中保持领先地位。现在的运动装备比以往任何时期的都要结实、轻便，因此能让球打得更远、更快。快准备好，比赛马上就要开始了！

① 在这种户外团队运动中，这种弯曲的球杆是用来把球打进球网的。

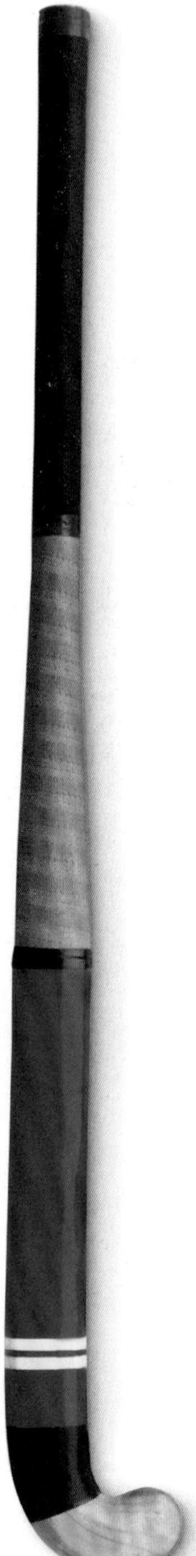

② 两名选手用这种球杆把桌上的彩球打进桌边的口袋里。

这类球杆通常长147 厘米。

③ 这种球拍的拍框上穿有很多线，它能将轻巧的羽毛球击过球网。

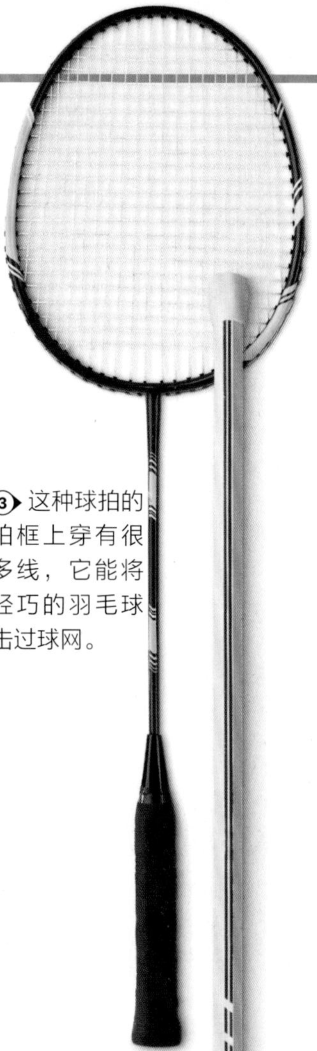

④ 运动员们用它努力把球击出边界来得分。

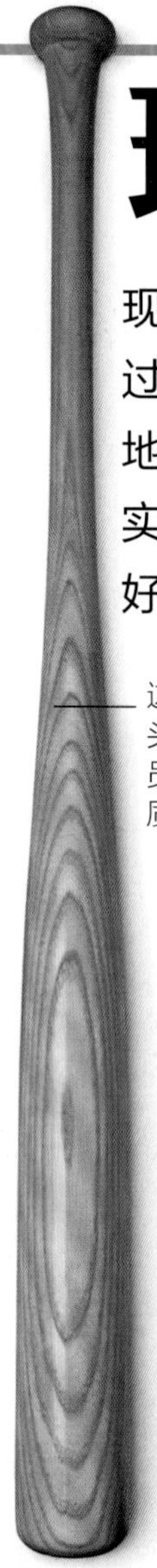

这种球棒由铝或木头制成，但专业球员更倾向于使用木质球棒。

⑤ 这种长柄且带网的球杆是用来投掷、接球的，印第安人最早使用。

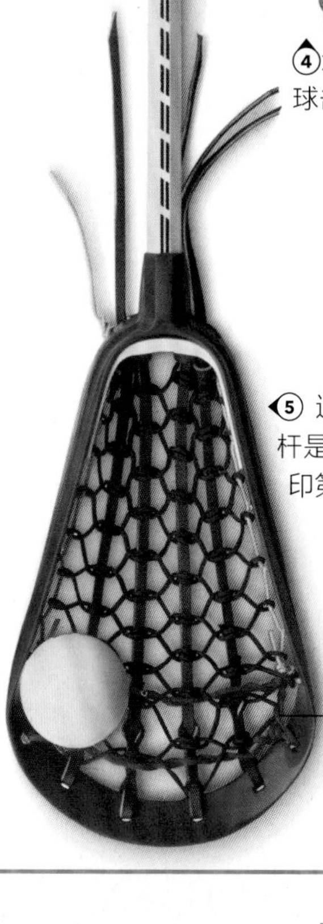

球网可由皮革、尼龙或亚麻线制成。

⑥ 用这种球棒将球击到场边得4分，将球击出界得6分。

由柳木制成，长度不能超过96厘米。

这类球拍的框过去是木质的，但现在大都使用碳纤维制成。

⑦ 这种球拍用于在室内球场对着墙壁击球。

⑧ 两支队伍在冰面上移动，并用这根棍子把球打进对方的球门里。

答案：1.曲棍球棒 2.台球球杆 3.羽毛球拍 4.棒球棒 5.棍网球球杆 6.板球棒 7.壁球拍 8.冰球杆 9.高尔夫球杆 10.马球棍 11.跑柱式棒球棒 12.槌球棒 13.回力球拍 14.乒乓球拍 15. 网球拍

⑪ 自亨利八世执政以来，运动员需要用这种木棒将球打到远处，并快速跑过四个垒来得分。

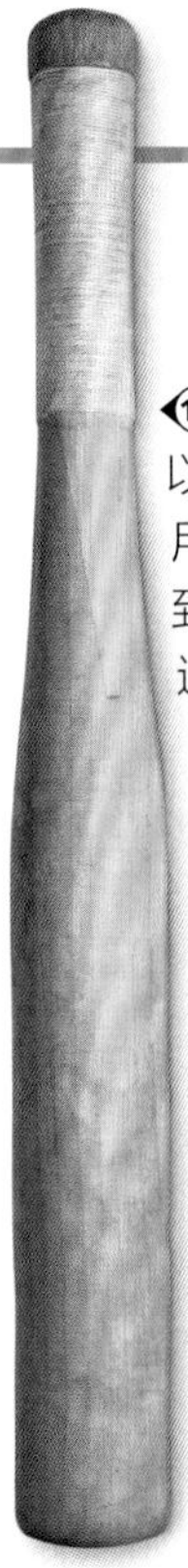

⑫ 这种锤状的球棒一般用于一项传统的在草坪上进行的比赛，运动员们需要让球通过一排球门。

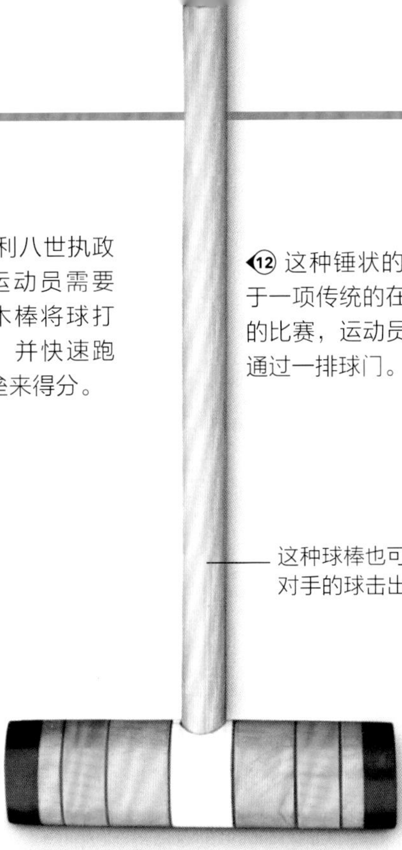

这种球棒也可以用来把对手的球击出球场。

自我评价

入门学徒

乒乓球拍
羽毛球拍
网球拍
棒球棒
高尔夫球杆

进阶学霸

曲棍球棒
台球球杆
壁球拍
冰球杆
板球棒

知识天才

棍网球球杆
马球棍
槌球棒
跑柱式棒球棒
回力球拍

⑩ 运动员骑在马背上，并用这种木棍把一种木质的球打入对方球门。

⑨ 运动员使用这种球具击球，在低于标准杆的情况下击球进洞是最完美的得分方式。

在一个回合中，球员可使用多达14种不同形制的球杆。

⑮ 这种用碳纤维制成的球拍用来发球并把球打过网。

⑬ 这种不同寻常的弧形球拍源于法国和西班牙的部分地区，用于国际公认的快速球赛。

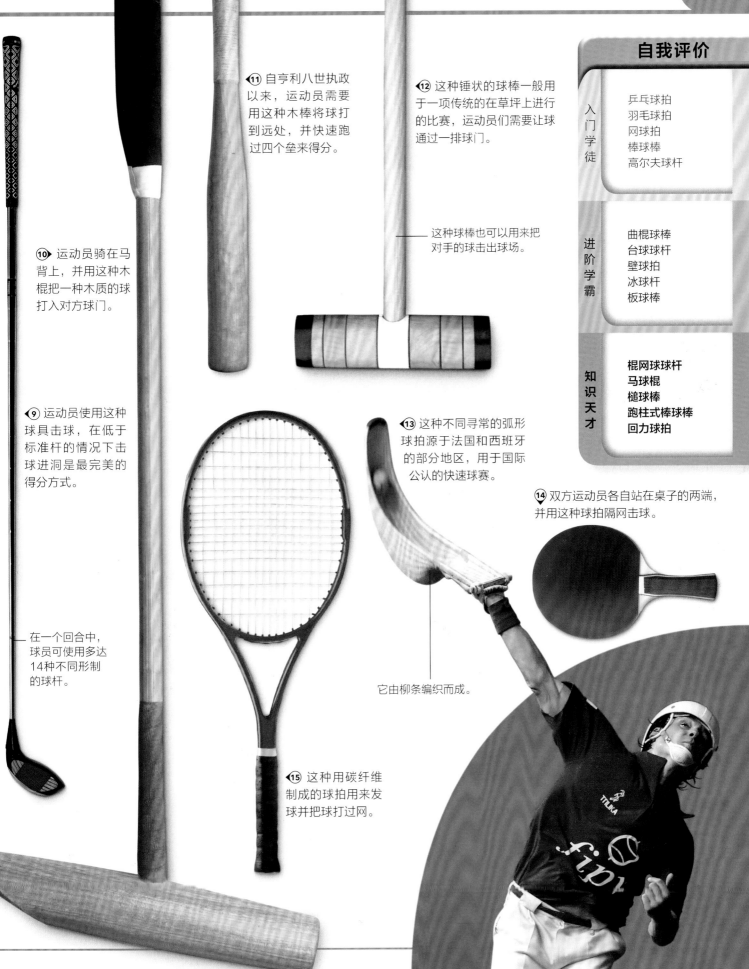

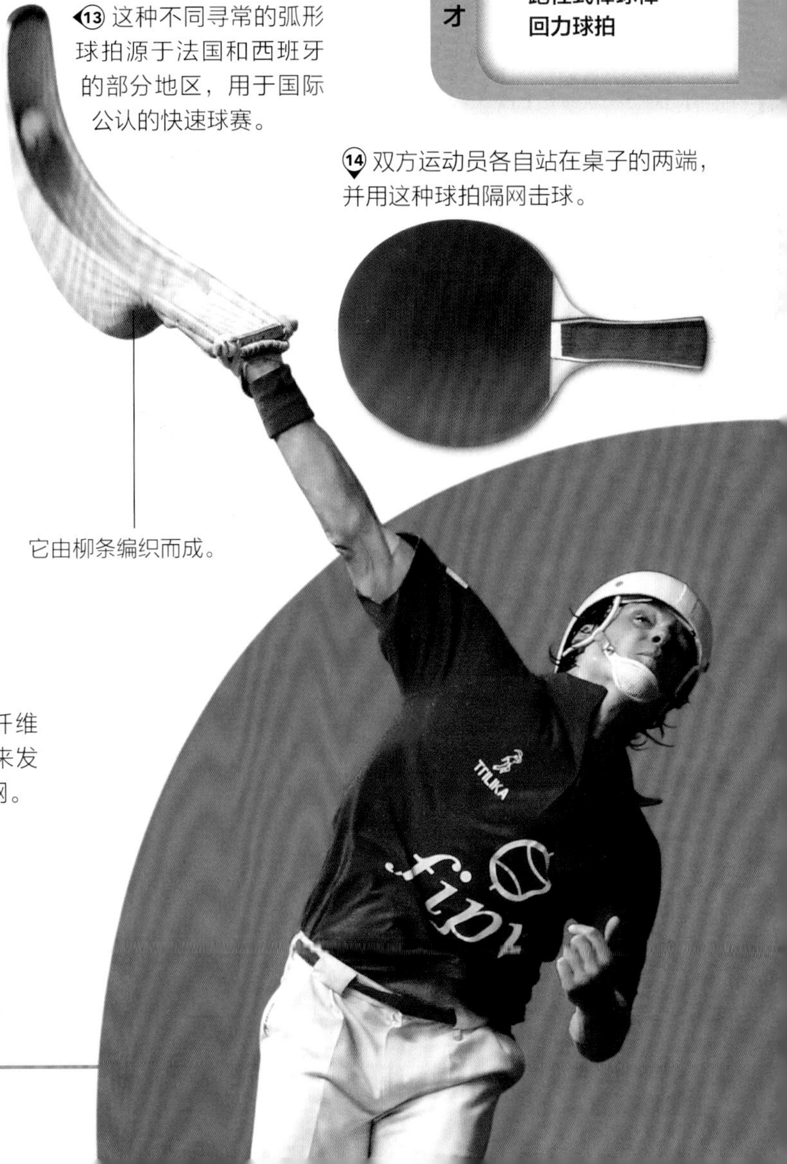

它由柳条编织而成。

⑭ 双方运动员各自站在桌子的两端，并用这种球拍隔网击球。

① 在田径比赛中，参赛者需要把这个物体尽可能地扔到远处。

这种运动器材的质量和材料各不相同。

② 从古希腊开始，运动员们就开始尝试用这种长竿撑地来跳过高杆。

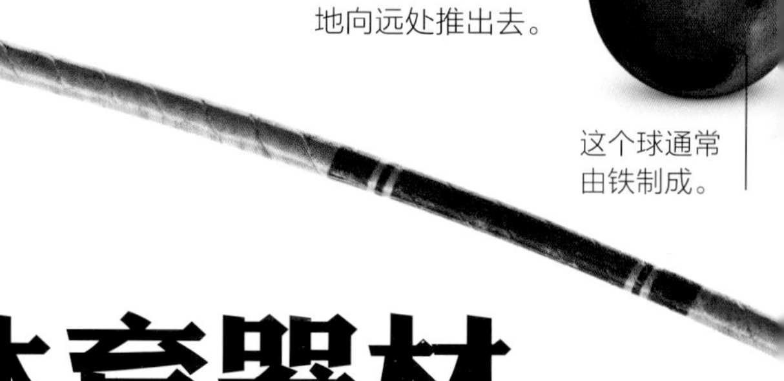

这种早期的器材由木头制成，现在通常由玻璃纤维制成。

③ 运动员比赛时要从肩膀的高度将这个沉重的球尽可能地向远处推出去。

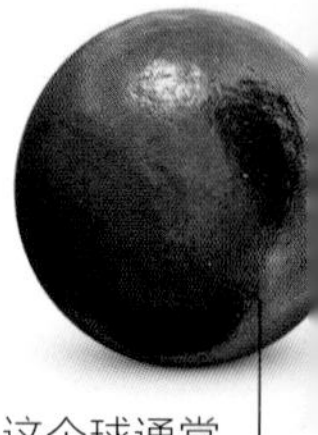

这个球通常由铁制成。

体育器材

在现代体育运动中，伤病可能会毁掉一名运动员的职业生涯，因此，在比赛中运动员的安全问题不容忽视。体育器材和装备除了用于比赛外，还可以保护运动员，所以穿戴正确的服装和护具对于运动员来说很重要。一起来看看这些体育器材和装备，你能认出多少呢？

④ 在快节奏的冰上团体比赛中，坚实的头盔是防止受伤的必备装备。

⑤ 这种皮手套用于一项在美国很流行的运动中，主要用来接球和扔球。

这种手套拇指和食指之间的蹼状结构有助于接住球。

⑥ 无论是越野赛还是公路赛，骑手都必须戴着这种头盔来保护头部。

⑦ 在冰上进行比赛是很危险的，所以这些带刺的金属鞋套能够提供很好的抓力，从而保护选手不滑倒。

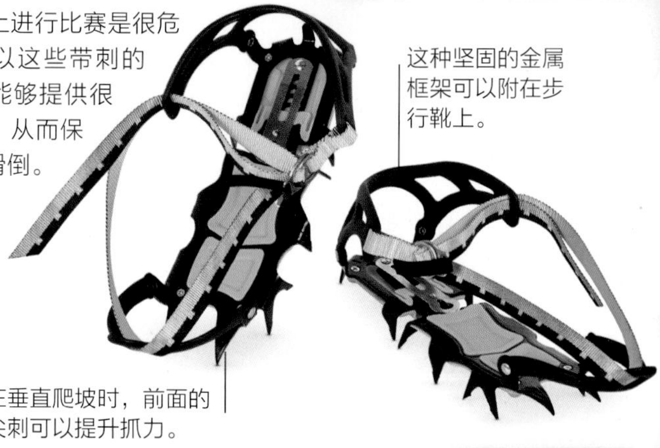

这种坚固的金属框架可以附在步行靴上。

在垂直爬坡时，前面的尖刺可以提升抓力。

⑧ 运动员们把这种长矛状器械投向远处，以距离的远近来判定名次。

⑨ 这对桨可以推动船快速前进。

答案：1.铁饼 2.撑竿 3.铅球 4.冰球头盔 5.棒球手套 6.自行车头盔 7.冰爪 8.标枪 9.赛艇桨 10.篮球鞋 11.雪杖 12.滑雪板 13.冰壶 14.足球鞋 15.链球 16.拳击手套 17.美式橄榄球头盔 18.花剑

⑩ 这种鞋子具有减震功能，可以帮助运动员安全跳跃和奔跑。

⑪ 冬季运动爱好者们每只手里都拿着一根这样的棍子，以便在雪坡上加速并保持身体平衡。

⑫ 当滑下雪道时，这个装置可以保护运动员的双脚不受伤。

上面有手柄，可供运动员们抓握。

一般来说，这块石头是由花岗岩制成的。

⑬ 运动员们在冰面上滑动这块巨大、光滑的石头，让它到达中心目标。

有一根长钢链连接着球和把手。

⑮ 强壮的运动员首先须把这个沉重的球绕着身体旋转，然后再把它扔得尽可能远。

⑭ 这种运动鞋一开始由传统皮革材料制成，而现在则由合成材料制成，用于参加世界上最受欢迎的一种运动。

鞋子上加长的鞋钉能给在草地上踢球的运动员提供额外的抓地力。

⑯ 运动员们用这些厚厚的防护手套护住自己的手，在竞赛场上给对手一记重拳。

⑰ 在美国一种小动作较多的比赛中，带面罩的软垫头盔是运动员们为了争夺一个椭圆形的球而互相对抗时的完美装备。

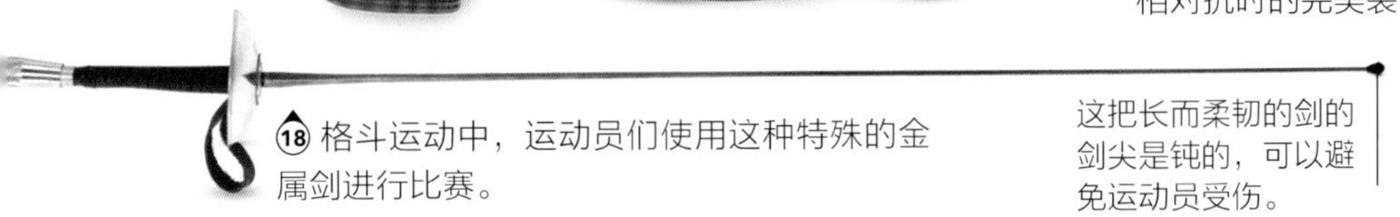

⑱ 格斗运动中，运动员们使用这种特殊的金属剑进行比赛。

这把长而柔韧的剑的剑尖是钝的，可以避免运动员受伤。

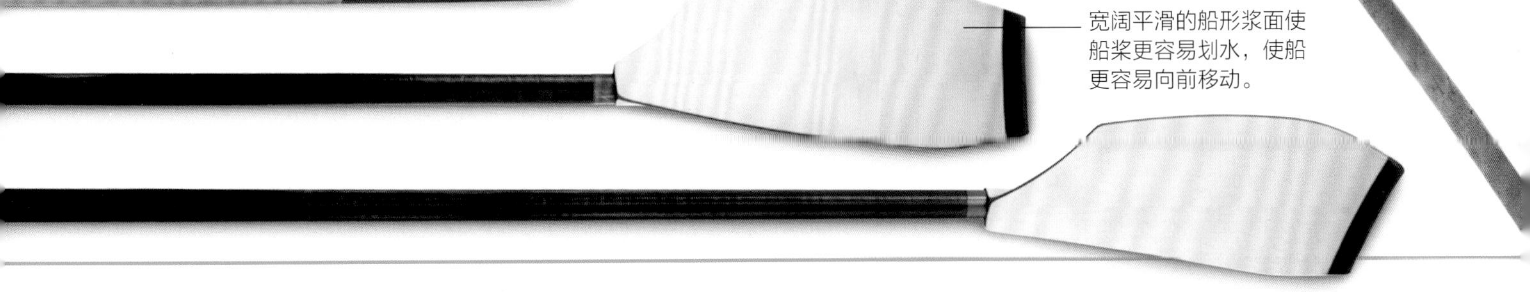

宽阔平滑的船形桨面使船桨更容易划水，使船更容易向前移动。

自我评价

入门学徒

- 足球鞋
- 篮球鞋
- 铅球
- 铁饼
- 拳击手套
- 标枪

进阶学霸

- 棒球手套
- 撑竿
- 赛艇桨
- 自行车头盔
- 滑雪板
- 花剑

知识天才

- **雪杖**
- **链球**
- **冰爪**
- **冰壶**
- **美式橄榄球头盔**
- **冰球头盔**

益智游戏

几千年来，世界各地的人们都对游戏十分热衷，也因此发明了许多种游戏。比如通过在棋盘上移动棋子来互相博弈的棋盘类游戏，还有用到纸牌、骰子、玻璃球或小木棒的游戏，玩法多样，十分有趣。

②这种游戏就像一场战斗，每个玩家都试图通过跳过对方的棋子来吃掉对方的棋。

在这种游戏中，棋子只能斜着走。

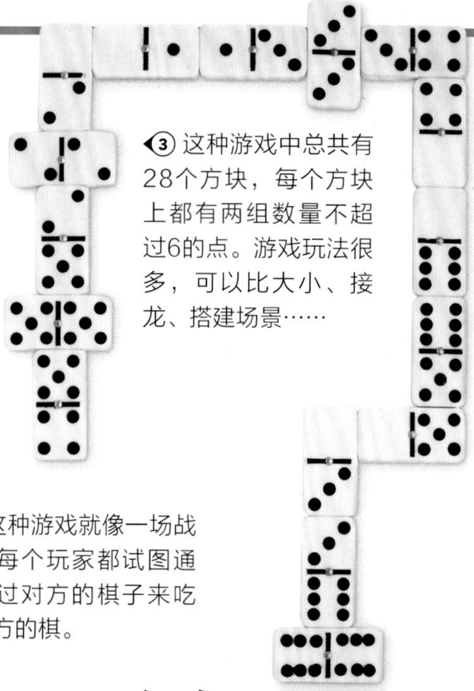

③这种游戏中总共有28个方块，每个方块上都有两组数量不超过6的点。游戏玩法很多，可以比大小、接龙、搭建场景……

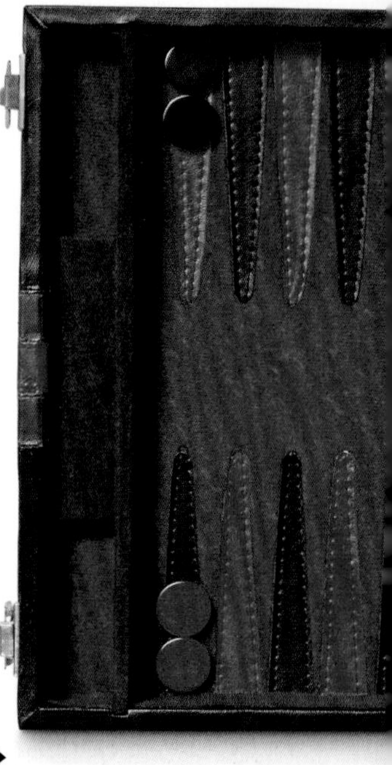

①在这种纸牌游戏中，通过把木橛插入木板来记录分数。玩家通过依次出牌来得分。

这张牌牌值为10分。

④在这个游戏中，当球还在空中时，玩家们必须捡起一定数量的棋子，并用同一只手接住球才能得分。

古罗马人会用羊的指关节骨来制作这种棋子。

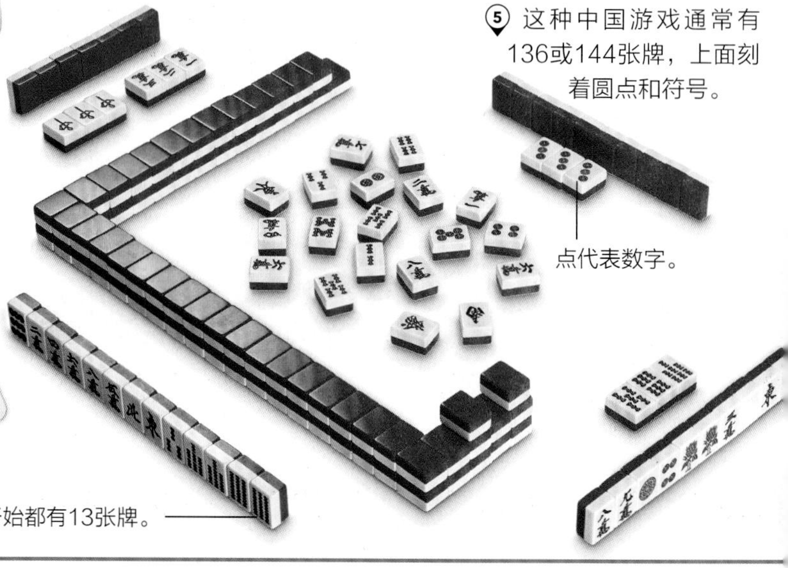

⑤这种中国游戏通常有136或144张牌，上面刻着圆点和符号。

点代表数字。

每名玩家一开始都有13张牌。

答案：1.克里巴奇牌戏 2.国际跳棋 3.多米诺骨牌 4.抓子游戏 5.麻将 6.西洋双陆棋 7.挑棒游戏 8.蛇梯棋 9.围棋 10.国际象棋 11.弹珠 12.播棋

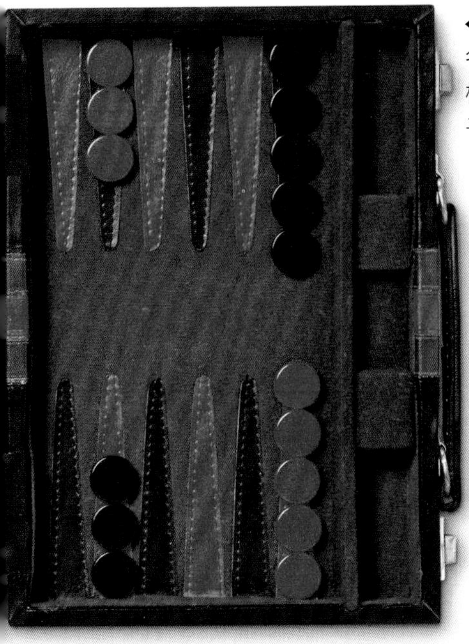

⑥ 这是世界上最古老的棋盘游戏之一，由两名玩家对弈。两名玩家分别有一个骰子，并根据掷骰子得出的点数来沿着一定轨迹移动棋子，先清掉对方所有棋子的人获胜。

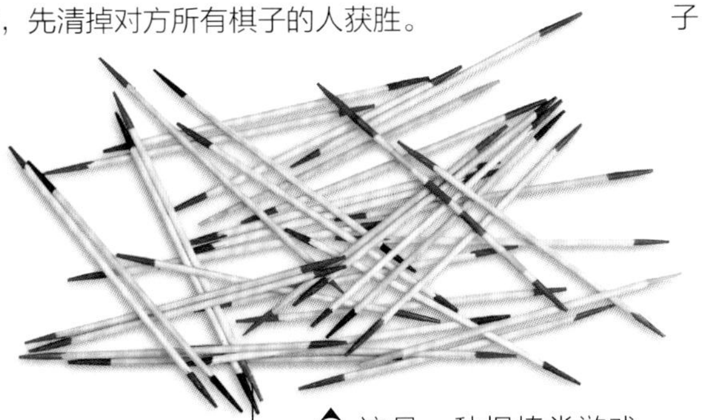

不同颜色的棍棒代表不同的分数。

⑦ 这是一种棍棒类游戏，在一堆棍棒中，玩家要在不触动其他棍棒的情况下，一根接一根地把棍子拿出来。

⑧ 在这种游戏中，玩家在一块板子上比赛，先到达终点为胜。板子上有些方块可帮助玩家跳过格子或直接跳到指定的格子，而有些方块则会让玩家回到原点。

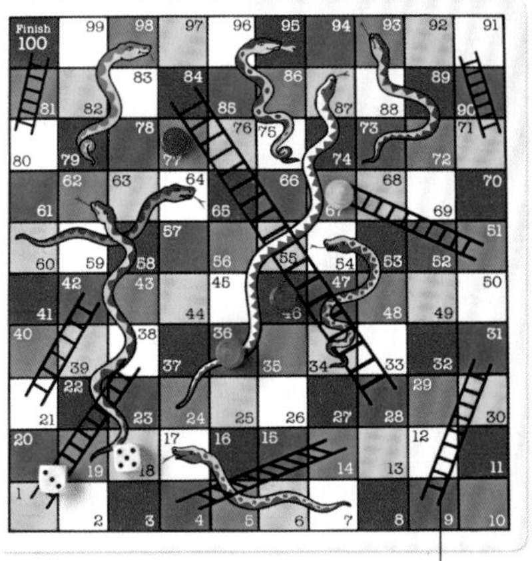

梯子可以帮助玩家在棋盘上走捷径。

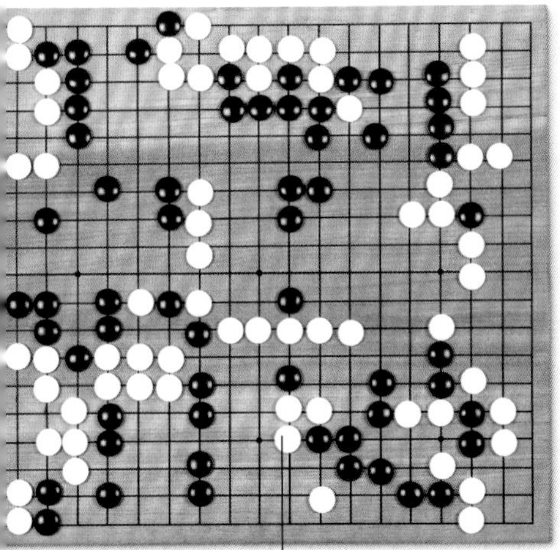

⑨ 这是一种从中国古代流传下来的游戏，其规则是：用自己的棋子尽可能多地占据棋盘。

棋子放置在横线和竖线交叉的地方。

⑩ 这种棋盘类游戏有六种不同的棋子，每种棋子都有自己的移动方式，直到其中一名玩家把对方的国王将死，游戏才会结束。

从棋盘上取下吃掉的棋子。

⑪ 我们经常可以见到这些彩色玻璃球的身影，最常见的游戏方式是在地上滚动玻璃球去击中对方的玻璃球。

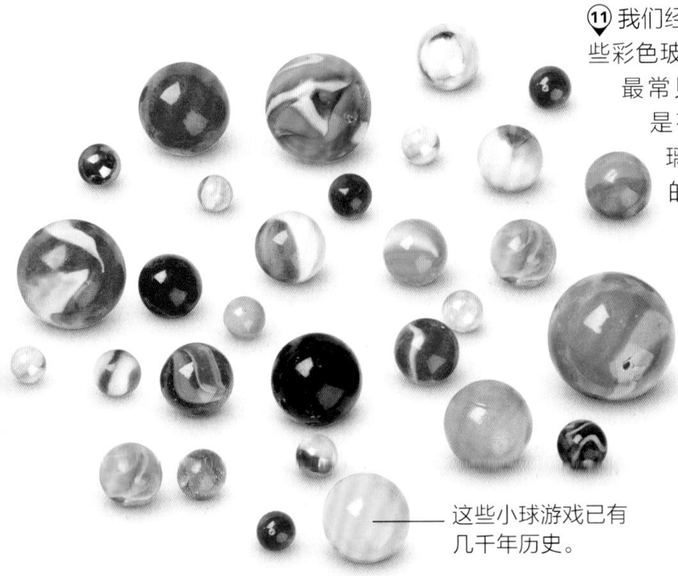

这些小球游戏已有几千年历史。

⑫ 在这种古老的非洲游戏中，玩家沿着棋盘上的坑移动棋子（石头、种子、坚果或贝壳），最后收集棋子最多的人获胜。

棋盘上有12个棋洞。

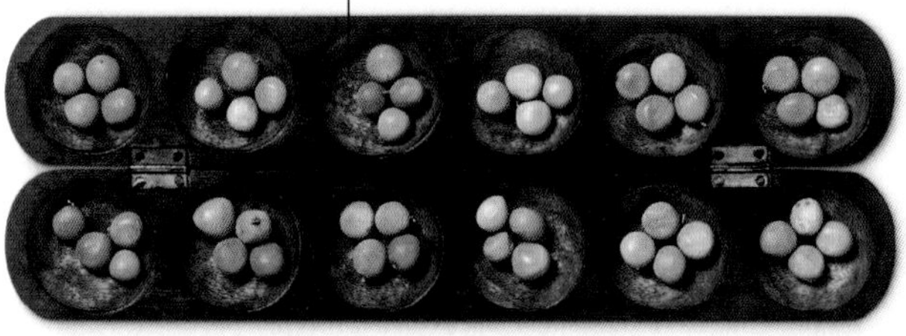

自我评价

入门学徒	进阶学霸	知识天才
麻将	抓子游戏	**蛇梯棋**
围棋	挑棍游戏	**西洋双陆棋**
弹珠	国际跳棋	**克里巴奇牌戏**
国际象棋	多米诺骨牌	**播棋**

索引

A
“阿波罗”11号 14~15，128
阿波罗 149
阿布贾 124~125
阿布扎比 124~125
阿尔汉布拉宫 155
阿尔及利亚 116~117
阿格拉红堡 155
阿空加瓜峰 112~113
阿拉伯海 108~109
阿联酋迪拜 123
阿南西 150~151
阿斯顿马丁DB2/4 32
埃菲尔铁塔 121
爱尔兰哨笛 172~173
安第斯神鹫 71
安哥拉疣猴 55
安卡拉 124~125
盎格鲁-撒克逊头盔 159
奥里诺科河 110~111
奥林匹斯山 112~113
澳式橄榄球 181
澳洲刺角蜥 75
澳洲肺鱼 85

B
巴德地铁班车 34~35
巴克斯 149
巴拉金梭鱼 86~87
巴拉莱卡 172~173
巴拉那河 110~111
巴拿马 117
霸王龙 42~45
白垩 138~139
白鲸 57
白头海雕 71
白秃猴 55
白腿小隼 71
白腰鼠海豚 57
白蚁 61
百合 99
柏林 123~125
拜恩古堡 155
班卓琴 172~173
斑鳍蓑鲉 86~87
斑纹蛇鳝 86~87
板球 179，181
板球棒 182~183
棒球 181
棒球棒 182
棒球手套 184~185
保龄球 181
抱子甘蓝 103
豹变色龙 75, 95
豹纹壁虎 92, 95
豹纹陆龟 92
北海 108~109
北美草莓海葵 62
北京故宫 126
贝尔47G直升机 37
奔驰一号三轮车 32
比萨斜塔 121
铋 18~19
碧玺 140~141
壁球 181
壁球拍 182~183
鞭尾蝎 65
鞭蛛 65
标枪 184~185
髌骨 22~23
冰壶 184~185
冰脊龙 44~45
冰球头盔 184~185
冰球杆 182~183
冰爪 184~185
波波卡特佩特火山 112~113
波兰语 176~177
波斯波利斯 146~147
波斯湾 108~109
播棋 186~187
勃朗峰 112~113
铂金 138~139
不丹 131
不死鸟 150~151
布加迪威龙 32
布加勒斯特 124~125
布宜诺斯艾利斯 124~125

C
长鼻猴 55
长臂猿 55
长方体 28~29
长方形 28~29
长号 170~171
长戟 157
长江 110~111
长城 121，124
长肢领航鲸 57
“长征”3号甲运载火箭 14~15
匙吻鲟 85
菜豆 103
仓鸮 71
草蛉 61
层积云 134~135
层云 134~135
颤音琴 170~171
昌昌古城 146~147
肠黏膜 24~25
撑竿 184~185
成吉思汗 163
辰砂 138~139
尺骨 20，22~23
赤铁矿 12，138~139
槌球棒 182~183
锤骨 22~23
唇部 24~25
慈母龙 47
刺鲀 83，86
醋栗 101

D
DHC-3型水上飞机 37
达卡 124~125
达纳吉尔凹地 114~115
大阪高速铁道列车 34~35
大堡礁 126~127
大壁虎 75
大笒 172~173
大地懒 49
大雕鸮（大角猫头鹰）95
大杜鹃 92
大鳄龟 75
大管 170~171
大冠蝾螈 81
大号 170~171
大津巴布韦 146~147
大军鼓 170~171
大蓝洞 114~115
大理石 138~139
大马士革刀 157
大蒜 103
大提琴 170~171
大西洋 108~109
大猩猩 55
大旋鳃虫 62~63
大眼鲷 95
大众甲壳虫 32
戴珍珠耳环的少女 169
丹顶鹤 69
单簧管 170~171
单脊龙 44~45
弹珠 186
德劳瑞恩DMC-12 32
德纳里山 112~113
德语 176~177
灯笼果 101
等边三角形 28~29
镫骨 22~23
狄安娜149
迪吉里杜管 172~173
底比斯 146~147
骶骨 22~23
地中海 108~109
帝企鹅 92
帝王花 99
帝王蝎 65
点纹斑竹鲨 92
碘 18~19
电鳗 85
雕齿兽 49
雕鸮 71
定音鼓 170~171
东部猪鼻蛇 76~77
东方铃蟾 81
冬宫 155
冬南瓜 103
兜兰 99
斗笠云 134~135
豆瓣菜 103
独角兽 150
独眼巨人 150
短扁棒 157
短笛 171
多尔鼓 172~173
多米诺骨牌 186~187
多瑙河 110~111

E
俄罗斯莫斯科 123
俄语 175~176
锇 18~19
厄尔布鲁士山 112~113
鄂霍次克海 108~109
鳄鱼 72~73，91，95
鸸鹋 69
尔塔阿雷火山 114~115
二胡 172~173

F
法国巴黎 123
法国高速列车（TGV）34~35
法语 176~177
番红花 99
番荔枝（释迦果）101
番薯 103
凡尔赛宫 155
非洲牛箱头蛙 79，81
非洲食卵蛇 76~77
非洲手鼓 172~173
非洲树蛇 95
腓骨 22~23
翡翠树蚺 76~77
风笛 172~173
蜂猴 54~55
凤头鹈 92
凤尾绿咬鹃 69
跗骨 22~23
伏尔甘 149
伏尔加河 110~111
蜉蝣 61
福克Dr-1三翼机 37
福特GT40 32
福特T型车 32
负子蟾 81
副栉龙 47
富士山 112~113

G
橄榄石 140~141
刚果河 110~111
钢鼓 172~173
高层云 134~135
高昌故城 146~147
高尔夫球 181
高尔夫球杆 182~183
缟玛瑙 140~141
鸽子 91
弓头鲸 57
肱骨 22~23
汞 18~19
狗 91
狗鱼 85
古罗马城市广场 146~147
古希腊长矛 157
股骨 22~23
骨盆 22~23
骨组织 24~25
怪面蛛 65
管海马 86~87
冠恐鸟 49
冠龙 47
灌丛婴猴 95
国际空间站 14
国际跳棋 186~187
国际象棋 186~187
棍网球球杆 182~183

H
哈瓦那 124~125
哈利法塔 108，119，121，123
海豹 91
海扁虫 62~63
海蓝宝石 140~141

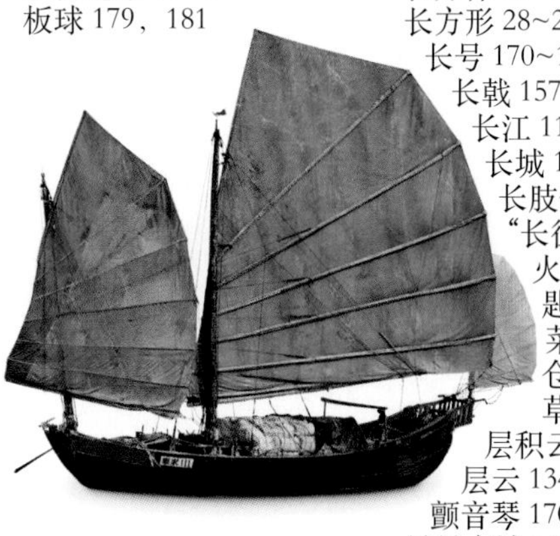

海狸 91
海鬣蜥 75
海苹果 62~63
海鳃 62~63
海王星 13
韩国 131
韩国首尔 122~123
韩语 176~177
汉比 146~147
汉语 175~177
汗号列车 34~35
汗孔 24~25
航空母舰 38
航天飞机 14~15
好奇号 14
河童 150~151
河豚 95
核桃 101
鹤鸵 92
鹤望兰 99
黑白兀鹫 71
黑海 108~109
黑曼巴蛇 76~77
黑莓 101
黑尾真鲨 86~87
黑猩猩 55
黑曜石 137~139
黑曜石砍刀 156~157
黑掌树蛙 81
黑掌蜘蛛猴 55
恒河 110~111
恒河鳄 75
恒河三角洲 126~127
横纹金蛛 65
红宝石 140~141
红腹食人鱼 85
红海 108~109
红海星 62~63
红千层 99
红尾鲇 85
红眼树蛙 81, 95
红腰豆 103
红鸢 71
虹鳟鱼 85, 92
后弓兽 49
胡萝卜 103
葫芦 103
蝴蝶鱼 86~87
虎鲸 56~57
虎猫 53
虎眼石 140~141
琥珀 140~141
花斑连鳍鲔 86~87
花岗岩 137~140
花剑 184~185
华丽琴鸟 69
滑雪板 184~185
环尾狐猴 55
黄海 108~109
黄蓝金刚鹦鹉 69
黄铁矿 138~139
黄蝎 65
黄玉 140~141
黄水仙 99
蝗虫 61
灰冠鹤 69
回力球拍 182~183
惠特尼峰 112~113
火炬花 99
火烈鸟 69
火蝾螈 81
火星 13
火星奥林匹斯山 126~127

J

肌纤维 24~25
鸡 92
鸡蛋果 101
鸡蛇兽 150~151
鸡血石 140~141
积雨云 134~135
积云 134~135
姬蜂 61
基伍树蝰 76~77
吉拉毒蜥 75
吉隆坡 123~125
吉萨金字塔群 126~127
极乐鸟 69
极北蝰 76~77
棘龙 44~45
集装箱货轮 38~39
几维鸟 69
纪念碑谷 114~115
加勒比海 108~109
加蓬蝰蛇 76~77
加长豪华轿车 32
家猫 95
甲龙 47
坚纽斯 149
肩胛骨 22~23
剑齿虎 49
剑龙 47
毽球 181
箭毒蛙 81
角鼻龙 44~45
角雕 71
角蝰 95
角眼沙蟹 62~63
金 18~19
金黄珊瑚蛇 76~77
金甲虫 61
金矿 138
金沙萨 124~125
金狮面狨 55
金星 13
金鱼 85
金盏花 99
锦鲤 85
京那巴鲁山 112~113
精灵汽车 32
胫骨 22~23
菊花 99
巨人堤道 114~115
巨型短面袋鼠 49
巨型海蟾蜍 79、95
巨嘴鸟 69
卷层云 134~135
卷积云 134~135
卷云 135

K

喀布尔 124~125
卡帕多基亚石林 114~115
卡特巴城堡 155
卡西尼-惠更斯号 14~15
开罗 124~125
凯迪拉克埃尔多拉多 32
堪培拉 124~125
柯氏喙鲸 57
科林斯式头盔 159
科罗拉多河 110~111
科莫多巨蜥 75
科修斯科山 112~113
克里巴奇牌戏 186~187
克利奥帕特拉七世 163
氪 18~19
空客A380 37
空中轨道列车 34~35
孔雀石 138~141
口琴 172~173
枯叶龟 75
哭泣的女人 169
库克山 112~113
宽纹黑脉绡蝶 61
宽吻海豚 57
葵花凤头鹦鹉 69

L

拉布拉多海 108~109
拉丁语 176~177
拉普捷夫海 108~109
拉什莫尔山 121
蜡蝉 61
莱特飞行器 37
莱茵河 110~111
蓝斑条尾魟 86~87
蓝宝石 140~141
蓝环章鱼 62~63
蓝鲸 57
蓝孔雀 69
蓝莓 101
蓝岩鬣蜥 95
篮球 181
篮球鞋 184~185
狼人 150
狼牙棒 157
劳斯莱斯幻影 32
老虎 53
老鼠 91
乐山大佛 121
勒拿河 110~111
雷鸟 150~151
肋骨 22
棱背龙 47
里海 108~109
里约热内卢基督像 121
利比里亚 119、131
利马 124~125
莲花峰 112~113
链枷 157
链球 184~185
梁龙 47
两栖鲵 81
猎豹 53
列宁 163
磷 18~19
伶盗龙 44
菱形 28~29
硫 18~19
榴梿 101
龙 150~151
龙虾尾头盔 159
芦笋 103
颅骨 22~23
鹿 91
伦敦地铁 34~35
罗赖马山 114~115
罗马大盾 157
罗马花椰菜 103
罗马军团头盔 159
罗马式短剑 157
骆驼 95
落基山登山者号 34~35
旅鸫 92
"旅行者"1号 14~15
铝 18~19
铝土矿 138~139
绿海龟 75
绿红东美螈 81
绿鬣蜥 75
绿绒蒿 99
绿水蚺（森蚺）76~77
绿松石 140~141
氯 18~19

M

麻将 186~187
马达加斯加 116~117
马德里 124~125
马丁·路德·金 163
马门溪龙 47
马丘比丘 146~147
马球棍 182~183
马头鱼尾兽 150~151
马蝇 95
玛尔斯 149
玛瑙 138~139
螨虫 24~25
曼谷 124~125
曼谷大王宫 155
蔓越莓 101
冒纳罗亚火山 112~113
玫瑰 99
湄公河 110~111
煤玉 140~141
美国大峡谷 126~127
美国海王直升机 37
美国纽约 123
美人鱼 150~151
美式橄榄球 181
美式橄榄球头盔 184~185
美西螈 81
美洲豹 53
美洲红鹮 69
美洲狮 53
镁 18~19
蒙古安氏中兽 49
蒙娜丽莎的微笑 169
猛犸象 49
猛鹗 71
孟加拉国 116~117
弥诺陶洛斯 150~151
迷你库珀 32
密涅瓦 149
密西西比河 110~111
蜜蜂 61
蜜蜂鱼 85
棉花堡 114~115
蘑菇珊瑚 62
抹香鲸 57
沫蝉 61
莫雷诺冰川 114~115
莫斯科 124~125
莫卧儿头盔 159
墨累河 110~111
墨丘利 149
墨西哥 116~117, 131
墨西哥城 124~125
墨西哥红膝狼蛛 65
墨西哥湾 108~109
木琴 170~171
木薯 103
木卫三 13

木卫一 13
木星 13
牧神潘 150~151

N
拿破仑 · 波拿巴 163
呐喊 169
纳尔逊 · 曼德拉 163
奶白菜 103
氖 18~19
南方鹤鸵 69
南非 116~117, 131
南非犰狳蜥 75
南瓜 103
南海 108~109
铙钹 170~171
内河汽船 38~39
内罗毕 124~125
尼罗鳄 75
尼罗河 110~111
尼罗河三角洲 126~127
尼罗罗非鱼 85
尼普顿 149
尼日利亚 131
尼亚加拉瀑布 126~127
鸟喙形科塔刀 157
狞猫 53
纽约曼哈顿岛 126~127
挪威 116~117

O
欧泊 140~141
欧歌鸲 92

P
排球 181
排箫 172~173
庞贝古城 146~147
跑柱式棒球棒 182~183
帕特农神庙 121
佩特拉古城 146~147
喷火式战斗机 37
披毛犀 49
皮肤 24~25
乒乓球 181
乒乓球拍 182
平行四边形 28~29
破冰船 38
葡萄牙语 176~177
葡萄柚 101
蒲甘古城 146~147
普鲁士军盔 159
普鲁托 149
普通海鸦 92
普西芬妮 149

Q
奇美拉 150~151
七鳃鳗 85
七色山 114~115
七星刀鱼 85
七星瓢虫 61, 92
奇琴伊察 146~147
骑兵军刀 157
骑士堡 155
乞力马扎罗山 112~113
企鹅 91
汽车渡船 38~39
铅球 184~185
潜水钟蜘蛛 65
腔骨龙 44~45
腔棘鱼 86~87
蔷薇石英 138~139
锹甲 61
乔戈里峰 112~113
乔治 · 华盛顿 163
切 · 格瓦拉 163
茄子 103
秦弩 157
禽龙 47
青刀豆 103
青蜂 61
青金石 140~141
氢 18~19
蜻蜓 61
丘比特 149
秋麒麟蟹蛛 65
球体 28~29
曲棍球 181
曲棍球棒 182~183
拳击手套
184~185
雀尾螳螂虾
62~63

R
桡骨 22~23
热带风暴中的老虎 169
人类 95
人马怪 150~151
日本鹌鹑 92
日本大鲵 81
日本东京 123
日本猕猴 55
日本武士刀 157
日本武士头盔 159
日本新干线列车 34~35
日语 176~177
绒螨 65
乳状云 134~135
瑞典语 176~177
瑞士 131

S
SR-71侦察机 30， 37
萨克斯 170~171
塞纳河 110~111
赛艇桨 184~185
三列桨战船 38~39
三角帆船 38~39
三角枯叶蛙 81
三角龙 47
三棱柱 28~29
桑葚 101
沙特阿拉伯 116~117, 131
砂槌 172~173
砂岩 138~139
山魈 55
山羊 95
珊瑚海 108~109
舢板 38
上海磁悬浮列车 34~35
猞猁 53
蛇鹫 71
蛇梯棋 186~187
射纹龟 75
麝雉 69
砷矿 138~139
深海琵琶鱼 86~87
神奈川冲浪里 169
神仙鱼 85
圣家族大教堂 121
圣安地列斯断层 126~127
圣瓦西里大教堂 121
圣索菲亚大教堂 121
圣何塞 124~125
圣乔治屠龙 169
圣雄甘地 163
狮身人面像 121
狮身鹰首兽 150~151
狮子 53
十字军头盔 159
石鳖 62~63
石灰岩 138~139
石榴 101
石榴石 140~141
石墨 138~139
石纹猫 53
食蚜蝇 61
食用大黄 103
史托克间歇泉 114~115
始祖鸟 44~45
似鸡龙 44~45
四棱锥 28~29
手风琴 172~173
手摇风琴 172~173
竖琴 170~171
双簧管 170~171
双脊龙 44~45
双髻鲨 86~87
双角犀鸟 69
双手剑 157
双须骨舌鱼（银龙鱼） 85
“水手”10号 14~15
水手刀 157
水星 13
睡莲 99, 169
斯巴鲁 360 32
斯德哥尔摩 124~125
斯蒂芬森的火箭号 34~35
斯科舍海 108~109
斯普特尼克1号 14~15
斯威士兰 131
松果 101
松鼠 91
苏格兰飞人号蒸汽机车
34~35
燧石 138~139
锁骨 22~23

T
塔那那利佛 124~125
台球 181
台球球杆 182~183
太空船二号 37
太平洋 108~109
太平洋海刺水母 62~63
太平洋巨型章鱼 95
泰国斗鱼 85
泰语 176~177
泰姬陵 121
弹涂鱼 86~87
坦普拉琴 172~173
碳 18~19
螳螂 61
陶笛 172~173
特奥蒂瓦坎古城
146~147
特斯拉Roadster 32
藤球 181
梯形 28~29
鹈鹕 69
天王星 13
甜面包山 112~113
挑棍游戏 186~187
跳蛛 65
铁 18~19
铁饼 184~185
庭园蜗牛 92
通用航空列车 34~35
铜 18~19
头发 24~25
头虱 24~25
透光高积云 134~135
土耳其 131
土耳其头盔 159
土耳其语 176~177
土库曼斯坦 131
土卫六 13
土星 13
“土星”5号运载火箭 14
兔狲 53
兔 91
托普卡帕宫 155
鸵鸟 69, 91, 92

V
V-22倾转旋翼机 37

W
腕骨 22~23
腕龙 47
网球 181
网球拍 182~183
威利斯吉普车 32
威廉峰 112~113
围棋 186~187
维京头盔 159
维京战斧 157
维京长船 38~39
维纳斯 149
维氏冕狐猴 55
伪蝎 65
温莎城堡 155
文森峰 112~113
倭抹香鲸 57
渥太华 124~125
乌桕大蚕蛾 61
乌卢鲁巨石 114~115
乌尤尼盐沼 114~115
乌贼 95
无花果 101
无面甲轻型头盔 159
吴哥窟 146~147
舞台上的舞女 169

X
西班牙 116~117
西班牙大帆船 38~39
西班牙披肩海蛞蝓 62~63
西班牙语 176~177
西伯利亚雪橇犬 95
西部菱斑响尾蛇 76~77
西瓜 101
西洋双陆棋 186~187
希腊 116~117, 131
希腊语 176~177
悉尼歌剧院 121
悉尼漏斗网蜘蛛 65
喜马拉雅山脉 126~127
喜蛛 65

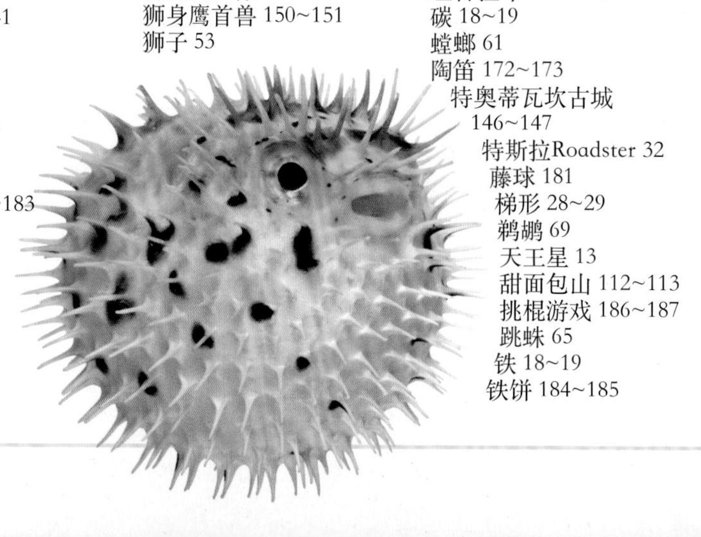

下颌骨 22~23
夏威夷语 176~177
仙后号机车 34~35
仙人果 101
"先驱者"10号 14~15
响尾蛇 91
向日葵 99
象 95
象鼻虫 61
象鼻鱼 85
小丑鱼 86~87
小号 170~171
小军鼓 170~171
小提琴 170~171
小萝卜 103
楔齿蜥 75
蝎尾狮 150~151
协和式飞机 37
新天鹅堡 155
新西兰 116~117
新西兰山药 103
信浓川 110~111
星月夜 169
猩猩 55
兴登堡号 37
胸骨 22~23
熊 91
雪豹 53
雪人 150~151
雪杖 184~185
血细胞 24~25
薰衣草 99
巡逻艇 38~39

Y
牙釉质 24~25
亚伯拉罕湖 114~115
亚得里亚海 108~109
亚拉腊山 112~113
亚历山大 163
亚马孙河 110~111
亚马孙河豚 57
盐岩石 138~139
焰形剑 157
氧 18~19
洋地黄 99
野鸭号 30，34~35
叶脩 61
叶卡捷琳娜二世 163
叶鱼 85
夜巡 169
液化气运输船 38~39
一角鲸（独角鲸）57
伊朗 116~117
伊神蝠 49
颐和园 155
以弗所 146~147
异特龙 44~45
意大利罗马 123
意大利语 176~177
银 18~19
蚓螈 78，81
印地语 176~177
印度盾牌 157
印度河 110~111
印度皇宫列车 34~35
印度尼西亚 116~117
印度眼镜蛇 76~77
印度洋 108~109
印太洋驼海豚 57
印度新德里 123
鲫鱼 86~87
英格兰长弓 157
英国伦敦 123
英国骑兵头盔 159
英式橄榄球 181
英语 176~177
鹦鹉螺 62~63
幽灵蛛 65
尤克里里 172~173
尤因它兽 49
疣鼻天鹅 92
疣螈 81
游隼 71
幼发拉底河 110~111
鱼鹰 71, 92
羽毛球 180~181
羽毛球拍 182~183
羽衣甘蓝 103
雨层云 134~135
玉米锦蛇 92
玉兔号 14~15
芋头 103
郁金香 99
育空河 110~111
圆顶清真寺 121
圆盾 157
圆柱 28~29
圆锥 28
远洋邮轮 38~39
月光石 140~141
越南 116~117
云白山青图（局部）169
陨石 138~139

Z
赞比西河 110~111
战列舰 38~39
张掖丹霞地貌 114~115
蟑螂 61
掌骨 22~23
爪哇海 108~109
爪哇瘰鳞蛇 76~77
针鼹 92
珍珠 140~141
砧骨 22~23
榛子 101
筝形 28~29
正八边形 28~29
正方形 28~29
正方体 28~29
正九边形 28~29
正六边形 28~29
正六棱柱 28~29
正七边形 28~29
正十边形 28~29
正五边形 28~29
跖骨 22~23
指骨 22~23
指猴 55
指纹 24~25
智利 116~117
中国北京 123
中国帆船 38~39
中国古代头盔 159
肿头龙 47
重爪龙 44~45
周期蝉 61
朱庇特 149
朱诺 149
朱槿 99
珠穆朗玛峰 112~113
抓子游戏 186~187
椎骨 22~23
桌山 112~113
紫壳菜蛤 62
紫水晶 140~141
自行车头盔 184~185
足球 181
足球鞋 184~185
祖鲁皮盾 157
祖母绿 140~141
钻石 140~141
座头鲸 57

1 科学

你可以通过找到组成猎户座腰带的那三颗星星来找到猎户座。

2 自然

你发现了吗？它的外表和叶子非常像，它的伪装能以假乱真。

3 地理

如果仔细观察这张照片，你会发现在撒哈拉沙漠中行走的五只骆驼。

4 历史

有两条通往迷宫中心的路线：一条是蓝色的，一条是黄色的。

5 人文

这位艺术家在这幅画里隐藏了一个头骨。如果你仔细观察图片就能找到它。

致谢

本书出版商由衷地感谢以下人员对本书提供的帮助：

Hazel Beynon for proofreading; Margaret McCormack for indexing; Charvi Arora, Sarah Edwards, Chris Hawkes, Sarah MacLeod, Anita Kakar, Aadithyan Mohan, and Fleur Star for editorial assistance; David Ball, Kit Lane, Shahid Mahmood, Stefan Podhorodecki, Joe Scott, Revati Anand, and Kanupriya Lal for design assistance; Simon Mumford for cartographic assistance; Martin Sanders for illustrations; Mrinmoy Mazumdar for hi-res assistance; and Chris Barker, Alice Bowden, and Kristin a Routh for fact-checking.

Picture Credits

The publisher would like to thank the following for their kind permission to reproduce their photographs:

(Key: a-above; b-below/bottom; c-centre; f-far; l-left; r-right; t-top)

123RF.com: Valentyna Chukhlyebova 22–23, costasz 173clb, Jozsef Demeter 95br, dique 128bc, Davor Đopar 182cr, Oleg Elagin 111cra, fxegs / F. Javier Espuny 174l, gresei 170tr, jejim 111tc, kajornyot 69tl, Malgorzata Kistryn 149cb, Turgay Koca 131br, long10000 / Liu Feng 120cr, Krisztian Miklosy 5tc, 120tr, Luciano Mortula 125tr, picsfive 168cr (Frame), 168br (Frame), 169tc (Frame), 169cl (Frame), Song Qiuju 58fbr, 189bl, Ricky Soni Creations 103cb, Natalia Romanova 10–11, jakkapan sapmuangphan 181cb, solarseven 10tl, poramet thathong 58clb, Mark Turner 42fbl, 46bl, vvoennyy 168tr (Frame), 168cl (Frame), 168bc (Frame), 169cla (Frame), 169cb (Frame), 169bl (Frame), 169bc (Frame), 169br (Frame), Maria Wachala 121cr, Sara Winter 114clb, Feng Yu 114–115 (Thumb tacks), 26clb, 84ca (Silver arowana); **akg-images:** Pictures From History 163tc; **AlamyStock Photo:** Aerial Archives 119fbl, Allstar Picture Library 178clb (Serena Williams), Aaron Amat 167cr, 167fcra, 167fcr (Turquoise brush stroke), 167fcrb, 167fbr, Amazon-Images 55tl, Antiquarian Images 169cl, ARCTIC IMAGES 133br, Art Reserve 149ca, Aurora Photos 112bl, Auscape International Pty Ltd 67crb, Avpics 36cla, B.O' Kane 149bl, Quentin Bargate 155clb, Guy Bell © Succession Picasso / DACS, London 2018. / © DACS 2018 168cr, BIOSPHOTO 80crb, 81ca, blickwinkel 65cb, 77cra, 78clb, 78clb (Gaboon Caecilian), 84cl, 85ca, BlueOrangeStudio 51r, Richard Brown 35cra, Peter Carroll 129bl, CBW 8–9, 191fbl, Classic Image 161br, classicpaintings 166cra, 169tc, color to go 156ca, Richard Cooke 30–31t (Red Arrows aerobatic team), CTK 179tl, Cultura Creative (RF) 142–143, 191br, Ian Dagnall 169cla, 169br, Ian G Dagnall 158cr, dbimages 113crb, Phil Degginger 16crb, Susan E. Degginger 138clb, Danita Delimont 167cra, Dinodia Photos 167cl, 173c, discpicture 76bl, Dorling Kindersley ltd 5ca, 157tc, dpict 35tr, Redmond Durrell 81tc, adam eastland 162cla, Edalin 95tr, Stephen Emerson 115tr, EmmePi Travel 156–157bc, Entertainment Pictures 175bc (Avatar), Kip Evans 127cla, Excitations 111br, Shaun Finch - Coyote-Photography.co.uk 32cra, fine art 34crb, FineArt 168br, Framed Art 166ca, Granger Historical Picture Archive 162–163cb, 168bc, 169bl, Randy Green 109cra, Kevin Griffin 36br, Hemis 149cl, The History Collection 156cb, Peter Horree 164–165, D. Hurst 137tc, IanDagnall Computing 162c, imageBROKER 36cl, 51cb, 65bc, 110clb, INTERFOTO 144ftl, 157ftl, Izel Photography 167tc, Juniors Bildarchiv GmbH 177cra, H Lansdown 51clb, Lebrecht Music &Arts 38clb, Melvyn Longhurst 27clb, Mint Images Limited 119fbr, Nature Picture Library 50, 77b, 88–89b, Andrey Nekrasov 154–155bc, Ivan Nesterov 155ca, Newscom 178bl, Niday Picture Library 166cla, North Wind Picture Archives 26crb, Novarc Images 132tl, PAINTING 166b, Alberto Paredes 43br, Peter Adams Photography Ltd 119bc, Photo 12 175br, Pictorial Press Ltd 160–161bc, 175bc, 191fbr, Picture Partners 167br, PjrStudio 138cla, Andriy Popov 137tr, tawatchai prakobkit 118b, robertharding 39cla, 109tl, 188bl, Prasit Rodphan 153bc, Stephane ROUSSEL 121clb, Arthur Ruffino 121c, Isak Simamora 187cr, Sklifas Steven 145bc, Superstock 183l, Thailand Wildlife 60br, Hugh Threlfall 182bc, tilt&shift / Stockimo 27cla, TP 129tc, Don Troiani 156cra, V&A Images 159br, Westend61 GmbH 137ftr,Jan Wlodarczyk 109clb, World History Archive 126br, 127clb, 161tc (Russian Revolution), 168tr, www.BibleLandPictures.com 167tl, Xinhua 14cb, xMarshall 185tl, Solvin Zankl 82crb; Ardea: Pat Morris 85br, Joseph T. Collins / Science Sour 79crb; Bridgeman Images: Wahaika rakau, hand club (wood), New Zealand School (18th Century) / Mark and Carolyn Blackburn Collection of Polynesian Art 157crb; © DACS 2018: © Succession Picasso / DACS, London 2018.168cr; Depositphotos Inc: Steve_Allen 129tl, CamillaCasablanca 122tr, 122c, 122clb, 122bl, 123crb, 123bl, 123br, nelka7812 54cla, tehnik751 121br, Violin 182cla; Dorling Kindersley: 4hoplites / Gary Ombler 156ftr, Thomas Marent 78crb, Thomas Marent 78bc, The Bate Collection / Gary Ombler 172–173c, Andrew Beckett (Illustration Ltd) 4tr, 54tl, 54tc, 54tr, 54bc, 54br, 55tc, 55c, 55clb, 55cb, 55bl, 68cr, Board of Trustees of the Royal Armouries / Gary Ombler © The Board of Trustees of the Armouries 156tc, © The Board of Trustees of the Armouries 158ca, © The Board of Trustees of the Armouries 159tl, Booth Museum of Natural History, Brighton / Dave King 92crb (Tachyglossus aculeatus), Bristol City Museum and Art Gallery / Gary Kevin 42bc, Cairo Museum / Alistair Duncan 144tc, Courtesy of Dorset Dinosaur Museum / Andy Crawford 43bl, Dan Crisp 42ca, Ermine Street Guard / Gary Ombler 156cb (Gladius), Shane Farrell 65clb, Harzer Schmalspurbahnen / Gary Ombler 30cl, Hellenic Maritime Museum / Graham Rae 38cla, Holts Gems / Ruth Jenkinson 140tr, 140cl, 140cb, 140bl, 141tl, 141c, 141clb (Gem Opal), Peter Minister and Andrew Kerr 49tl, Barnabas Kindersley 67cla, 184clb, James Kuether 42bl, 44cr, 44–45bc, 45tc, 45clb, 45crb, 47cb, Liberty' s Owl, Raptor and Reptile Centre, Hampshire, UK 94tl, 94cb, Jamie Marshall 106bl, The Museum of Army Flying / Gary Ombler 37br, NASA / Arran Lewis 106–107c, National Music Museum / Gary Ombler 170tl, 173tr, National Railway Museum, New Dehli 35cla, The National Railway Museum, York / Science Museum Group 35bl, Natural History Museum, London / Colin Keates 42br, 42fbr, 83cr, 83crb (Porcupine Fish Scales), 93tc, 137tl, 138ca, 141clb, Natural History Museum, London / Frank Greenaway 57br, Natural History Museum, London / Harry Taylor 139cr, Natural History Museum, London / Peter Chadwick 67cla (Owl feather), 92cra, Natural History Museum, London / Tim Parmenter 2cl, 92clb, 93crb, 138c, 140–141bc, 141cla, Oxford University Museum of Natural History 138tr, David Peart 95cla, Pictac 182tc, Jean-Pierre Verney / Gary Ombler Collection of Jean-Pierre Verney 158cl, Linda Pitkin 58br, 63tr, Pitt Rivers Museum, University of Oxford / Dave King 157cra, Powell-Cotton Museum, Kent / Geoff Dann 156tl, Railroad Museum of Pennsylvania 34–35tc, RGB Research Limited / Ruth Jenkinson 16clb, 16cb, 16fclb, 16fcrb, 17clb, 17fclb, 18tr, 18cra, 18cl, 18bl, 18bc, 18br, 19tl, 19tc, 19tr, 19ca, 19cra, 19cr, 19clb, 19cb, 19bl, 138br, Royal Botanic Gardens, Kew / Gary Ombler 76tc (Leafs), 76tr (Leafs), Safdarjung Railway Station / Deepak Aggarwal 34cra, Senckenberg Gesellshaft Fuer Naturforschugn Museum / Gary Ombler 42–43c, Senckenberg Nature Museum, Frankfurt / Andy Crawford 43tr, Universitets Oldsaksamling, Oslo / Peter Anderson 159tc, University of Pennsylvania Museum of Archaeology and Anthropology / Gary Ombler 145tl, Vikings of Middle England / Gary Ombler 157c, Matthew Ward 32–33cb, Peter Barber Lomax / Matthew Ward 32bc, Weymouth Sea Life Centre / Frank Greenaway 87bl, Chris Williams / James Mann 33tl, Jerry Young 2bl (Nile crocodile), 82clb, 84cra; **Dreamstime.com:** 111cla, Aberration / Petr Malyshev 94cra, Adogslifephoto 65cl, 78cra, Aetmeister 61tl, Aiisha 115bl, Albund 184–185cb, Aldodi / Aldo Di Bari Murga 181cb (Baseball), Alessandro0770 153cb, Alhovik 129cb, Amphaiwan 100tr, Andersastphoto 153br, Leonid Andronov 154tr, Andylid 4tc, 36cr, Arapix 155tl, Artmim 94br, Aruna1234 102crb, Asterixvs / Valentin Armianu 104–105, 191bc, Atman 2tl, 100tl, Pavlo Baishev 171crb, Folco Banfi 185cra, Bbgreg 162–163 (Frames), Beijing Hetuchuangyi Images Co., Ltd . 34cla, Dean Bertoncelj 185cb, Olga Besnard 32cl, Andrii Bielikov 96tr, Lukas Blazek 86tc, Stanislav Bokach 107br, Bolotov 114–115, Martin Brayley 156c, Darryl Brooks 172–173bl, Lynn Bystrom 70tr, Anat Chantrakool 84ca, Chinaview 173cra, Mohammed Anwarul Kabir Choudhury 180cla, Cleanylee 72cla, Cowardlion 125crb, Atit Cumpeerawat 121bl, Cynoclub 61cra, Davidwardwithernsea 34b, Daviesjk 70tl, Ivo De 33tr, Dejan750 / Dejan Sarman 107bc, Destina156 16cra, Dezzor 131tl, Digitalfestival 172–173ca, Cristina Dini 98cb, Diomedes66 / Paul Moore 138bc, Dmuratsahin 100cra, 101ca, Dreamer4787 109cla, Drflash 31clb, Drknuth / Kevin Knuth 59crb, Dtfoxfoto 133bl, Mikhail Dudarev 68ctc, Oleg Dudko 184cl (Ice Hockey), Diana Dunlap 146clb, Dvmsimages 32cra (Model t), E1ena 5bl, 98bc, Elena Elisseeva 96ca, Elnur 185cl, Emicristea 115cla, EPhotocorp 145br, Erllre 5tl, 68tr, Sergey Eshmetov 172cl, Maria Luisa Lopez Estivill 114bl, Exiledphoto 58bl, F11photo 147cb, Farinoza 81cla, Fckncg 130crb, Iakov Filimonov 70br, Jiri Foltyn / Povalec 95clb, Frenta 154crb, Ruslan Gilmanshin 148cb, Joseph Gough 130cra, Aleksandar Grozdanovski 171bl, Henrikhl 65bl, Birgit Reitz Hofmann 101clb, BjÃ .rn Hovdal 129bc, Hupeng 33crb, Orcun Koral IÅŸeri 130–131c, Igorkali / Igor Kaliuzhny 140bc, Igor Ilnitski 131crb, Imparoimparo 94crb, Ipadimages 129r, Iprintezis 39tl, Iquacu 100br, Isselee 2ca, 64cr, 69bc, 71cla, 74cr, 74br, 93cr, 176bl, Vlad Ivantcov 130ca, Miroslav Jacimovic 131ca, Shawn Jackson 51ca, Janpietruszka 94bc, Javarman 115tc, John Jewell 35crb, Jgorzynik 3tl, 37cl, Jgroup / James Steidl 27tl, Johncarnemolla 69cb, Johnsroad7 186crb, Joools 19cl, Julialine / Yuliya Ermakova 107bl, Juliengrondin 99cr, Acharaporn Kamornboonyarush 60clb, John Kasawa 184cla, Raymond Kasprzak / Rkasprzak 120tc, Pavel Kavalenkau 154cra, Kazoka 78ca, Cathy Keifer / Cathykeifer 94bl, Surachet Khamsuk 85cra, Liliia Khuzhakhmetova 185tr, Kichigin / Sergey Kichigin 27tc, Mikhail Kokhanchikov 22clb, 181tl, Kostiuchenko 98br, Katerina Kovaleva 101br, Ralf Kraft 49c, Matthijs Kuijpers 95tc, Alexey Kuznetsov 74tr, Kwerry 95cb, Volodymyr Kyrylyuk 38b, Richard Lammerts 156tr, Richard Lindie 72tl, Liumangtiger 103crb, Renato Machado 121tc, Anton Matveev 85cla, Aliaksandr Mazurkevich 109bl, Boris Medvedev 170tc, Mgkuijpers 5cla, 80c, Borna Mirahmadian 147bl, Mirkorosenau 84tl, Ml12nan 38tr, Mlhead 186bl, Mohdoqba 103bc, Pranodh Mongkolthavorn 155br, Paul Moore 157tl, Konstantinos Moraitis 32br, Mrallen / Steve Allen 131c, Stanko Mravljak / Stana 94clb, Mrdoomits 157cla, Shane Myers 72cla (Green Sea Turtle), Viktor Nikitin 184crb, William Michael Norton 112cra, Nostone 97bl, Anna Om 146tc, Ovydyborets 160bl (Vintage Paper Background), 160bc (Vintage Paper Background), 161br (Vintage Paper Background), Pahham 99tr, David Park 33cr, Jim Parkin 185cr, Svetlana Pasechnaya 5cra, 148bc, Anastasiya Patis 149c, Martin Pelanek 78cl, Denis Pepin 180–181bc, William Perry 120ca, Petrlouzensky 156bl, Chanawat Phadwichit 39c, Suttiwat Phokaiautjima 173cla, Dmitry Pichugin 113bl, Pictac 5tr, 181tc, Pilens / Stephan Pietzko 106bc, Pincarel / Alexander Pladdet 180bc, Presse750 111crb, Pressfoto / Lvan Sinayko 120bl, Mariusz Prusaczyk 111clb, Pudique 131c (France flag), 131bl, Bjrn Wylezich 19cb (Sulfur), Prasit Rodphan 180bl, Rostislav Ageev / Rostislavv 31br, Somphop Ruksutakarn 100bl, Sandra79 / Sandra Stajkovic 160cb, Sborisov 121clb, 145fbr, Scaliger 147cra, Scanrail 125tl, Sally Scott 102ca, Shsphotography 131cb, Serhiy Shullye 101cl, Piti Sirisriro 34clb, Solarseven 17r, Sombra12 68br, Sportfoto / Yury Tarasov 107bc (River Volga), Srlee2 113cra, Ssstocker 128–129bc (Hands), Staphy 106br, Stevenrussellsmithphotos 61br, Stillfx / Les Cunliffe 181bc, Stu Porter 95bl, Surabhi25 59cra, Kamnuan Suthongsa 81cb, Oleksii Terpugov 180tr, Tessarthetegu 95ca, Thawats 74–75cb, Thediver123 / Greg Amptman 82bl, George Tsartsianidis 130cb, 131tc, Lillian Tveit 76br, 189tr, V0v / Vladimir Korostyshevskiy 167bc, Vacclav 146br, Valentyn75 101tc, 141cb, Verdateo 172cla, Dan Vik 30–31t, Viktarm 10cla, Vivellis 4b, 33cra, Vladvitek 86–87cb, Volkop 183clb, Weather888 147clb, Wlad74 128tl, Wojciech Wrzesień 38–39cb, Yinghua 99cr (Lotus leaf), Yinglina 34tl, Yocamon 5tc (Shuttlecock), 180cl, Yurakp 3ca, 101bl, Zaclurs 185clb, Zelenka68 141crb, Yifang Zhao 170c, 171cl, Alexander Zharnikov 113tl; **ESO:** https: / / creativecommons. org / licenses / by / 4.0 11cla (Barnard' s Galaxy), https: / / creativecommons.org / licenses / by / 4.0 / / M. Kornmesser 15ca; **FLPA:** Biosphoto / Regis Cavignaux 85bc, Imagebroker / J.W.Alker 62cla, Chris Mattison 79tr, Minden Pictures / Birgitte Wilms 63cra, Minden Pictures / Pete Oxford 81bc, Minden Pictures / Piotr Naskrecki 64tr, Minden Pictures / Ron Offermans, Buiten-beeld 84bl, Minden Pictures / Wil Meinderts 62bc; **Fotolia:** robynmac 181clb, Juri Samsonov / Juri 93cra, uwimages 87cla; **Getty Images:** Lambert-Sigisbert Adam 148cl, Agence France Presse / AFP 163bc, Ayhan Altun 155cla, Per-Anders Pettersson / Hulton Archive 163tr, Marie-Ange Ostré 68bl, Apic / RETIRED / Hulton Archive 163cra, The Asahi Shimbun 97cb, Etwin Aslander / 500px 97br, James Balog / The Image Bank 89cla, Barcroft / Barcroft Media 31cr, Barcroft Media 76ca, Bettmann 27fclb, 160clb, Walter Bibikow 154bl, Manuel Blondeau - Corbis 183br, Bloomberg 37crb, Charles Bowman 155tr, Marco Brivio / Photographer' s Choice 109br, C Squared Studios 173tc, 183tl, Carsten Peter / Speleoresearch & Films / National Geographic 137br, China Photos / Stringer / Getty Images News 15cr, Giordano Cipriani 95bc, Dean Conger / Corbis Historical 119tr, Sylvain Cordier / Photolibrary 72ca, De Agostini / A. Dagli Orti / De Agostini Picture Library 162clb, DEA / A. DAGLI ORTI / De Agostini 144bl, DEA / A. VERGANI 121tl, DEA / ARCHIVIO J. LANGE / De Agostini 174cla, DEA / G. DAGLI ORTI 148r, 149crb, DEA / G. DAGLI ORTI / De Agostini 144crb, DEA / G. NIMATALLAH / De Agostini 179bl, DEA / PUBBLI AER FOTO 110bl, DEA PICTURE LIBRARY / De Agostini 162bc, Digitaler Lumpensammler / Moment 109cr, DigitalGlobe 126cra, Elena Duvernay / Stocktrek Images 42crb, ESA / Handout / Getty Images Publicity 126cla, Fine Art Images / SuperStock 162crb, Flickr / Jason' s Travel Photography 145fbl, Fuse / Corbis 21br, Mauricio Handler 87cb, Matthias Hangst / Getty Images Sport 178cl, Martin Harvey 114crb, PREAU Louis-Marie / hemis.fr 70–71ca, Heritage Images / Hulton Fine Art Collection 169bc, Schafer & Hill 114cla, IMAGEMORE Co, Ltd. 65tr, Imágenes del Perú / Moment Open 144tr, David C Tomlinson / Lonely Planet Images 108crb, John W Banagan / Lonely Planet Images 124br, Joel Sartore, National Geographic Photo Ark 74bl, Layne Kennedy 110c, Izzet Keribar 115tl, kuritafsheen / RooM 73cla, Kyodo News 39b, Danny Lehman 155crb, Holger Leue 112cl, David Madison 184–185bc, Reynold Mainse / Design Pics 59bc, 189bc, Joe McDonald 54bl, 76tr, MelindaChan 115crb, László Mihály / Moment 125bl, mikroman6 / Moment Open 94–95c, Nikolai Galkin / TASS 17cb, John Parrot / Stocktrek Images 161tl, Peter Zelei Images / Moment 119cb, PHAS 149tc, Photo by K S Kong 68tl, Mike Powles / Oxford Scientific 66clb, Print Collector 149bc, Fritz Rauschenbach / Corbis 78–79cb, Roger Viollet Collection 26fcrb, Yulia Shevchenko / Moment 167cla (Flamingo), Frédéric Soltan / Corbis News 124tl, Paul Starosta 63cb, Paul Starosta / Corbis Documentary 84tc, Stringer / Jack Thomas / Getty Images Sport 179tr, Stringer / Yasser Al-zayyat 95cl, suebg1 photography 77crb, Chung Sung-Jun / Getty Images Sport 178clb, David Tipling 70bl, UHB Trust / The Image Bank 21cla (Ultrasound), Universal History Archive / Universal Images Group 152–153bc, 168cl, Dr. David M. Phillips / Visuals Unlimited 21cl, Grey Villet / The LIFE Picture Collection 161tr, Visions Of Our Land 120tl, VolcanoDiscovery / Tom Pfeiffer 115cra, Weatherpix / Gene Rhoden / Photolibrary 132–133c, Ben Welsh / Corbis 178–179bc, Westend61 115clb, 136cra, ZEPHYR / Science Photo Library 21cla, Jie Zhao 70cl, Jenner Zimmermann / Photolibrary 102cra; **iStockphoto.com:** 1001slide 113clb, 2630ben 133fbl, 3D_generator 130bl, 3dmitry 130tl, AK2 124tr, Dmytro Aksonov 184–185 (Pole Vaulting), Alan_Lagadu 146crb, Orbon Alija 119bl, allanswart 184tr, amustafazade 171cl (Oboe), AndreaWillmore 112crb, artisteer 182br, bendenhartog 68bc, biometar 167cr (Medicine bottle), Derek Brumby 130c, cinoby 147cla, clicksbyabrar 120bc, Coica 97bc, CreativePhotoCorner 130tc, dem10 146tl, DigitalBlind 132bl, dreamnikon 88cla, duncan1890 161tc, EarthScapeImageGraphy 35cr, Elenarts 39ca, Frankonline 34cl, Freder 21tl, Gannet77 158–159bc, Gregory_DUBUS 133fbr, holgs 145tr, ivkuzmin 68cla, JoeGough 131bc, JUN2 172clb, Katerina_Andronchik 122crb, 122br, 123tl, 123cl, 123clb, kikapierides / E+ 167cla, kjorgen 55cr, kkant1937 3bl, 158bl, Mark Kostich 2bl, 77tr, 80bc, kurkul 111cr, liseykina 147crb, LPETTET 130bc, MaboHH 124cr, macca236 68cra, mantaphoto 110br, marrio31 86cl, mazzzur 153bc (Mehrangarh fort), mbolina 67tr, mdesigner125 135tc, menonsstocks 131ca (Indian Flag), MikeLane45 69cl, mysticenergy 135crb, Nikada / E+ 125br, olgagorovenko 51crb, omersukrugoksu 167fcr, pawel.gaul 110tr, Perszing1982 133bc, reptiles4all 64cl, Richmatts 88cl, selimaksan 161bc, SL_Photography 130br, stuartbur 180cra, subjug 146–147 (Black corners), tbradford 146bl, TerryJLawrence 147tl, Thurtell 183tc, vistoff 130clb, vwalakte 125bc, walk 185ca, wsfurlan 97bc (Victoria Amazonica), Xantana 109tc; **James Kuether:** 44bc, 45br, 46clb, 49cla; **Longform:** Cartier 140tl; **Mary Evans Picture Library:** 153tr; **NASA:** 14tl, 14tr, 14ca, 15cra, 15crb, 15bl, 15br, 119br, 126cb, 128–129c, Ames / SETI Institute / JPL-Caltech 11br, Jacques Descloitres, MODIS Rapid Response Team, NASA / GSFC 108ca, ESA / Hubble & NASA 11tl, ESA / Hubble & NASA, Acknowledgement: Flickr user Det58 10bl, Bill Ingalls 10–11bc, JPL 15tl, JPL / DLR 13fbl, JPL / University of Arizona 13bl, JPL-Caltech / MSSS 14cr, NASA / GSFC / LaRC / JPL, MISR Team 127br, NASA / JPL 126ca, NASA / U. S. Geological Survey / Norman Kuring / Kathryn Hansen 59r, NASA Earth Observatory image by Jesse Allen and Robert Simmon, using EO-1 ALI data from the NASA EO-1 team. Caption by Mike Carlowicz 127tr, NASA image by Jeff Schmaltz, LANCE / EOSDIS Rapid Response. Caption by Kathryn Hansen 126bl, NASA image created by Jesse Allen, Earth Observatory, using data obtained from the University of Maryland' s Global Land Cover Facility. 127cb, Jeff Schmaltz 127tl, SDO / GSFC 10tr; **National Geographic Creative:** Michael Nichols 97tr; naturepl.com: Eric Baccega 114cb, John Cancalosi 73cra, Jordi Chias 82–83c, Stephen Dalton 3tr, 69ca, Alex Hyde 60ca, 64cb, Gavin Maxwell 59tc, Pete Oxford 40–41, 191bl; **NRAO:** AUI / NSF 10clb (Fornax A); **Rex by Shutterstock:** 31cra, imageBROKER / SeaTops 72–73bl, Kobal / Paramount Television 175bl, Magic Car Pics 33cl, Quadrofoil / Bournemouth News 31cra (Quadrofoil speedboat), Unimedia 31br (Rinspeed sQuba); **Rijksmuseum, Amsterdam:** 157tr; **Robert Harding Picture Library:** M. Delpho 66–67c, Michael Nolan 75crb, 86br; **Photo Scala, Florence:** courtesy of the Ministero Beni e Att. Culturali e del Turismo 149cla; **Science Photo Library:** Thierry Berrod, Mona Lisa Production 25bl, Dr Jeremy Burgess 25bc, Dennis Kunkel Microscopy 24c, 25ca, Eye of Science 83crb, Dante Fenolio 86cra, Steve Gschmeissner 24tr, 24clb, 24crb, 24br, 25crb, Michael Long 49br, Martin Oeggerli 25cl, Power and Syred 25tr, Science Source 24cla, Millard H. Sharp 43fbl, 138–139tc, VEISLAND 22bl; **SD Model Makers:** 3br, 38cra, 38crb, 39ca (Viking Ship); **SuperStock:** 4X5 Collection 169cb, age fotostock / Juan Carlos Zamarreño 146tr, hemis. fr / Hemis / Delfino Dominique 89tc, imageBROKER / Helmut Meyer zur Capellen 148bl, Juniors 84cla, Marka 163cr, Minden Pictures / Colin Monteath 108cb, Minden Pictures / Fred Bavendam 86bl, Minden Pictures / Kevin Schafer 114tr, Minden Pictures / Konrad Wothe 55cra, Minden Pictures / Stephen Dalton 94tr, NHPA 80t, robertharding 146cra, robertharding / Lizzie Shepherd 38cb, Science Photo Library 65cr, Universal Images 162tr, Stuart Westmorland 83tr; The Metropolitan Museum of Art: Bashford Dean Memorial Collection, Bequest of Bashford Dean, 1928 159tr, Bequest of Benjamin Altman, 1913 145ftl, Bequest of George C. Stone, 1935 158bc, The Michael C. Rockefeller Memorial Collection, Bequest of Nelson A. Rockefeller, 1979 145tc, Rogers Fund, 1904 158tr, Rogers Fund, 1917 144ftr, Rogers Fund, 1921 158br; Wellcome Collection http://creativecommons.org/licenses/by/4.0/: 21cra

All other images © Dorling Kindersley

For further information see: www.dkimages.com